环境空气质量

预报成效评估方法技术指南

中国环境监测总站／编著

中国环境出版集团·北京

图书在版编目（CIP）数据

环境空气质量预报成效评估方法技术指南/中国环境

监测总站编著. —北京：中国环境出版集团，2018.5

ISBN 978-7-5111-3662-6

Ⅰ．①环… Ⅱ．①中… Ⅲ．①环境空气质量—预报—

评估方法—指南 Ⅳ．①X831-62

中国版本图书馆 CIP 数据核字（2018）第 093306 号

出 版 人 武德凯
责任编辑 曲 婷
责任校对 任 丽
封面设计 彭 杉

出版发行　中国环境出版集团
　　　　　（100062　北京市东城区广渠门内大街 16 号）
　　　　　网　　址：http://www.cesp.com.cn
　　　　　电子邮箱：bjgl@cesp.com.cn
　　　　　联系电话：010-67112765（编辑管理部）
　　　　　发行热线：010-67125803，010-67113405（传真）
印　　刷　北京盛通印刷股份有限公司
经　　销　各地新华书店
版　　次　2018 年 12 月第 1 版
印　　次　2018 年 12 月第 1 次印刷
开　　本　787×1092　1/16
印　　张　23.25
字　　数　460 千字
定　　价　90.00 元

《环境空气质量预报成效评估方法技术指南》
编写指导委员会

主　任：柏仇勇

副主任：王自发　肖建军　李健军　伏晴艳　区宇波　罗　彬

委　员：（以姓氏笔画为序）

丁青青　王自发　王　威　王晓元　区宇波　朱莉莉

伏晴艳　杜云松　李健军　肖建军　汪　巍　陆晓波

陈　楠　罗　彬　孟　赫　宫正宇　晏平仲　徐文帅

梁桂雄

主　编：李健军　朱莉莉　晏平仲　陆晓波　杜云松　王　威

编　写：（以姓氏笔画为序）

丁青青　丁俊男　丁　峰　丁黄达　于军海　马　琼

马小荣　马双良　马琳达　王文丁　王占山　王　帅

王　帆　王　闯　王国梁　王佳音　王建国　王玲玲

王　茜　王　威　王彦锋　王莉娜　王桂霞　王晓元

王晓彦　王晨波　王曼华　王　琴　王　照　王　鹏

王源程　王　静　王薪寓　韦进进　韦超葳　邓婉月

邓　滢　叶　堤　叶斯琪　田旭东　田　娟　付　洁

白　璐　包艳英　冯　琨　兰　杰　皮冬勤　曲　凯

吕　婧　朱志锋　朱丽娅　朱莉莉　朱桂艳　朱媛媛

任远哲　向　峰　刘　冰　刘妍妍　刘　枢　刘　闽

刘姣姣	刘培川	刘婵芳	刘　群	汤莉莉	许　凡
许　可	许　荣	孙乃迪	纪　元	纪德钰	严仁嫦
杜云松	李云婷	李　杰	李波兰	李　茜	李养养
李健军	李　鹏	李　源	李毅辉	杨文夷	杨成江
杨丽丽	杨燕萍	吴剑斌	邱　飞	邱晓暖	何文杰
何　龙	何鹏飞	余进海	谷天宇	邹　强	汪　宇
汪　巍	沈　劲	张玉卿	张　阳	张　灿	张　良
张青新	张金谱	张春辉	张晓华	张晓峰	张峻玮
张　鹏	张　静	张　璘	张　巍	陆晓波	陆晓艳
陆维青	陈多宏	陈宗娇	陈　浩	陈焕盛	陈　蓓
陈　楠	陈嘉晔	陈　磊	陈　曦	林丽衡	林晶晶
罗　彬	和凌红	周亦凌	周国治	孟　赫	孟鑫鑫
赵旭辉	赵晓韵	赵倩彪	赵熠琳	胡　宇	胡　鸣
南瑞贤	钟敏文	侯　乐	耿天召	柴杨扬	晏平仲
徐文帅	徐圣辰	徐　洁	徐　徐	徐　曼	高　飞
高紫璇	高愈霄	郭传新	郭宇宏	郭燕胜	唐　晓
陶会杰	黄河仙	黄艳艳	黄蕊珠	曹　磊	阎守政
梁桂雄	彭福利	蒋冬升	韩文宇	韩继超	嵇　萍
鲁　宁	游　泳	谢　敏	蒙瑞丽	谭　立	樊庆云
樊　璠	潘月云	潘润西	潘锦秀		

参与编制单位

中国环境监测总站

中国科学院大气物理研究所

北京市环境保护监测中心

海南省环境监测中心站

天津市生态环境监测中心

重庆市生态环境监测中心

河北省环境应急与重污染天气预警中心

四川省环境监测总站

山西省环境监测中心站

云南省环境监测中心站

内蒙古自治区环境监测中心站

陕西省环境监测中心站

辽宁省环境监测实验中心

甘肃省环境监测中心站

吉林省环境监测中心站

新疆维吾尔自治区环境监测总站

黑龙江省环境监测中心站

沈阳市环境监测中心站

上海市环境监测中心

大连市环境监测中心

江苏省环境监测中心

青岛市环境监测中心站

浙江省环境监测中心

杭州市环境监测中心站

安徽省环境监测中心站

南京市环境监测中心站

福建省环境监测中心站

广州市环境监测中心站

山东省环境信息与监控中心

深圳市环境监测中心站

河南省环境监测中心

成都市环境监测中心站

湖北省环境监测中心站

贵阳市环境空气质量预测预报中心

湖南省环境监测中心站

西安市环境监测站

广东省环境监测中心

兰州市环境监测站

广西壮族自治区环境监测中心站

苏州市环境监测中心站

前言

　　空气质量预报的成效评估，作为一种科学客观检验和诊断分析工具，在执行空气质量新标准预报的建设历程中，在全国环境质量监测和环保预报部门经历了两个发展阶段。

　　2013—2015年，按照国务院《大气污染防治行动计划》的要求，在原环境保护部统一部署和各相关省市环境保护主管部门积极推进下，京津冀及周边、长三角、珠三角等重点区域、大部分省级、省会城市和计划单列市环境监测和环保预报部门陆续建立了空气质量新标准预报系统，并开展了区域和省辖区空气质量形势预报和重点城市 AQI 预报，为环境管理部门大气污染管控提供所需科学支撑和为社会公众提供所需信息服务。

　　在这一阶段，空气质量预报的成效评估，主要用于对城市预报的客观检验，包括对预报员的预报结果检验以及对空气质量数值预报或统计预报的检验。以常规统计检验为例，检验的目标基本上都是将一个城市作为一个较大的整体单元或一个点位作为较小的整体单元，主要反映预报的偏差幅度和趋势相关程度，为预报员认识辖区空气质量预报规律和提高预报能力提供参考依据。

　　而对于重点区域的空气质量形势预报的成效评估，在这一阶段，基本上是采用将区域离散为一个一个城市单元，或离散为一个一个分区进行评价然后集合平均的方式，即先进行单个城市预报，或分区内有代表性城市的客观检验，再将检验结果进行平均，作为区域形势预报的总体成效评估，为预报员认识和改进分区预报及区域形势预报提供参考依据。

　　在上述基础上，有条件的先行成员单位，还逐步开始探索用于业务空气质量数值预报模型的诊断分析，调试和校验数值预报模型或统计预报各种参数化模块的参数，以期实现模型本地化，使数值预报或统计预报尽可能逼近实况，并与其变化相符。

　　2016—2017年，随着全国大气污染防治的深入开展，各级环境管理部门对大气污染防治科学决策的预报技术支撑能力要求越来越高，越来越精细化，促使全国环境监测和环保预报部门的空气质量预报水平和能力建设不断发展，预报作用不断增强。

　　在这一阶段，空气质量预报的成效评估，因应管理和业务发展的需求，继续先行主要用于对大气污染过程预报的客观检验。在城市尺度上，借鉴国内外气象预报检验的经验，部分先行省市成员单位探索应用了污染过程特别是重污染过程的预报技巧评分等成效评估方法。

而在区域尺度上，中国环境监测总站环境质量预报中心联合中国科学院大气物理研究所的科学团队等提出并采用了一种区域性大气污染过程尤其是大气重污染过程预报的检验方法，从区域大气重污染过程的开始与结束时间、覆盖范围、污染峰值影响程度三个方面进行区域预报成效评估。

同样，随着大气污染管控和重大活动环境空气质量管理的需求，全国环境监测和环保预报部门，还联合探索了在大气重污染预警管控或区域污染减排等复杂变化条件下的空气质量预报和大气重污染过程预报成效评估所面临/遇到的困难和问题，提出了重污染预报评估暂行规定。

基于上述两个阶段的业务应用经验和发展探索，为了进行必要的系统技术总结积累，健全和完善全国空气质量业务预报方法体系，更加科学地指导开展空气质量预报成效评估工作，由生态环境部环境监测司专项项目支持，中国环境监测总站组织全国省市环境监测和环保预报成员单位和专家，综合考虑全国东北、华北、华东、华中、华南、西南、西北区域的不同空气质量变化和大气污染特点，评价各地空气质量预报和大气污染过程预报成效评估的共同性和差异性问题，分析气候条件和大气污染管控等自然和人为重要影响因素，以支持环境质量管理和预报业务工作稳定专业发展为目标导向，集中研究讨论编写了这本《环境空气质量预报成效评估方法技术指南》，以期为环境监测系统和环境保护预报部门技术人员提供目前可供利用的较为全面的参考资料，并为全国预报员分级制度和首席预报员制度的建立打好量化评价基础。需要指出的是，因为包括种种复杂的影响因素和各地千差万别的空气质量分布特征等前提条件，空气质量预报成效评估还有很多困难和新问题需要在实践中逐步解决。因此，这本空气质量预报成效评估技术方法指南的编写，只是一个探索的开始，预报成效评估方法作为一种科学分析工具，未来还需要依据业务实践和科学方法的发展，进行周期性的修订和更新完善。

全书由李健军、朱莉莉策划和统稿，李健军、朱莉莉、晏平仲、陆晓波、杜云松和王威负责总体构思和结构设计，并对各章节编写质量进行审核。因涉及的内容较多，很多经验是从技术实践中总结而来，由于我们的学识水平和实际经验限制，本书定会有不全面之处，甚至也存在不妥或错误的地方，望同行不吝赐教。

李健军

2018 年 5 月

目录

第一篇　绪　论

第二篇　区域评估

第三篇　城市评估

第一篇
绪　论

第 1 章 总体需求和预期目标

全国环境空气质量预报预警是环保系统深入贯彻落实党的十八大和十八届四中、五中全会精神，大力推进生态文明建设，落实《大气污染防治行动计划》任务要求、践行监测为民的重要举措。2013 年国务院发布的《大气污染防治行动计划》中第九条指出，建立监测预警体系，制定完善应急预案，妥善应对重污染天气。按照《大气污染防治行动计划》要求，各地必须建立监测预警体系，完成对于重污染天气的应急体系建设及其应对方案。环保部门加强空气重污染监测预警工作，及时提供环境空气质量预报预警信息服务，是人民群众的迫切期待；环境空气质量预报预警工作，为空气重污染早期预警、提高应急能力、科学评估提供重要数据与技术支持，为大气污染联防联控、区域协作提供科学支撑，是应对大气污染严峻形势的现实需求；同时，环境空气质量预报预警是全国环境空气质量监测网络成果的进一步扩展和延伸，是进一步发挥监测网络成果的现实需要和必然趋势。

1 总体需求

在各级环保部门的共同努力下，2015 年，全国京津冀、长三角和珠三角三大重点区域，31 个省（区、市）级，32 个重点城市市级环境空气质量预报预警体系全部完成建设，开展预报工作，并发布预报信息。中国环境监测总站下发《重污染预报会商与管控技术支持暂行规定》和《城市环境空气质量预报评估暂行规定》，均有建立预报员激励机制与首席预报员制度的相关内容。但环境空气质量预报影响因素复杂、技术难度大，且目前各地预报工作开展时间不同，预报体系建设情况各异，预报员团队配置差别大，部分地区预报经验少，预报水平不均衡。

在国内环境空气质量预报预警业务如火如荼开展的同时，如何科学合理地对预报结果以及预报人员业务能力进行评定，总结预报经验，提高预报水平，是当下预报预警业务所面临的主要问题之一。坚持问题导向，规范业务预报工作，提高预报准确率，有效提升预报人员业务能力，建立完善的业务环境空气质量预报评价体系至关重要。

从全国角度推进环境空气质量预报成效评估，是科学衡量预报业务水平，推动预报员培养、学习，从而全面提高全国环境空气质量预报预警能力。在管理层面，通过成效评估，可以掌握环境空气质量预报预警工作在大气污染防治、重污染天气预警应对和公共信息服务中的技术支持效果。在业务层面，开展成效评估，有利于在地区间、预报员间形成"赶比超"良好工作氛围，推动环境空气质量预报业务整体良性发展。

2 成效评估及其意义

环境空气质量预报成效评估，是指通过定性和定量的方法，对指定区域和时段内，预报员或模式系统的预报结果与实况相符程度的评价和估算。预报成效评估主要包括预报结果评估、预报趋势评估、预报偏差评估等方面。定期开展预报效果回顾（评估），可评判预报人员或模式的预报准确率，有利于预报员总结预报经验，纠正个人倾向；有利于模式的后续改进，提高预报准确率。在未来条件具备的时候，预报成效评估将扩展为对重污染应急响应、大气污染管控费效评估和空气质量达标规划管理等的成效评估。

环境空气质量关系人民群众身体健康，关系各级政府的形象和公信力，随着环境空气质量预报信息发布，公众对环境空气质量的关注日益增强。此时对环境空气质量预报成效进行评估，能够提高预测、预报技术水平，提高政府重污染天气应对能力，提高公众对环境空气质量达标和地方环保工作的信心，具有良好的社会效应。

大气污染防治关系经济持续、健康发展，深化大气污染防治，是转变发展方式和调整经济结构的内在要求，是提高经济增长质量和效益的重要举措。对空气质量预报成效进行评估，可有效提高重污染预报预警准确程度，指导政府部门科学调整重污染天气的应对，减少不恰当应急响应造成的经济损失。

3 预期目标

短期目标：实现环境空气质量预报的区域形势评估、城市预测成效评估、多模式系统预测产品评估、人工订正预报结果评估。

长期目标：随着环境空气质量预报预警业务的发展，环境空气质量预报技术的成熟，全国环境空气质量预报员制度的建立，逐步建立起健全、长效、全面的综合评估体系，为环境空气质量预报预警提供导向支撑。

（鲁宁、王帅、刘闽、王照、陈多宏、王茜、曹磊、张巍、陈宗娇、刘冰）

第 2 章　国内外业务开展现状

1　国内外预报业务开展现状

1.1　国内预报业务开展现状

我国空气质量预报始于 20 世纪 90 年代，最早主要通过统计学方法建立空气质量预报模型，针对煤烟型大气污染开展空气质量预报[1]。近年来，随着大气污染形势逐渐呈现出明显的结构型、压缩型和复合型特点，公众服务和环境管理的需求不断提高，目前国内已开展了多种预报手段的开发和应用，并基本形成了由潜势预报模式、统计预报模式和数值预报模式三者相结合的空气污染预报系统框架[2-3]。

空气质量预报业务发展最初由城市为单位起步，后逐步发展到省一级行政单元，并最终扩展至区域层面。

沈阳市 1996 年开始开展冬季早晨 SO_2 预报和空气污染综合指数预报研究工作。2001 年开始正式开展包括 PM_{10}、SO_2、NO_2 的空气污染指数（API）预报工作，并在媒体发布。2006 年，引进数值预报模型，与统计预报结合，构建了沈阳市环境空气质量预报平台。在 2006 年世园会、2008 年奥运会、2013 年全运会等重大活动中，沈阳市空气质量预报均发挥了重要作用，及时预测空气质量，为管理部门采取减排措施提供了重要支撑。2013 年起开展基于新标准统计预报方法研究工作，并在"资源共享、联合会商"的框架下环保与气象部门开展环境气象资源共享合作，于同年 11 月开展业务化 AQI 预报。2014 年 1 月 1 日起，正式通过在电视、广播、报纸等大众媒体向社会公众发布 AQI 预报信息，为沈阳市重污染天气应急预警提供有力技术保障。2016 年系统经过升级，每天预报时长由未来 3 天增加至未来 5 天。

北京市环境保护监测中心于 1998 年开始尝试大气污染预报。1999 年，基于市科委的科技计划课题"北京市城近郊区空气污染预测预报研究"，开展了与空气质量预报工作相关的钻研和探索。2001 年，开始预报 PM_{10} 等三项污染物的 API 指数，并向社会公开发布。2006 年，借助课题的支持及多年工作的积累和沉淀，北京市基本建成了空气质量预报系统的完整体系。2008 年，北京市以筹办奥运会为契机，完成了空气质量预报体系的系统性升级，主要包括集合数值模型预报系统的搭建、动态统计模型系统的升级和综合预报业务平台的建设。北京市的集合模型系统包括中科院大气物理所自主研发的 NAQPMS 模型、美国 EPA 推荐的 CMAQ 模型以及美国 ENVIRON 公司开发的 CAMx 模型。2013 年，北京市在全国率先开展包括 $PM_{2.5}$ 和 O_3 在内的 AQI 预报。目前，北京市环境保护监测中心已具备多种空气质量预报技术手段，并定时向社会发布未来三天的空气质量预报情况。

上海市环境空气质量预报始于 1999 年，经过多年探索和实践，从最初建立数值预报开展潜势预报，发展到建立专业的预报员团队开展 AQI 分时段预报，从 API 预报发展到 72 小时分时段 AQI 预报，预报评价体系也在不断适应与改进。2013 年年底，环境保护部将长三角区域空气质量预测预报中心设立在上海市环境监测中心，作为该区域空气质量预测预报及预警支持的数据中心、联合预报中心和会商中心，负责长三角区域预测预报工作的总体协调、区域层级业务预报和对分中心的技术指导，为各省市提供区域性预测预报服务。2014 年年底，区域中心正式启动了长三角区域空气质量预报工作，每日对外发布未来 5 天区域空气质量预报信息，并陆续为南京青奥会、苏州世乒赛、嘉兴世界互联网大会、杭州 G20 等重大活动的空气质量保障提供了重要技术支撑。

2010 年，广东省依托国家"863"重大项目，初步建成了珠三角区域空气质量多模型集合预报系统，系统采用 MM5 气象模型为驱动，集合 NAQPMS、CMAQ、CAMx 等多种空气质量模型，并配备了高性能集群计算系统，建设了专用计算机房和监控中心，发展形成珠三角亚运空气质量预报预警平台，并成功为广州亚运会空气质量预报预警提供服务。2014 年至今，为进一步开展空气污染预报预警工作，广东省环境质量监测中心依托广东省级环保专项资金项目和中央财政大气污染防治专项，对数值预报系统进行了持续改进和更新，将模拟计算的区域扩大至广东省全省范围，气象模式由 MM5 更新为 WRF，升级了 NAQPMS、CMAQ 模型版本，增加了 WRF-Chem 数值模型，开发了统计模型预报系统，增加空气质量监测数据同化模块，升级建成广东省空气质量多模式集合数值预报平台，同时完成会商中心建设，具备了远程视频会议功能和远程交互能力。根据环境保护部和广东省环境保护厅的工作部署，2014 年，"珠三角区域空气质量预报预警中心"落户省环境监测中心，为进一步完善机构与队伍建设，2015 年 2 月成立预警预报科，专职开展环境空气质量预报预警业务工作，根据环境管理工作的业务需求不断完善自身职能，升级相关能力。

2013 年起，全国空气质量预测预报工作进入快速发展阶段，截至 2015 年，我国京津冀、长三角和珠三角三大重点区域、31 个省（自治区、直辖市）级、27 个省会城市、5 个计划单列市等重点城市市级空气质量预报预警体系全部完成建设并开展预报工作，发布预报信息。

1.2　国外预报业务开展现状

发达国家对于环境问题的关注由来已久，空气质量预测预报业务工作也起步较早，众多国际大气环境科研机构均有不同程度涉及，并围绕核心城市重点开展。

以巴黎为例，巴黎的空气质量预报是由 Airparif（巴黎大区空气质量管理中心）进行，Airparif 是一家法国环境部许可的独立机构，成立于 1979 年，员工 55 人，其主要职责如下：①监测，对包括巴黎市在内的巴黎大区开展空气质量监测；②分析，负责解释和分析一切空气污染现象；③预报，每天进行空气质量的预报，给出污染物的空间分布状况；④信息，每天对市民、媒体、管理部门发布空气质量信息；⑤评估，对于已经实施的或计划实施的污染控制措施进行评估。

Airparif 主要使用数值模拟的手段进行预报，但是它会充分整合当地的污染源信息，包括交通源、工业源、生活面源和生物源等。在预报产品发布方面，Airparif 发布当天和次日的预报空气质量级别和空间分布图，同时使用法国和欧洲城市通用（CAQI）两种评价方法进行指数评价，对公众采用网页、手机 App 等方式发布，对媒体采用传真、接受采访、新闻发布会等方式发布，对管理部门使用传真方式发布。

虽然由于空气质量业务预报领域近年来需求不断增强，我国相关领域发展速度远超国外其他国家，但得益于多年环境治理及空气质量监测预报的工作经验，发达国家在大气环境领域的研究有相对深厚的沉淀，业务高度细化，各有侧重，预报关注重点也有所不同。

2　预报成效评估发展现状

主要发达国家自 20 世纪 20 年代就已开始进行统计预报和应用评估的相关研究工作，20 世纪 60 年代开始逐步开展数值预报模式的研究和应用。经过几十年的研发，统计和数值预报已在科研和业务上得到广泛的应用。近年来，以 NAQPMS、CMAQ 等为代表的数值模式已被广泛应用于大气污染预报预警、成因分析与来源解析、污染演变的机制机理研究、情景模拟、达标规划等工作中，并得到持续更新升级。

数值模式作为预报业务工作的主要参考工具，在业务工作应用中对于不同地区具有不同的模拟预报特点。如数值模式的参数化方案和物理化学机制在不同的地区适用性不同，要使一个空气质量模式在特定地区发挥其最佳的性能，得到较好的预报效果，需对模式进行本地化测试调优。模式本地化调优主要包括：①对数值模式进行大量的测试，从不同的物理化学参数化方案中筛选出适合本地的最优方案和参数；②结合本地的各类观测数据，分析该地区污染生消演变特点，并对模式的重要参数进行本地化调整；③针对典型案例，进行模式试报和评估，识别主要偏差原因，并进行反复调试；④将调优后的数值模式应用到本地，开展实时业务预报，并持续监控评估预报效果。以中国科学院大气物理研究所 NAQPMS 模式为例，该模式已分别针对北京[2,4]、上海[3]、珠三角[5,6]、江苏[7]等地区的特点进行评估、调试和改进并实现本地化应用。

数值模式模拟结果的可靠性是其应用的前提条件。科研工作中对模式结果的评估多侧重详细的物理化学过程、大气污染演变的机制机理等，围绕其研究的特定科学问题、过程、对象展开，通常针对典型案例，开展有限点位（或单点，如超级站）的较为精细化的分析评估，评估的要素包括颗粒物化学组分、数浓度、VOCs 组分、垂直廓线、自由基、光解率、消光系数、光学厚度等，评估目的更多的是为了识别预报模式缺陷、深入解析污染成因和来源等。通过这些研究工作，可逐步完善数值预报模式，使其更能反映实际的复杂的污染过程，并进一步为业务预报提供技术支撑。

目前，对空气质量数值预报模式的相关研究虽已取得一定的进展，但科研成果的业务化应用应具有选择性，并非所有科研成果都适合业务化，需充分考虑业务预报高稳定性、时效性等特点。业务系统吸收新的科研成果后，仍需在实际业务应用中进行持续的评估、分析、调试，保证科研成果在业务上的适用性并发挥其应有的作用。总体而言，科研和业务工作是相辅相成的，科研取得的相关成果可应用到业务中，业务中发现的问题可以反馈到科研上，通过科研手段进行深入研究解决。

当前，空气质量数值预报模式已有不少新技术取得重要发展，例如全球—区域—城市多尺度嵌套技术、气象—化学双向反馈技术、自适应变网格技术、气溶胶微观动力学模拟技术、二次有机气溶胶模拟技术等，未来这些技术将逐步运用到业务预报中，预期可以提高模式重污染峰值预报、气溶胶生成演变和超高空间分辨率等的模拟预测能力。

随着空气质量预报的业务化发展，各地也建立相应的预报考核评估方法或系统客观评价不同预报方法的预报效果，以进一步规范环境空气质量预报工作，不断提高预报质量和预报水平，但目前国内并未形成规范的评价体系，各区域、省级和城市级预报缺少统一、规范的预报评价方法。

预报业务评估是为提高预报的准确率，便于城市空气质量预报业务的管理和考核，为政府管理部门提供重污染天气和重大活动保障方面应急措施的决策参考，我国各重点城市根据自身关注领域及业务重点，分别开展了有针对性的工作。

沈阳市每年、每月评估城市空气质量预报准确率，指标包括：级别准确率、AQI 范围准确率、首要污染物准确率，不定期统计每位预报员预报准确率，作为评价预报预警工作的指标，建立了首席预报员工作机制，将个人预报准确率作为首席预报员评选条件。此外，每年针对年度内启动重污染天气应急预警期间，从空气质量时空变化情况，监测预报预警工作开展情况，启动预警期间空气质量的预报准确率、预报结果偏高或偏低情况以及工作中存在的问题等方面形成年度重污染天气应急预警相关工作总结评估报告，为管理部门应急决策提供参考。

北京市目前已经建立了信息化手段的预报成效评估方法，即每天做预报时，每个预报员使用自己的账号，在北京市环境保护监测中心的综合业务平台中，填报未来 10 天的预报结果。同时，综合业务平台会抓取每天的日报结果，与预报结果进行实时比对和评估。即每天预报员都可以看到自己之前一段时间的预报效果，在进行新的预报的时候可以参考自己的系统误差来进行修正。此外，北京市环境保护监测中心要求预报员在系统里填报要在每天的业务会商之前，这样能填报自己独立的见解，不会受到其他预报员预报结果的影响。在进行评估考核时，使用的指标主要包括级别预报准确率、首要污染物、AQI 指数偏差绝对值等。这样实时滚动评估的优点是每天做预报时，预报员都能看到自己前一段时间预报的系统误差，这样可以做到实时同化、改进。

上海市根据空气质量实时发布的特点，编制了一套环境空气质量预报考核评分方法，以定量化反映预报结果的精准度。该套评价体系考评内容包括首要污染物、级别准确、空气质量指数的精度以及污染预报加分，评价体系重在提高分时段的评分权重并兼顾日评价，并侧重于对污染日的评估，同时突出首要污染物的权重，提高对首要污染的预报精确度。该套评分办法已应用于上海市空气质量预报质量评估，效果科学理想，贴近预报工作的实效与公众的感受，有利于对城市空气质量预报业务进行管理和考核。

在省级预报业务成效评估方面，广东省利用 24 h AQI 跨级预报准确率和首要污染物预报准确率对珠三角区域 2015 年空气质量预报效果进行综合评估。考虑到目前珠三角地区的空气质量预报结果仅仅是以区域平均状况的形式对公众发布，并未单列出每个城市的预报结果，而空气质量等级 AQI 指数和首要污染物类别的监测实况结果在发布时则是以城市为单位，因此这套预报评估方法综合采用珠三角 9 个城市（广州、深圳、佛山、肇庆、惠州、珠海、江门、东莞和中山）的空气质量监测实况发布结果和珠三角区域的预报发布结果进行评估，以反映珠三角区域预报效果的平均状况。

（王威、胡鸣、王占山、潘月云、刘闽、吴剑斌、黄河仙、潘润西、叶斯琪、
                                      王佳音、王文丁、樊瑶）

第3章 预报成效评估总体原则

预报成效评估是基于一段时间的空气质量预报和监测数据，利用多种统计方法，对预报结果进行对比评估，客观反映出预报工作中存在的不足，针对性地促进空气质量预报业务的提升。预报成效评估总体上需满足科学性、客观性、可操作性、动态更新、差异性等五个原则。

1 科学性

科学性是指成效评估所选择各项评价指标符合客观实际，采用的技术方法等具有理论基础，获得的评估结果富有科学依据，符合正态分布规律。

2 客观性

客观性是指在客观分析环境空气质量预报结果、天气条件变化和人类活动等因子基础上，以实际结果为依据进行确认、统计和评价，如实反映预报过程中各项因子的影响，真实反映预报成效并识别存在的问题。

3 可操作性

可操作性是指采用的评估方法和手段具有明确的指标、定义和分级，可按照一定的规范、要领、公式等进行操作，业务操作流程明确清晰，对于各级业务管理和预报技术人员，易于学习掌握，在具体实施过程中适合多数单位可长期执行。

4 动态更新

动态更新是指预报成效评估需按月、季度、年等时间尺度动态开展，并依据评估结果，结合预报业务发展实际，对预报系统、预报方法等进行动态更新调优，以保证预报效果持续提升；各地可根据预报工作的实际情况，在不与本指南有明显冲突的情况下，对评估方法进行细化。

5　差异性

差异性是指各地区的天气、气候、地形、污染类型等各不相同，各地区可根据实际情况，在指南技术框架下，对采暖季、非采暖季等排放差异时段，应急措施实施期间等特殊情况，沙尘天气等地区特点等进行因地制宜的评估。

（陆维青、陈焕盛、王晨波、李杰、鲁宁、许荣、孙乃迪）

第4章 预报成效评估技术框架

空气质量预报成效评估以模式预报和人工预报为评估对象,通过将预报结果与实况进行对比,评估各类预报参数和产品的准确率,分析误差来源,形成短、中、长期的预报评估体系。目前全国空气质量预报能力各地差异较大,但预报业务要求全国基本一致,所以在此提出一套比较完善的预报成效评估技术框架,主要从预报评估对象、要素、时效、周期及尺度五个方面提出规范要求。

1 预报评估对象

目前,空气质量预报采用模式预报与人工订正相结合的方式,预报成效评估对象可分为模式与人工订正两大类,其中模式主要包括数值模式和统计模式。模式预报结果以小时值预报和日均值预报为主,人工订正结果一般以日均值为主,在开展分时段预报业务的地区,也可对分时段人工订正结果进行评估。

2 预报评估要素

预报评估要素分为日常预报评估要素和重污染过程预报评估要素。在日常预报中,主要评估 AQI 范围、空气质量等级、首要污染物等要素,具备精细化预报条件的地区可对 6 项污染物的 IAQI 和浓度等进行精细化评估;在重污染预报过程中,主要评估起始时间、持续时间、结束时间、污染程度、首要污染物及影响范围 6 个指标。区域预报和城市预报按照各自预报内容进行要素评估。

3 预报评估时效

目前空气质量预报时效主要有未来 24 h、48 h 和 72 h,开展每日预报评估时,建议采取滚动评估的形式。记当日为 N,根据前一日($N-1$)空气质量实况进行滚动预报成效评估,被评估预报内容包括 $N-2$ 日发布的 24 h 预报、$N-3$ 日发布的 48 h 预报和 $N-4$

日发布的 72 h 预报。

除此之外，开展趋势预报的地区可对趋势预报进行时效评估。

4 预报评估周期

一般而言，预报评估周期包括常规评估周期和重污染过程评估周期。常规评估以每日例行的空气质量预报评估为基础，形成周、月、季、年空气质量预报评估结果；重污染过程评估周期是指以重污染过程持续时段为单位，根据该时段内每日空气质量预报结果，形成污染过程评估。

5 预报评估尺度

空气质量预报评估尺度根据预报尺度由大到小依次可分为：区域尺度、省域尺度、城市尺度、分区尺度和重点点位尺度。不同评估尺度在选取评估指标时可略有不同，应注意遵循一致性、可比性和互补性等原则。

（杜云松、丁青青、汪宇、曹磊、张青新、罗彬、
陈楠、谢敏、柴杨扬、许可、刘婵芳）

第5章　预报成效评估技术方法

1　统计评估指标

统计误差和相关性分析的常用指标包括平均偏差（MB）、标准平均偏差（NMB）、相关系数（R）、均方根误差（RMSE）等。

对区域内各市每日预报结果进行统计，N 表示全部统计天数，M_i 表示第 i 天的预报值，$\bar{M}$ 表示预报结果平均值，O_i 表示第 i 天的观测结果，$\bar{O}$ 表示观测结果平均值，各类公式参考如下：

$$R = \frac{\sum_{i=1}^{N}(M_i - \bar{M}) \times (O_i - \bar{O})}{\sqrt{\sum_{i=1}^{N}(M_i - \bar{M})^2 \sum_{i=1}^{N}(O_i - \bar{O})^2}} \tag{5.1}$$

$$\text{RMSE} = \sqrt{\frac{1}{N}\sum_{i=1}^{N}(M_i - O_i)^2} \tag{5.2}$$

$$\text{MB} = \frac{1}{N}\sum_{i=1}^{N}(M_i - O_i) \tag{5.3}$$

$$\text{ME} = \frac{1}{N}\sum_{i=1}^{N}|M_i - O_i| \tag{5.4}$$

$$\text{NMB} = \frac{\sum_{i=1}^{N}(M_i - O_i)}{\sum_{i=1}^{N}O_i} \times 100\% \tag{5.5}$$

$$\text{NME} = \frac{\sum_{i=1}^{N}|M_i - O_i|}{\sum_{i=1}^{N}O_i} \times 100\% \tag{5.6}$$

式中，R 反映预报值与观测值随时间变化趋势的相似程度，$R>0$ 表示正相关，$R<0$ 表示负相关，通过统计显著性检验判定预报值与观测值的相关性。

有研究表明，MFB 和 MFE 更适用于评估模式预报效果，合理范围为$-60\% \leqslant$MFB $\leqslant 60\%$、MFE$\leqslant 75\%$，理想水平范围为$-30\% \leqslant$MFB$\leqslant 30\%$、MFE$\leqslant 50\%$。其计算公式如下：

$$\text{MFB} = \frac{2}{N}\sum_{i=1}^{N}\frac{(M_i - O_i)}{(M_i + O_i)} \times 100\% \tag{5.7}$$

$$\text{MFE} = \frac{2}{N}\sum_{i=1}^{N}\frac{|M_i - O_i|}{(M_i + O_i)} \times 100\% \tag{5.8}$$

环境空气质量预报成效评估的基本评估指标还应包括环境空气质量级别和首要污染物的预报准确性等。根据评估对象的不同，区域预报重点关注对污染过程整体趋势的预报结果评估，评估指标主要包括起始时间、持续时间、污染程度和覆盖范围四个指标。

城市空气质量预报成效评估指标应根据实际业务预报内容、空气质量变化特征和预报难易程度划分通用性与差异性指标。通用性评估指标包括：空气质量级别准确率、AQI 范围准确率、首要污染物准确率、AQI 预报趋势、级别偏高率和偏低率等。差异指标有：预报与实测相差性，包括相关系数，相关系数检验指标；空气质量预报综合考核评分，包括首要污染物正确性评分、预报 AQI 精确度评分等；重污染预报准确性，包括重污染误报率、重污染空报率指标；不同区域的城市，可以针对特征污染物的预报准确性进行评估。

2　TS 评分方法

风险评分（Threat Score，简称 TS 评分）（Schaefer，1990）是以列联表为基础的传统的模式检验方法，它能够客观、定量地给出预报系统的整体表现。

2.1　对是否出现污染检验

预报正确率：
$$\text{PC} = \frac{\text{NA} + \text{ND}}{\text{NA} + \text{NB} + \text{NC} + \text{ND}} \times 100\% \tag{5.9}$$

技巧评分：
$$\text{SS} = \text{PC} - \text{PC}' \tag{5.10}$$

式中，NA 为有污染预报正确次数；NB 为空报次数；NC 为漏报次数；ND 为无污染预报正确的次数；PC'为数值预报或上级指导预报的 PC 评分，见表 5-1。

表 5-1 有无污染检验分类表

实况 ＼ 预报	有污染	无污染
有污染	NA	NC
无污染	NB	ND

2.2 污染分级检验

TS 评分：
$$TS_k = \frac{NA_k}{NA_k + NB_k + NC_k} \times 100\%$$ （5.11）

技巧评分：
$$SS_k = TS_k - TS_k'$$ （5.12）

漏报率：
$$PO_k = \frac{NC_k}{NA_k + NC_k} \times 100\%$$ （5.13）

空报率：
$$FAR_k = \frac{NB_k}{NA_k + NB_k} \times 100\%$$ （5.14）

式中，NA_k 为预报正确次数；NB_k 为空报次数；NC_k 为漏报次数；TS' 为数值预报或上级指导预报的 TS 评分；k 为 1～5，分别代表无、轻度、中度、重度、严重污染五个等级，见表 5-2。

表 5-2 污染分级检验分类表

实况 ＼ 预报	有	无
有	NA_k	NC_k
无	NB_k	—

逐日检验只评定是否正确和是否属"空、漏"报，并保存每日预报与实况资料。月、季、年检验依据当月、季、年的预报正确总次数、空报总次数、漏报总次数计算 TS、SS、PC、空报率、漏报率。

注意：季、年的评分不是月评分的平均，而是对季、年所有样本的统计结果。

（胡鸣、晏平仲、梁桂雄、杨文夷、李健军、许荣、鲁宁）

第6章　空气质量预报的不确定性分析

空气质量预报受气象预报、大气污染源清单和大气化学反应机理等综合影响，在发生沙尘天气、生物质燃烧、污染源管控等事件时，存在的诸多不确定因素导致预报难度增大，在气象预报存在显著偏差或存在特殊未知源排放的情况下，空气质量预报不确定性会进一步加大。

为了客观地评价空气质量预报成效、提高预报水平，应在评价时重点考虑上述几方面造成的不确定性。

1　沙尘天气

每年冬春季节，沙尘天气频频侵扰我国北方，较强时也能影响到中部和长江以南地区。沙源、大风、不稳定层结这三大因素分别为沙尘天气的发生发展提供了物质、动力和热力条件，共同决定着沙尘过程中的起沙强度、持续时间、传输方向和传输距离。正因为沙尘天气由多种因素共同影响且作用机理复杂，致使其预报具有很大的不确定性。现有的沙尘数值模式对沙尘源强尚不能很好地模拟，缺乏精准的沙尘模式预报产品，难以为预报员提供较好的预报参考产品；而沙尘传输路径和沉降速度影响因素众多，具有很多不确定性，导致人工订正也面临很多困难和不足。

实际工作中，预报员首先要从各种模式预报产品提取出有利的信息，判断沙尘天气发生的条件；其次，兼顾天气形势、气象条件、本地环境等多种要素的影响，判断沙尘的传输路径；最后综合考虑干湿沉降的作用，预报沙尘天气的持续时间，综合上述多种因素，方可能较好地预报出一次沙尘天气过程。针对沙尘天气，原环境保护部出台了《受沙尘天气过程影响城市空气质量评价补充规定》，并于2017年1月1日开始执行，规定要求各省市对沙尘天气过程的颗粒物浓度进行剔除，该时段监测数据不用于空气质量考核和排名。参照该规定，建议对沙尘天气的空气质量预报进行单独评估，不纳入常规空气质量预报成效评估。

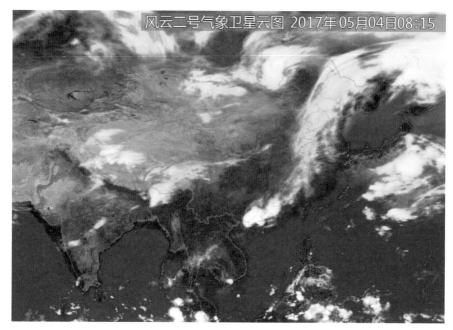

图 6-1　2017 年 5 月 4 日沙尘过程气象卫星云图

图 6-1 是 2017 年 5 月 4 日中国北方地区遭遇强沙尘天气时风云二号气象卫星拍摄的云图，此次过程中北方多个省市空气质量爆表，从图 6-2 展示的 5 月 4—5 日 PM_{10} 浓度可以看出，北京地区 PM_{10} 峰值浓度超过 1 000 μg/m³，而由于沙尘天气的不确定性，空气质量数值预报模式并未能很好地预报出此次沙尘过程导致的颗粒物浓度突然大幅上升。

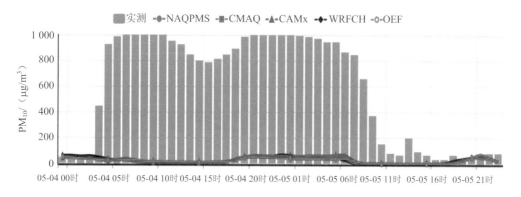

图 6-2　2017 年 5 月 4—5 日沙尘过程期间北京市 PM_{10} 浓度实况和
空气质量数值模式预报结果

2 生物质燃烧

生物质燃烧主要包括秸秆焚烧和森林大火。秸秆焚烧常发生于农耕时段，影响范围遍及我国大部分区域。由于秸秆焚烧的具体时间、精确地点和焚烧面积等难以预估，影响秸秆焚烧排放强度的因素较多，往往在空气质量预报中难以精确定量考虑，造成预报结果存在较大偏差。森林大火多发生我国北方地区，发生的时间点往往带有偶然性，持续时间难以确定，对周边区域空气质量往往产生显著影响，为预报带来不确定性。

建议对秸秆焚烧时段进行标注，回顾分析秸秆焚烧时间对区域城市空气质量预报的影响，在进行空气质量预报成效评估时酌情考虑。建议对发生森林大火时的空气质量预报进行单独评估，不纳入常规空气质量预报成效评估。

3 污染源管控

污染源管控主要包括面向大气环境质量改善的常态化措施、面向重污染过程的应急预案措施、面向秋冬季的深度治理措施，以及重大活动空气质量保障措施。当前我国城市管控措施主要包括主城区交通限行、汽柴油品改善、工业企业停产限产、建筑工地作业限制、餐饮业油烟处理改善等，在重污染应急或者重大活动保障中往往还启动更多加强管控措施，往往为空气质量预报带来较大不确定性。

在日常空气质量预报工作中，由于污染源管控措施（常态化措施或临时管控措施）带来的污染物排放量的变化未及时体现在数值模式中，因此在对数据模式的预报结果进行人工订正时，需要考虑污染源管控措施的实施效果，基于实时模拟评估管控措施的实施效果，对预报结果进行修订。

在重污染过程采取应急预案措施时，由于重污染天气应急减排措施是基于预报结果发布重污染天气应急预警的情况下，为了减缓重污染天气污染程度而在可能出现重污染天气过程期间采取的科学减排措施，因此对预报结果带来的不确定性较小，且经过实践对比，重污染天气应急预案措施的实施，能够达到细颗粒物削峰降速的作用，但对空气质量等级的影响需要进一步确定。

在针对重大活动进行空气质量保障过程中，期间采取的管控措施往往是基于一定的目标性（如重大活动期间 $PM_{2.5}$ 浓度达到国家二级标准等），因此需时时评估管控措施对空气质量的改善效果，基于改善效果与目标之间的差距，进一步启动或减弱管控措施强度等。

图 6-3 展示了 2015 年 8 月 1 日—9 月 3 日北京及河北主要大气污染物浓度的时间序列，同时给出了 2013—2015 年同期污染物浓度均值，与 2013 年和 2014 年相比，"9·3" 阅兵保障期间北京地区 SO_2、NO_2 和 $PM_{2.5}$ 浓度均大幅降低。利用空气质量数值模式进行敏感性测试，用以评估污染源管控措施的实施效果。减排措施对于降低京津冀地面大气污染物浓度的效果显著，SO_2 和 NO_2 降低的幅度达到 40%～60%，$PM_{2.5}$ 则为 25%～30%。

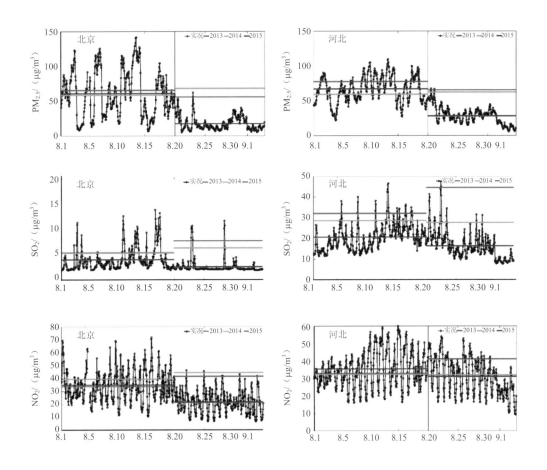

图 6-3　2015 年 8 月 1 日—9 月 3 日北京和河北常规污染时间序列及历史同期均值比较

建议对重污染过程启动应急预案措施和重大活动空气质量保障措施时段进行标注，回顾分析应急预案措施对区域城市空气质量预报的影响，在进行空气质量预报成效评估时酌情考虑。

4 气象预报偏差

气象预报是一项复杂浩大的工程,尽管预报技术已日趋完善,但依然会存在不少不确定性,难以做到完全准确。气象预报偏差的不确定性主要表现在预报初始场和气象模式两方面。气象预报初始场的合理性受到观测点位分布、观测仪器设备、资料同化技术等方面制约。例如,气象自动站使用仪器观测误差、大气对可见光的散射造成气象卫星探测云顶和地面反照率资料偏差、根据雷达回波强度和降水量的经验关系推测降水量的误差、观测站点覆盖不完全难以满足精确预报的需求等。气象模式对边界层内的物理、动力过程描述仍不够精细,特别是对大气运动中的湍流过程,小尺度系统(如华北小尺度低压)和局地强对流的生消机制等方面。此外,目前的主流气象模式对城市尺度高分辨率的模拟偏差较大。因此,依靠气象初始场作为重要输入的空气质量数值模型和统计预报模型以及参考气象预报产品的人工预报都会产生更大的不确定性。气象预报的偏差直接影响了空气质量预报的准确率。特别是对处于大尺度环流边缘的城市影响较大,对上游冷高压系统移动、降水强度和落区的预报偏差对空气质量预报影响突出。

图 6-4 展示了 2016 年 10 月 24—26 日不同的起报时间对此次污染过程的预报结果,从图中可以看出,10 月 24 日京津冀中南部逐渐受到弱偏西南气流控制,京津冀中南部地区累积的污染物逐渐向中部地区输送;25 日在持续偏南风影响下,山东西部累积的污染物开始向河北中南部输送,北京、天津、唐山、保定和石家庄等城市可能达到重度污染;26 日京津冀地区在冷空气影响下,污染有所缓解,但是相较于 20 日的预报结果,21 日给出的预报结果显示,此次冷空气可能有推迟和减弱的趋势,存在一定的不确定性,保守估计 26 日午后或夜间影响京津冀中部。

建议对气象预报存在显著偏差的时段进行标注,回顾分析气象预报偏差对区域城市空气质量预报的影响,在进行空气质量预报成效评估时酌情考虑。

5 污染源清单的不确定性

2013 年以来,全国大气污染防治工作全面推进,污染源清单的更新已明显滞后于大气污染治理的进度。特别是以"散乱污"企业为主的特殊未知源并未体现在污染源清单中,在某些特殊时段或者局部地区表现得较为突出。这些特殊未知源常具有分布零散、排放时间和强度变化剧烈等特点,现有大气污染源排放清单难以准确反映其影响,对特殊时段、局部地区的空气质量预报带来较大不确定性。例如当前在京津冀及周边区域采暖时段重点整治的"散乱污"单位排放。

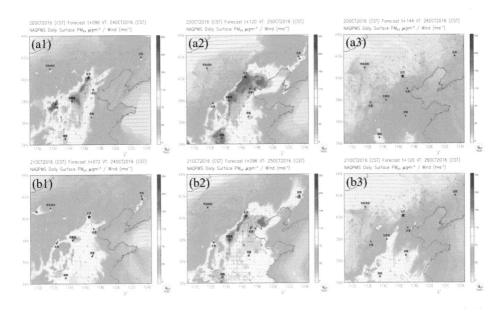

图 6-4 数值模式对 2016 年 10 月 24—26 日京津冀地区地面 PM$_{2.5}$日均浓度和平均风场预报结果，
其中（a1）～（a3）为 10 月 20 日预报结果；（b1）～（b3）为 10 月 21 日预报结果

数值预报中，可结合观测资料和模拟数据，进行污染源反演订正，初步识别特殊未知源的时段、地区和强度，一定程度改善空气质量预报效果，也可利用遥感反演产品辅助识别特殊位置源的相关信息。建议对识别出存在特殊未知源的时段进行标注，利用数值模拟结合地面观测、遥感反演等手段分析其对区域城市空气质量预报的影响，在进行空气质量预报成效评估时酌情考虑。

图 6-5 展示了 2010 年北京及周边地区 CO 年排放量的水平分布，其中图（a）为日本国立环境研究所编制的亚洲区域大气污染物排放清单 1.1 版（REAS v1.1），该清单包含了 1980—2020 年的排放情景，1980—2003 年为历史统计数据，2004—2020 年则是在假设排放情境下估算得到的数据；图（b）是利用集合卡尔曼滤波的源清单反演方法，结合 NAQPMS 空气质量数值模式，基于观测数据和 REAS v1.1 清单反演得到的北京及周边地区 CO 年排放量分布情况。从图中可以看出，相较于 REAS v1.1 的情景假设，2010 年天津、唐山和保定等地区 CO 的排放量有显著增加。反演订正得到更为准确的排放清单，可以为模式提供更准确的输入，减少模式的不确定性。

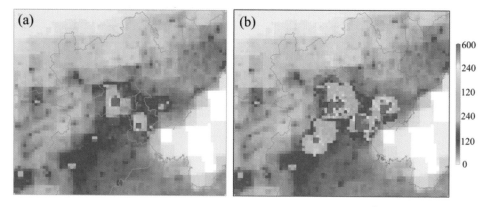

图 6-5 北京及周边地区 2010 年 CO 年排放量（t/km²）

（a）REAS v1.1 排放清单；（b）反演后排放清单（Tang X et al.，2013）

（杨文夷、何文杰、韩文宇、王照、徐文帅、潘润西、

杨丽丽、高飞、唐晓、张阳、杨燕萍、吕婧）

第二篇
区域评估

第 7 章　区域性污染过程定义

目前，我国大气污染呈现影响范围广、持续时间久、污染等级跨度大、区域特征明显等特点。在我国已经形成数十个城市群，城市群内大气污染物排放集中，区域气象条件较为相近，往往区域性污染过程所覆盖的范围通常不是单独的一个或几个城市，而是表现为大范围的区域甚至跨区域的污染。

区域性污染过程的定义由影响范围、持续时间、影响程度三个主要条件界定。

1　区域性污染层级分类及对应影响范围（跨区域、区域—7 大区、省、城市群）

我国环境空气质量预报业务体系为"国家—区域—省级—城市" 4 个区域层级，区域性污染过程也可以根据污染影响范围的大小分为跨区域、区域、省级、城市等 4 个层级。

城市层级是指单个城市或者边界连片的几个城市（一般小于 3 个），面积较小；省级层级是指在国家行政划分的省、直辖市、自治区的区域内数个城市组成的城市群，连片污染城市一般应超过 3 个，或达到省内地级城市的一定比例；区域层级指的是按照国家区域环境空气质量预报整体规划设计的 6 大区域，分别为华北、华东、华南、东北、西北、西南大区域；跨区域层级指污染过程影响范围包含 2 个连片的区域。

省域污染过程，省内 3 个及以上的城市受污染影响；区域污染过程，污染仅出现单个区域内，有至少 2 个连片的省（直辖市、自治区）受污染影响，污染城市总个数达到 5 个；跨区域污染过程，污染范围要覆盖 2 个以上连片的区域，同时影响省份达到 3 个或影响城市达到 7 个，见表 7-1。

鉴于全国各地行政区划和污染分布特征不同，各区域预报中心和省级预报部门可以根据自身情况在污染城市个数、污染城市比例对区域性污染过程给出更合理的界定。

表 7-1　区域性污染层级分类及对应影响范围示例

区域性污染层级类别	范围界定条件（示例）	备注
省域污染	省内 3 个及以上连片地级以上城市出现污染	区域和跨区域污染影响范围的界定，以生态环境部相关文件为准。省域污染过程影响范围的界定，应根据各地政府的要求和实际情况，具体调整判定条件
区域污染	区域内有 2 个及以上连片的省（直辖市、自治区）的 5 个及以上连片地级以上城市出现污染	
跨区域污染	污染范围要覆盖 2 个及以上连片的区域，同时影响 3 个及以上连片省（直辖市、自治区）或影响 7 个及以上连片地级城市	

2　区域性污染持续时间和影响程度界定

本节针对跨区域、区域和省域污染过程的持续时间和污染程度进行界定。区域性污染过程在时间上必须是连续的、有一定时间跨度的，短时或者间断的污染不属于污染过程。对于时间跨度的界定，跨区域污染和区域污染原则上持续时间要达到 3 个自然日（或连续 72 h），省域污染至少要 1 个自然日（或连续 24 h）。目前对于单个城市的污染程度界定较为简单明确，而对于区域性污染，应以区域内单个城市污染程度为基础，以区域内城市污染的最高等级作为参考，同时综合考虑城市个数和城市占比等指标，界定区域性污染的程度。

一般将区域性污染程度划分为轻度污染、轻至中度污染、中度污染、中至重度污染、重度及以上污染。京津冀及其周边、华东、东北、西北、西南区域的区域性污染程度界定可参考表 7-2。华南、西南等部分省份区域性污染程度较低，且持续时间较短，可参考表 7-2 中"短临污染"的界定条件。

表 7-2　不同区域性污染程度的界定

区域性污染程度	界定条件		
	跨区域	区域	省域
短临污染	区域内轻度污染及以上连片地级以上城市大于 3 个且污染出现时间相差不超过 3 h，整体污染持续时间不超过 24 h		
轻度污染	连续 3 天或 72 h，连片区域内轻度污染连片地级以上城市不少于 7 个，且未达到高级别污染过程水平时	连续 3 天或 72 h，区域内轻度污染连片地级以上城市不少于 5 个，且未达到高级别污染过程水平时	连续 1 天或 24 h，省域内轻度污染连片地级以上城市不少于 3 个，且未达到高级别污染过程水平时

区域性污染程度	界定条件		
	跨区域	区域	省域
轻至中度污染	连续 3 天或 72 h，连片区域内轻度及以上污染的连片地级以上城市不少于 7 个，且其中至少 1 个中度及以上污染城市，并未达到高级别污染过程水平时	连续 3 天或 72 h，连片区域内轻度及以上污染的连片地级以上城市不少于 5 个，且其中至少 1 个中度及以上污染城市，并未达到高级别污染过程水平时	连续 1 天或 24 h，连片区域内轻度及以上污染的连片地级以上城市不少于 3 个，且其中至少 1 个中度及以上污染城市，并未达到高级别污染过程水平时
中度污染	连续 3 天或 72 h，连片区域内中度污染连片地级以上城市不少于 7 个，且未达到高级别污染过程水平时	连续 3 天或 72 h，区域内中度污染连片地级以上城市不少于 5 个，且未达到高级别污染过程水平时	连续 1 天或 24 h，省域内中度污染连片地级以上城市不少于 3 个，且未达到高级别污染过程水平时
中至重度污染	连续 3 天或 72 h，连片区域内中度污染及以上连片地级以上城市不少于 7 个，且其中至少 1 个重度及以上污染城市，并未达到高级别污染过程水平时	连续 3 天或 72 h，区域内中度污染及以上连片地级以上城市不少于 5 个，且其中至少 1 个重度及以上污染城市，且未达到高级别污染过程水平时	连续 1 天或 24 h，省域内中度污染及以上连片地级以上城市不少于 3 个，且其中至少 1个重度及以上污染城市，且未达到高级别污染过程水平时
重度及以上污染	连续 3 天或 72 h，连片区域内重度污染及以上连片地级以上城市不少于 7 个	连续 3 天或 72 h，区域内重度污染及以上连片地级以上城市不少于 5 个	连续 1 天或 24 h，省域内重度污染及以上连片地级以上城市不少于 3 个

注：区域和跨区域污染持续时间和影响程度的界定，以生态环境部相关文件为准。省域污染过程持续时间和影响程度的界定，应根据各地政府的要求和实际情况，具体调整判定条件。

（丁青青、张良、潘锦秀、邱飞、赵倩彪、陈楠、朱桂艳、黄艳艳、蒋东升、向峰、许可）

第8章 区域预报评估指标概述

区域预报评估以区域城市空气质量实测结果为基础，以《环境空气质量标准》（GB 3095—2012）和《环境空气质量指数（AQI）技术规定（试行）》（HJ 633—2012）为依据，评价对象以区域性污染层级分类和区域性污染程度的界定方式确定。根据业务开展的现状，可开展 24 h/48 h/72 h 区域预报结果的评估（包含模式预报结果及人工订正结果），以区域内常规业务预报评估和区域性污染过程预报评估为评估对象。

评估指标以时间、空间、污染强度等维度为重点，常规业务预报评估可以区域城市等级准确率平均 Q_{CD}、区域首要污染物准确率 Q_{SW} 为评估指标，区域污染过程预报评估可额外增加区域污染过程准确率 Q_G、区域污染过程早报率 Q_{GZ}、区域污染过程晚报率 Q_{GW}、区域污染过程漏报率 Q_L、区域污染过程预报持续时间覆盖率 Q_{SF}、区域污染过程预报空间范围覆盖率 Q_{KF}、区域整体等级准确率 Q_{ZD} 等评估指标。

在广泛征求各省（市）级业务预报部门的意见后，区域评估指标的英文简称采用区域和指标简化描述组合的规则制定，其中区域（汉语拼音 Quyu）用 Q 表示，指标简化描述采用关键字的汉语拼音首字母或字母组合。"城市等级准确率平均"用下标 CD 表示；"首要污染物准确率"用下标 SW 表示；"区域污染过程准确率"用下标 G 表示；"区域污染过程早（晚）报率"由"区域污染过程准确率"延伸而来，分别用下标 GZ 和GW 表示；"区域污染过程漏报率"用下标 L 表示；"区域污染过程预报持续时间覆盖率"用下标 SF 表示；"区域污染过程预报空间范围覆盖率"用下标 KF 表示；"区域整体等级准确率"用下标 ZD 表示。

区域城市等级准确率平均 Q_{CD}：区域内所有城市空气质量等级准确率的平均值。单个城市空气质量等级准确率以跨级准确为计算标准。

$$区域城市等级准确率平均 Q_{CD} = \frac{\sum_{i}^{N} n}{Nm} \times 100\% \tag{8.1}$$

式中，N 为评估的天数；m 为区域内城市总个数；n 为某一天区域内空气质量等级预测准确的城市个数。

区域首要污染物准确率 Q_{SW}：区域内所有城市首要污染物等级准确率的平均值。单个城市的首要污染物等级准确率以城市评估指标确定。

$$区域首要污染物准确率 Q_{SW} = \frac{\sum\limits_{i}^{N} n}{Nm} \times 100\% \tag{8.2}$$

式中，N 为评估的天数；m 为区域内城市总个数；n 为某一天区域内首要污染物预测准确的城市个数。

区域污染过程准确率 Q_G：在一定的区域层级下，以自然日为标准，区域污染开始时间与预测时间相差在一个自然日以内，认定本次区域污染起始时间预测准确。其中，污染开始时间与预报时间相同的为区域污染起始时间命中；预报时间较污染开始时间早一个自然日的为预报早报，可分为早报两日、三日等；预报时间较污染开始时间晚于一个自然日的为预报晚报，可分为晚报两日、三日等。以小时为判定单位的区域短临污染过程，可分时段进行判断，时段内预测和实测结果出现污染过程，均认为预测准确。

$$区域污染过程准确率 Q_G = n / M \times 100\% \tag{8.3}$$

式中，M 为评估期间区域性污染发生的次数；n 为评估期间区域性污染起始时间预测准确的次数。类似可以定义区域污染过程晚报率和早报率。

$$区域污染过程早报率 Q_{GZ} = n_Z / M \times 100\% \tag{8.4}$$

$$区域污染过程晚报率 Q_{GW} = n_W / M \times 100\% \tag{8.5}$$

式中，M 为评估期间区域性污染发生的次数；n_Z 为评估期间区域性污染过程早报次数；n_W 为晚报次数。

区域污染过程漏报率 Q_L：在一定的区域层级下，以自然日预报结果对区域性污染过程漏报的比率。

$$区域污染过程漏报率 Q_L = n_L / M \times 100\% \tag{8.6}$$

式中，M 为评估期间区域污染发生的次数；n_L 为评估期间区域污染性过程漏报的次数。

区域污染过程预报持续时间覆盖率 Q_{SF}：在一定的区域层级下，以自然日预报结果为参考基准，预测区域污染天集合 $\{N_p\}$ 与实测区域污染天集合 $\{N_m\}$ 的交集占区域污染实测总天数 N 的比例，定义为区域污染过程预报持续时间覆盖率 Q_{SF}。

$$区域污染过程预报持续时间覆盖率 Q_{SF} = \frac{\{N_p\} \cap \{N_m\}}{N} \times 100\% \tag{8.7}$$

式中，N 为评估期间区域污染发生总天数；$\{N_p\} \cap \{N_m\}$ 为评估期间预测与实测结果中区域性污染天数的交集。

区域污染过程预报空间范围覆盖率 Q_{KF}：在一定的区域层级下，以自然日预报结果为参考基准，预测区域污染城市集合$\{N_p\}$与实测区域污染城市集合$\{N_m\}$的交集占区域污染实测总城市的比例，定义为区域污染过程预报空间范围覆盖率Q_{KF}。

$$区域污染过程预报空间范围覆盖率Q_{KF} = \frac{1}{N}\sum\frac{\{n_p\}\cap\{n_m\}}{n}\times100\% \qquad (8.8)$$

式中，n为评估期间某日区域污染城市总数，$\{n_p\}\cap\{n_m\}$为评估期间某日预测与实测结果中区域性污染城市的交集个数；N为评估期间区域污染的总天数。

区域整体等级准确率Q_{ZD}：区域污染预报等级与实测区域污染等级一致，则认为区域预报等级准确。

$$区域整体等级准确率Q_{ZD} = n/N\times100\% \qquad (8.9)$$

式中，N为评估期间区域污染的总天数；n为评估期间区域污染等级预测准确的天数。实测区域空气质量等级一般为区域内所有城市空气质量指数平均值对应的空气质量等级，也可以用各分区代表城市实测空气质量等级代替，或者其他合理可行的统计方法。

区域预报评估原则上以定性为主，结合目前区域空气质量预报的重点和难点，也可建立定量考核体系，多项指标叠加，以积分制方式进行综合考核，根据业务需要建立基本评估如表8-1所示。

表 8-1　区域预报评估指标表

评估时段	年　月　日— 年　月　日	统计总天数	区域污染次数		区域污染总天数	
评估指标	预报时效		24 h	48 h	72 h	
区域城市等级准确率平均 Q_{CD}						
区域首要污染物准确率 Q_{SW}						
区域污染过程晚报率 Q_{GW}						
区域污染过程早报率 Q_{GZ}						
区域污染过程漏报率 Q_L						
区域污染过程预报持续时间覆盖率 Q_{SF}						
区域污染过程预报空间范围覆盖率 Q_{KF}						
区域整体等级准确率 Q_{ZD}						

（杜云松、朱莉莉、张巍、李健军、高愈霄、朱媛媛、赵熠琳）

第9章 区域重污染过程预报效果总体评价方法

根据环境空气质量标准和现实条件,上述评估以自然日为判据。针对大气重污染预警应急响应所要求的以连续时间为判据的区域重污染预报评估,应依照生态环境部相关文件和区域预报工作实际情况开展。

1 区域重污染过程定义

各区域由于经济发展水平不一,污染源排放水平各异,区域空气质量污染形势差异较大,各区域在污染天气发生频次、污染持续时长、污染影响范围上都有很大差异,对重污染天气过程的认识和标准不尽相同。

以京津冀区域和上海市(长三角区域)为例,根据《关于统一京津冀城市重污染天气预警分级标准强化重污染天气应对工作的函》(环办应急函〔2016〕225号)和《上海市空气重污染专项应急预案(2018版)》规定,京津冀地区受污染严重的城市和上海市空气预警分级标准见表 9-1 和表 9-2。

表 9-1 京津冀地区城市空气预警分级标准

蓝色预警	预测空气质量指数(AQI)日均值(24 h 均值,下同)>200 且未达到高级别预警条件时
黄色预警	预测 AQI 日均值>200 将持续 2 天及以上且未达到高级别预警条件时
橙色预警	预测 AQI 日均值>200 将持续 3 天,且出现 AQI 日均值>300 的情况时
红色预警	预测 AQI 日均值>200 将持续 4 天及以上,且 AQI 日均值>300 将持续 2 天及以上时,或预测 AQI 日均值达到 500 并将持续 1 天及以上时

表 9-2 上海市空气预警分级标准

蓝色预警	一天轻度或中度污染且可能出现短时重污染
黄色预警	一天重度污染
橙色预警	一天严重污染或两天以上重度污染
红色预警	未来一天环境空气质量指数(AQI)大于 400

对比表 9-1 和表 9-2 可知，以蓝色预警为例，对于同样的蓝色预警标准，京津冀地区要求城市 AQI 日均值大于 200，而上海市则为轻至中度污染（对应 AQI 范围为大于 100 小于等于 200）或出现短时重度污染。可见，上海市（长三角区域）对预警的启动门槛相比京津冀区域城市低很多，相应的对重污染天气过程也更加"敏感"。

因此，针对区域内重污染过程标准定义，建议根据区域自身污染形势和预警等级标准各自定义。

在此，以京津冀地区为例，参考《京津冀及周边地区重污染天气监测预警方案》相关内容，京津冀区域一次重污染天气过程定义为区域内 3 个及以上城市连续 3 天 AQI 大于 200。

2 预报能力评价标准

以京津冀地区为例，京津冀区域至少 3 个城市连续 3 天 AQI 大于 200 的第一天为重污染天气过程的起始时刻，最后一天为重污染天气过程的终止时刻，起始时刻与终止时刻间包含天数为持续时间。所有连续 3 天及以上 AQI 大于 200 的城市都被认为处在该重污染天气过程空间范围内。

以实际发生重污染天气过程为参照，当预报的区域污染过程达到启动重污染预警标准且预报污染过程空间范围达实际的 60%时，若预报起始时间与实际一致，则评定该次重污染天气过程"预报成功"；若起始时间较实际提前，评定为"早报"；若起始时间较实际滞后（滞后不能超过两天），评定为"晚报"。而当预报的城市少于 3 个、持续时间少于 3 天或污染过程空间范围低于实际的 60%时，判为"漏报"；当预报重污染过程而实际没有发生时，判为"空报"。

将 AQI 等于 200 作为标准 I；同时，通过对两年 AQI 预报结果统计发现，模式预报 AQI 达到 150 以上，实际出现重污染天气过程的概率较大，因此，将 AQI 等于 150 作为一个预警临界值，即标准 II。基于标准 I 和标准 II 对观测重污染天气过程预报效果进行评估。

预报成功、早报和晚报都能起到警示作用，本书将预报成功、早报和晚报归为"报出"一类。用预报准确率 P 来评价模式系统提前 1 天、2 天和 3 天对重污染天气过程预报能力。

$$P_{污染过程} = \frac{报出重污染天气过程次数}{实际重污染天气过程总次数} \times 100\%$$

（高愈霄、皮东勤、王照）

第10章 区域主要污染物重污染预报深入评估要点

1 区域大气细颗粒物重污染预报评估要点

在开展区域 $PM_{2.5}$ 污染预报评估时，除参考第 9 章所述的持续时间、污染程度和影响范围外，还要重点关注 $PM_{2.5}$ 高浓度污染带时间和空间分布，包括区域平均 $PM_{2.5}$ 浓度水平、浓度峰值水平、峰值出现的城市、浓度高值的持续时间、达到重度和严重污染的城市、主要污染物警戒水平等方面对预报结果的准确性和合理性作出基本判断。

1.1 重污染的起始时间、结束时间及浓度水平的评估

重点关注区域内城市 $PM_{2.5}$ 浓度上升的速度及达到的程度、污染的移动方向及影响的城市范围以及污染过程的结束时间，包括清除路径、清除速率等。

1.2 重污染峰值浓度水平、高值持续时间及出现城市的评估

细颗粒物重污染过程的峰值浓度及高值持续时间是深入评价污染程度的关键因素。评估时可设置高值阈值，统计高值持续时间、高值持续时间最长城市、区域内持续一定时长达到重度污染水平的城市个数，以及持续一定时长达到严重污染的城市个数等。

1.3 主要污染物浓度警戒水平的评估

$PM_{2.5}$ 作为典型的二次污染物，区域传输影响其生成和扩散，进行 $PM_{2.5}$ 污染过程预报评估时，比较关心前体物浓度（NO_x 和 VOCs）会影响 $PM_{2.5}$ 的生成，较高的前体物浓度和利于 $PM_{2.5}$ 生成的气象条件（小风、湿度大），往往会导致高程度的污染过程。进行 $PM_{2.5}$ 重污染预报评估，应同时关注其他主要污染物的实况浓度及变化趋势，特别是重点留意浓度临近或达到警戒预警水平的情况。

2 区域大气臭氧污染预报深入评估要点

臭氧污染在我国许多城市和区域逐渐凸显，特别在夏季成为许多城市的首要污染物，开展臭氧预报及其评估是空气质量预报工作的重要任务。

由于臭氧成因的复杂性和历史资料的缺乏，使得臭氧预报评估工作处于起步阶段，仍有很大探索空间。开展臭氧污染预报深入评估时，除了参考上文所述的各种准确率评估指标外，通常侧重从臭氧污染过程峰值浓度时空分布及其变化趋势，以及浓度警戒水平等方面对预报结果的准确性和合理性作出基本判断。

臭氧污染预报评估包括对模型系统预报结果、人工订正实际预报结果的评估，具体的深入评估要点如下。

2.1 O_3 污染过程预报的准确性评估

臭氧污染具有明显的时间变化特征，包括日变化和季节变化。夏季是臭氧污染的高发时段，大概从 4 月份开始至 11 月份，浓度水平偏高，很容易成为影响空气质量的首要污染物。臭氧浓度的日变化周期明显，一般午后出现明显峰值。臭氧小时变化情况可以在一定程度上反映臭氧本地生成和区域传输的相对贡献大小，因此也应关注区域内单一城市的臭氧小时变化情况和城市间浓度峰值的发生先后及地理空间分布情况。

臭氧污染过程以每日 O_3 最大 8 h 滑动平均浓度（O_3-8 h）为评估指标，以上文所界定的跨区域、区域污染持续时间和影响程度为依据，评估预报模型系统、实际预报的准确性，评估指标包括 O_3-8 h 和 O_3 浓度最大值、超标城市个数和达到污染的城市个数。

2.2 O_3 污染峰值时空分布的评估

O_3 浓度小时变化及峰值出现的时间和地点，是反映区域和城市 O_3 来源的主要评估依据，O_3 浓度达到警戒水平的范围和演变，反映 O_3 污染过程对区域和城市的影响范围和程度。因此，深入评估的重点，应关注能否准确预报 O_3 峰值出现的区域、出现时间及污染区域中心移动方向、O_3-8 h 和 O_3 达到的最高浓度、O_3-8 h 和 O_3 达到不同警戒水平（质量浓度级别）区域范围大小和变化等关键方面。

通常以 O_3-8 h 为评估依据，重点关注预报时段内区域臭氧浓度峰值水平、区域内超标城市个数，达到重度污染的城市。包括对区域预报的 O_3-8 h 和 O_3 污染高浓度的地面空间分布、移动方向和出现时间与实测的差异性进行评估，描述预报对污染高值带的空间分布和持续时间的准确性评估，还可以进一步评估污染过程中峰值出现的空间变化和区域分布的时间同步情况。

2.3 各地 O_3 污染警戒水平的评估

对于各地自行划定的 O_3 污染警戒水平，按 O_3 污染警戒水平评估预报与实测区域范围的准确率，包括城市个数或者地域面积。

另外，前体物浓度会极大影响臭氧浓度的生成，较高的前体物浓度和利于臭氧生成的气象条件，往往导致较强的臭氧污染。进行臭氧污染预报评估，应同时关注其他主要污染物的实况浓度及变化趋势，因此，可同时相应设置臭氧主要前体物的临近或警戒水平。

3 区域大气沙尘污染预报要点

需明确沙尘天气影响时段的判定，以起始时间和结束时间来判定[①]。

3.1 起始时间判定

沙尘天气影响起始时间可采用两种方法确定：

（1）城市 PM_{10} 小时平均浓度大于等于前 6 h PM_{10} 小时平均浓度的 2 倍且大于 150 $\mu g/m^3$，作为受影响起始时间；

（2）城市 $PM_{2.5}$ 与 PM_{10} 小时浓度比值小于等于前 6 h 比值平均值的 50%，作为受影响起始时间。

3.2 结束时间判定

城市 PM_{10} 小时平均浓度首次降至与沙尘天气前 6 h PM_{10} 小时平均浓度相对偏差小于等于 10%，作为沙尘天气影响结束时间的判定依据。

沙尘预报评估主要从沙尘天气发生的起始时间、结束时间、影响范围、污染程度 4 个方面进行评估。

3.2.1 起始时间评估

当沙尘天气的实际起始时间为 X 日的 8 时—20 时，预报起始时间为 X 日，则预报准确，否则不准确。

当沙尘天气的实际起始时间为 X 日 20 时— $X+1$ 日 8 时，预报起始时间为 X 日或 $X+1$ 日，则预报准确，否则不准确。

---

① 参考：《受沙尘天气过程影响城市空气质量评价补充规定》。

举例：沙尘天气的实际起始时间为 2017 年 5 月 4 日 14 时，预报起始时间为 4 日，则预报准确，否则不准确。

沙尘天气发生的实际起始时间为 2017 年 5 月 4 日 23 时，预报起始时间为 4 日或 5 日，则预报准确，否则不准确。

3.2.2 结束时间评估

由于沙尘天气发生时，颗粒物长时间漂浮于空气中，其浓度不会随风速减弱而迅速降低，因此，对于沙尘天气结束时间的预报评估相对放宽。

当沙尘天气的实际结束时间为 X 日，预报结束时间为 $X-1$ 日—$X+1$ 日，则预报准确，否则不准确。

3.2.3 影响范围评估

当沙尘天气实际发生的城市个数至少 30% 落在预报的区域范围内，则预报准确，否则不准确。有条件的单位可以提高到 50%。

3.2.4 污染程度评估

沙尘过程影响下，空气质量预报与实际等级相差 ±1 以内，则预报准确，否则不准确。

（潘锦秀、梁桂雄、王鹏、王占山、潘月云、沈劲、杨丽丽、纪元）

第 11 章　区域沙尘过程影响下的空气质量预报结果评估

根据生态环境部印发的《关于印发〈受沙尘天气过程影响城市空气质量评价补充规定〉的通知》及其实施细则中的规定，发生沙尘影响空气质量过程的判定：城市 PM_{10} 浓度持续 2 h 超过 600 μg/m³ 或持续 1 h 超过 1 000 μg/m³，则认为发生了沙尘影响空气质量过程。本章关注的是区域沙尘影响下的空气质量预报及其预报结果的评估，以区域内实际发生的沙尘影响下的空气污染为基础，主要包括预报系统和人工订正结果的评估两方面，从沙尘起源地、传输路径、起始时间，持续时间，污染程度以及空间影响范围 4 个方面综合考虑。

1　预报系统成效评估

1.1　起始时间

实际起始时间的判定：以区域上游首先受到沙尘影响城市 PM_{10} 小时平均浓度大于等于前 6 h PM_{10} 平均浓度的 2 倍且大于 150 μg/m³ 的时刻；或区域上游首先受到沙尘影响城市 $PM_{2.5}$ 与 PM_{10} 小时浓度比值小于等于前 6 h 比值平均值的 50% 的时刻作为区域沙尘过程的起始时间。如传输过程 PM_{10} 浓度上升较为缓慢，或 $PM_{2.5}$ 与 PM_{10} 比值下降较为缓慢时，以 PM_{10} 持续作为首要污染物且 PM_{10} 小时浓度超过 150 μg/m³ 的时刻作为区域沙尘过程的起始时间。

若预报起始时间与实际起始时间在 ±3 h 以内，则评定该次污染过程为"预报准确"；

若起始时间较实际提前 3 h 以上，则评定为"早报"；

若起始时间较实际滞后 3 h 以上，则评定为"晚报"。

1.2　结束时间及持续时间判定

结束时间判定：区域下游最后受到沙尘影响的城市 PM_{10} 小时平均浓度首次降至沙尘天气前 6 h PM_{10} 平均浓度的 1.1 倍以下的时刻作为区域沙尘过程的结束时间。如沙尘

前本地 PM_{10} 浓度较高或沙尘后期本地污染造成 PM_{10} 浓度持续较高时，以城市小时首要污染物由 PM_{10} 切换为其他污染物或 PM_{10} 小时浓度下降至 $100 \ \mu g/m^3$ 以下作为区域沙尘过程的结束时间。

持续时间判定：区域沙尘实际起始时间与结束时间的小时间隔数作为区域沙尘过程的持续时间，精确到 1 h。

当观测沙尘天气持续时间大于 24 h，预报与观测的沙尘持续时间相差 ±1 日以内，则预报准确；

当观测沙尘天气持续时间大于 2 h 并且小于等于 24 h，预报与观测的沙尘持续时间相差 ±12 h 以内，则预报准确；

当观测持续时间小于等于 2 h，预报与观测的沙尘持续时间相差 ±6 h 以内，则预报准确。

1.3 影响范围

当实际发生沙尘天气的城市个数至少 60% 落在预报的区域范围内，则评定该次沙尘天气过程预报范围为"预报准确"。

1.4 空气质量等级

当实际的空气质量等级落在预报的等级范围内，则评定该次沙尘天气过程空气质量等级为"预报准确"。

2 人工订正结果评估

人工订正结果是在预报系统结果的基础上加以人工修正，由于参考种类较多、预报人员技术经验的客观差异性，人工订正结果评估暂不针对具体区分区域的不同方位进行评估，只对等级预报结果进行评估。根据 PM_{10} 是否为首要污染物，人工订正结果的等级评估参考预报系统评估方式。并在此基础上，对沙尘过程起止时间、传输路径和影响范围、影响时间和影响强度的人工订正结果评估。

（1）路径范围评估：通过对预报模式沙尘源地、传输路径及风场变化的人工研判，评估沙尘传输路径，对区域预报中预判沙尘传输路径、受影响区域范围或城市数量进行评估。

（2）影响时间评估：评估沙尘对区域或城市的影响时长，主要对沙尘影响的开始和结束时间及区域沙尘过程持续时间进行评价分析。

（3）区域沙尘预报结果难以进行定量评估，须根据气象实况做好沙尘气象成因、沙尘源地、沙尘传输路径和沙尘影响时间等因素的文字评估判断，并提出相应的纠偏建议。

同时，沙尘过程结束后不仅应对空气质量进行评估，同时也应当对气象实况场进行评估，总结出气象条件与起沙机制的关系，还应了解不同地区的地表覆盖情况、近期降水情况等。

通过总结历史发生于华北、西北地区典型的沙尘过程分析沙源地、传输路径及影响范围和影响时间。

2.1　沙源地 PM_{10} 区域分布和浓度水平

当较强蒙古高压自西北路南下时，高压前常配合较强低压系统，在两个系统共同作用下冷锋过境时往往配合较强上升气流，导致下垫面强不稳定，以上是沙尘产生的主要气象动力条件。西北路沙尘产生的沙源地主要集中在阿拉善盟偏北的额济纳旗和偏西的阿拉善右旗境内沙漠，此外地处阿拉善盟和巴彦淖尔市之间的乌兰布和沙漠也是一大沙源地，沙尘影响强度往往在此进一步加大。沙尘影响前期，阿拉善左旗、巴彦淖尔市的 PM_{10} 小时浓度最高可达 3 000 μg/m³ 以上，日均最高可达 1 000 μg/m³ 以上，但 $PM_{2.5}$ 浓度占比通常在 20% 左右，并逐步向下游城市传输，传输过程中受重力沉降作用浓度减弱，但 $PM_{2.5}$ 浓度占比通常升高至 30% 左右。

北路沙尘影响情况：相对于西北路沙尘，北路沙尘影响强度较小，主要沙源地位于锡林郭勒盟境内浑善达克沙地，同时还会受蒙古国戈壁沙源地传输影响。北路沙尘过程影响下，锡林郭勒盟 PM_{10} 最高小时浓度可达 1 500～2 000 μg/m³，但影响时间较短。

2.2　上游地区和影响城市范围和时间

沙尘影响城市范围和时间受风向、风速及干湿沉降作用等气象条件及下垫面条件控制，其中风向、风速对沙尘传输和滞留时间起主导作用。

西北路沙尘影响城市范围和时间：①内蒙古自治区西北部（阿拉善盟、乌海市、巴彦淖尔市）—陕西省北部（榆林市、延安市）、内蒙古自治区中西部（鄂尔多斯市、包头市、呼和浩特市、乌兰察布市）—山西省北部（朔州市、大同市、忻州市等）—京津冀北部（张家口市、北京市、廊坊市、保定市等）；②内蒙古自治区西北部（阿拉善盟、乌海市）—宁夏回族自治区（石嘴山市、银川市、吴忠市等）—甘肃省南部（庆阳市、天水市）—陕西省（宝鸡市、咸阳市、西安市等）；沙尘过程对沙源地城市影响时间较短，通常在 8～12 h，但受风速减弱、下垫面阻挡等条件影响下，沙尘对中下游城市影响时间有可能超过 12 h。

北路沙尘影响城市范围和时间：①内蒙古自治区中北部（锡林郭勒盟—乌兰察布市）—京津冀北部（张家口市、北京市、承德市等）—京津冀南部（保定市、沧州市、石家庄市等）—河南省北部（安阳市、鹤壁市、新乡市、郑州市等）；②内蒙古自治区中北部（锡林郭勒盟、乌兰察布市）—内蒙古自治区东部偏南（赤峰市、通辽市）—京津冀北部（承德市、秦皇岛市）—辽宁省（朝阳市、阜新市、沈阳市等）。北路冷空气沙尘影响强度和影响时间均弱于西北路，影响时间通常在 5～12 h。2016 年 3 月的一次沙尘过程见表 11-1。

表 11-1　2016 年 3 月一次沙尘过程

沙尘过程时间	影响城市	影响天数	沙尘起始时间	沙尘结束时间	影响时长	PM$_{10}$峰值浓度/（μg/m³）	日均级别
2016 年 3 月 4—5 日	阿拉善盟	1	3 月 4 日 02 时	3 月 4 日 10 时	9	810	中度污染
	乌海市	1	3 月 4 日 02 时	3 月 4 日 20 时	10	878	重度污染
	巴彦淖尔市	1	3 月 4 日 02 时	3 月 5 日 03 时	27	927	严重污染
	鄂尔多斯市	1	3 月 4 日 07 时	3 月 5 日 10 时	27	1 325	严重污染
	包头市	2	3 月 4 日 00 时	3 月 5 日 15 时	39	1 335	严重污染
	呼和浩特市	2	3 月 4 日 00 时	3 月 5 日 18 时	42	1 376	严重污染
	乌兰察布市	2	3 月 4 日 09 时	3 月 5 日 23 时	33	828	中度污染
	锡林郭勒盟	1	3 月 4 日 14 时	3 月 5 日 08 时	14	5 000	重度污染
	赤峰市	2	3 月 4 日 12 时	3 月 5 日 12 时	13	664	中度污染
	通辽市	2	3 月 5 日 08 时	3 月 5 日 18 时	11	992	中度污染

注：选取 2016 年一次较重沙尘过程作为统计模板，如果认可这种统计方式可将近两年所有沙尘过程按此方式进行统计作为第三项和第四项的内容。

（王鹏、杨丽丽、郭燕胜、于军海、王照、徐曼、王莉娜、邓婉月、蒙瑞丽、
郭宇宏、纪元）

第三篇

城市评估

第12章 城市预报评估指标概述

依据《环境空气质量指数（AQI）技术规定（试行）》（HJ 633—2012），空气质量指数级别分为 6 个级别，对应类别包括优、良、轻度污染、中度污染、重度污染及严重污染。城市空气质量预报以北京时间 0 时至 23 时的一个自然日为单位，预报未来 2～3 天内 AQI 范围、AQI 级别范围和首要污染物，AQI 级别可跨两级预报，根据实况空气质量级别对预报结果进行评估。

根据现有条件，空气质量 AQI 范围预报，预报级别为优良轻中时预报范围不超过 ±15，预报级别为重度和严重污染时预报范围不超过 ±30。部分先行省市成员单位，制定了更精细化和高水平的标准。在全国省市成员单位预报水平提升到更高水平阶段，将根据实际情况采用更高水平的评估标准。

常规业务预报评估可以使用城市 AQI 范围预报准确率 C_{AQI}、城市 AQI 范围分级别预报准确率 C_{AQI-i}、城市 AQI 级别预报准确率 C_G、城市 AQI 分级别预报准确率 C_{G-i}、空气质量级别预报偏高率 C_{GH}、空气质量级别预报偏低率 C_{GL}、首要污染物预报准确率 C_{PP}、AQI 趋势预报准确率 C_T 等评估指标。

在广泛征求各省（市）级业务预报部门的意见后，城市评估指标的字母简称采用城市和指标简化描述组合的规则制定，其中城市（英文 City）用 C 表示，指标简化描述采用关键字的英文首字母或字母组合。"城市 AQI 范围预报准确率"下标用 AQI 表示；"城市 AQI 级别预报准确率"下标用 Grade 的首字母 G 表示；"空气质量级别预报偏高率"下标用 Grade 和 Higher 的首字母组合 GH 表示；"空气质量级别预报偏低率"下标用 Grade 和 Lower 的首字母组合 GL 表示；"首要污染物预报准确率"下标用 Primary Pollutant 的首字母组合 PP 表示；"AQI 趋势预报准确率"下标用 Trend 的首字母 T 表示。

1 AQI 预报评估

以 AQI 预报值为基础设定预报范围，AQI 实测值在预报范围内，则记为准确，评估时段内的 AQI 范围准确率为预报准确天数与评估总天数之比。如预报 AQI 范围 135～165（轻度至中度污染），实况 AQI 值为 145（轻度污染），则记为准确。

$$城市AQI范围预报准确率C_{\text{AQI}} = \frac{n}{N} \times 100\% \qquad (12.1)$$

式中，n 表示预报 AQI 范围准确的天数；N 表示评估总天数。

为了进一步了解不同空气质量状况下的预报效果，分别计算当实况空气质量为一级（优）到六级（严重污染）6 个级别时的 AQI 范围分级别预报准确率。

$$城市AQI范围分级别预报准确率C_{\text{AQI}-i} = \frac{n_i}{N_i} \times 100\% \qquad (12.2)$$

式中，i 表示实况空气质量指数级别；n_i 表示实况空气质量级别为 i 时预报准确的天数；N_i 表示实况空气质量级别为 i 的天数。

2 AQI 级别预报评估

评估对象为 AQI 级别范围时，如果实况 AQI 级别在预报结果范围内（包含跨级预报），则记为准确。

$$城市AQI级别预报准确率C_{\text{G}} = \frac{n}{N} \times 100\% \qquad (12.3)$$

式中，n 表示预报 AQI 级别准确的天数；N 表示评估总天数。

为了进一步了解不同空气质量状况下的预报效果，分别计算当实况空气质量为一级（优）至六级（严重污染）6 个级别时的空气质量级别预报准确率。

$$城市AQI分级别预报准确率C_{\text{G}-i} = \frac{n_i}{N_i} \times 100\% \qquad (12.4)$$

式中，i 表示实况 AQI 级别；n_i 表示实况 AQI 为 i 时预报准确的天数；N_i 表示实况空气质量级别为 i 的天数。

3 首要污染物预报评估

根据《环境空气质量指数（AQI）技术规定（试行）》（HJ 633—2012），首要污染物被定义为 AQI 大于 50 时，空气质量分指数 IAQI 最大的空气污染物为首要污染物；若 IAQI 最大的污染物为两项或两项以上时，则并列为首要污染物。

城市预报结果为首要污染物时，评估方法分为三种情形：

（1）当实况首要污染物均为单一污染物时，如果预报首要污染物为 1 个，且与实况完全相同，则记为准确；如果预报首要污染物为 2 个，且实况为其中的一项，也记为准确，见表 12-1。

表 12-1　实况首要污染物为单一污染物示例

实况	预报	结果评估
$PM_{2.5}$	$PM_{2.5}$	准确
$PM_{2.5}$	$PM_{2.5}$、O_3	准确
$PM_{2.5}$	O_3	错误

（2）当实况首要污染物为多污染物时（如出现首要污染物是 $PM_{2.5}$ 和 O_3），如果预报首要污染物与实况完全相同，则准确，如果预报首要污染物至少有 1 个与实况一致，也记为准确，见表 12-2。

表 12-2　首要污染物预报评估示例

实况	预报	结果评估
O_3、$PM_{2.5}$	O_3、$PM_{2.5}$	准确
O_3、$PM_{2.5}$	$PM_{2.5}$	准确
O_3、$PM_{2.5}$	NO_2	错误

（3）当实况空气质量为优时，无首要污染物，不做首要污染物准确率评估。

$$首要污染物预报准确率 C_{PP} = \frac{n}{N} \times 100\% \qquad (12.5)$$

式中，n 表示预报首要污染物准确的天数；N 表示评估时段内实况非优的总预报天数。

当评估时段内实况空气质量为优的天数占比超过 70% 时，该城市不进行首要污染物准确率评估。

4　AQI 趋势预报评估

空气质量变化趋势把握是空气质量预报的重要环节。AQI 预报趋势评估是对城市环境空气质量改善或空气污染加重等变化趋势预报结果进行评判的主要方法，适用于空气质量模式预报及人工订正预报等趋势评估。

空气质量变化趋势可分为"转好、平稳及转差"三种情形，判断依据可参考表 12-3（判断条件的范围仅为参考，各地区可根据本地空气质量变化情况适当调整）。如果 AQI 预报趋势 $T_{(p)}$ 与实况趋势 $T_{(m)}$ 一致，则记为准确。

$$AQI趋势预报准确率C_{\mathrm{T}}=\frac{n}{N}\times 100\% \qquad (12.6)$$

式中，n 表示预报 AQI 变化趋势准确的天数，评估总天数。

表 12-3   空气质量变化趋势判别条件

空气质量级别	变化趋势	判断条件
优一良	转好	$T<-10$
	平稳	$-10\leqslant T\leqslant 10$
	转差	$T>10$
轻度一中度	转好	$T<-20$
	平稳	$-20\leqslant T\leqslant 20$
	转差	$T>20$
重度一严重	转好	$T<-30$
	平稳	$-30\leqslant T\leqslant 30$
	转差	$T>30$

注：表中 T 可表征预报趋势值 $T_{(p)}$ 和实况趋势值 $T_{(m)}$。

$$T_{(p,\,i)}=AQI_{(p,\,i)}-AQI_{(p,\,i-1)} \qquad (12.7\text{-}1)$$
$$T_{(m,\,i)}=AQI_{(m,\,i)}-AQI_{(m,\,i-1)} \qquad (12.7\text{-}2)$$

式中，i 代表第 i 天，$i\geqslant 1$。当 $i=1$ 时，$AQI_{(预报,\,0)}=AQI_{(实况,\,0)}$，代表前一天实况 AQI。空气质量级别根据 $AQI_{(实况,\,i)}$ 判定。如当天实况 $AQI_{(实况,\,0)}$ 为 60，第 1 天 24 h 预报 $AQI_{(预报,\,1)}$ 为 80～100（中值 90），第 1 天实况 $AQI_{(实况,\,1)}$ 为 80，则预报趋势为转差，实况也为转差，则记为"准确"。

如对模式预报评估时，直接将模式预报输出的 $AQI_{(预报)}$ 进行趋势评估；如对人工预报评估时，因预报结果为 AQI 指数范围，则以 AQI 预报范围的中值代表 $AQI_{(预报)}$ 进行趋势评估。

5 AQI 级别预报偏差

本章第一部分中给出了城市 AQI 级别预报准确率评估方法，当预报不准确时，如果实况空气质量级别低于预报级别（或预报级别范围下限），则预报偏高；如果实况空气质量级别高于预报级别（或预报级别范围上限），则预报偏低，见表 12-4。

表 12-4　空气质量类别范围预报偏差对照表

预报＼实测	优	优—良	良	良—轻	轻度	轻—中	中度	中—重	重度	重—严	严重
优	准确	准确	偏高	偏高	偏高	偏高	偏高	偏高	偏高	偏高	偏高
良	偏低	准确	准确	准确	偏高	偏高	偏高	偏高	偏高	偏高	偏高
轻度	偏低	偏低	偏低	准确	准确	准确	偏高	偏高	偏高	偏高	偏高
中度	偏低	偏低	偏低	偏低	偏低	准确	准确	准确	偏高	偏高	偏高
重度	偏低	偏低	偏低	偏低	偏低	偏低	偏低	准确	准确	准确	偏高
严重	偏低	偏低	偏低	偏低	偏低	偏低	偏低	偏低	偏低	准确	准确

$$城市空气质量级别预报偏高率 C_{GH} = \frac{n_H}{N} \times 100\% \qquad (12.8)$$

式中，n_H 表示预报空气质量级别偏高的天数；N 表示评估总天数。

$$城市空气质量级别预报偏低率 C_{GL} = \frac{n_L}{N} \times 100\% \qquad (12.9)$$

式中，n_L 表示预报空气质量级别偏低的天数；N 表示评估总天数。

（陆晓波、朱莉莉、许荣、马琳达、李源、曲凯、刘姣姣、邱飞、张晓峰、王静、张春辉、李鹏、林晶晶、张灿、向峰、孟赫、钟敏文）

第13章 城市重污染预报评估

按照空气质量标准和 AQI 技术规范要求，以自然日为判据，将日 AQI 超过 200 定义为重污染天。

城市重污染预报评估可以使用重污染预报准确率 APR（Accurate Prediction Ratio）、重污染预报偏高率 OPR（Over-Prediction Ratio）、重污染预报偏低率 UPR（Under-Prediction Ratio）和重污染预报评分 TS（Threat Score/Critical Success Index）等评估指标。

第 12 章中定义了 AQI 级别预报准确判断方法。重污染预报准确率即是指实况为重污染天，AQI 级别预报准确的时间段占评估时段的比率。

$$重污染预报准确率APR = \frac{n}{N_{实况}} \times 100\% \tag{13.1}$$

式中，n 表示评估时段内预报 AQI 级别准确的天数；$N_{实况}$ 表示评估时段内实况为重污染的总天数。APR 范围为[0，1]，APR 越接近 1 说明重污染预报效果越好。

重污染预报偏高率是指预报为重污染天，但预报的 AQI 级别范围比实况偏高的时段占评估时段的比率。

$$重污染预报偏高率OPR = \frac{n}{N_{预报}} \times 100\% \tag{13.2}$$

式中，n 表示评估时段内预报 AQI 级别偏高的天数；$N_{预报}$ 表示预报为重污染的总天数。OPR 范围为[0，1]，OPR 越接近 0 说明重污染预报效果越好。

重污染预报偏低率是指实况为重污染天，但预报的 AQI 级别范围比实况偏低的时段占评估时段的比率。

$$重污染预报偏低率UPR = \frac{n}{N_{实况}} \times 100\% \tag{13.3}$$

式中，n 表示评估时段内预报 AQI 级别偏低的天数；$N_{实况}$ 表示实况为重污染的总天数。UPR 范围为[0，1]，UPR 越接近 0 说明重污染预报效果越好。

重污染预报检验评分是指实况重污染天或者预报为重污染天，AQI 级别预报准确的时间段占评估时段的比例。

$$重污染预报检验评分TS=\frac{n}{N} \tag{13.4}$$

式中，n 表示评估时段内预报 AQI 级别准确的天数；N 表示实况或预报为重污染的总天数。TS 范围为[0，1]，TS 越接近 1 说明重污染预报效果越好。

一年内实际重污染天数不超过 5 天时，一般不进行重污染预报评估。

（朱莉莉、李源、王静、李鹏、孟赫、高愈霄）

第14章　城市预报评估地区差异

我国幅员辽阔，各地区地理气候条件、社会经济发展、能源结构等存在较大差异，导致影响各城市空气质量状况的大气扩散条件、污染排放时空分布、大气复合污染特征等关键因素因地而异。因此，各城市应综合考虑本地实际情况和地区差异性，在开展空气质量业务预报和预报成效评估时，在普适性和本地化权衡中而有所侧重。本章针对城市预报评估的主要指标和方法，结合不同区域代表城市数据分析结果，探讨城市预报评估的地区差异性，以期为各地建立满足本地需求、科学合理的城市预报成效评估指标体系提供借鉴和思考。

1　空气质量级别评估差异

了解本地空气质量总体状况是开展城市空气质量预报的基本前提。我国各地大气污染程度和空气质量状况差异明显，总体而言，北方地区大部分城市空气质量较差，而南方地区多数城市空气质量相对较好。2017 年上半年 74 个重点城市空气质量报告，空气质量由好至差排名显示，前 10 名均为南方城市，而后 10 名则集中在华北和西北地区，邯郸市上半年 $PM_{2.5}$ 和 PM_{10} 平均浓度分别是海口市的近 5 倍；昆明、海口、拉萨等 23 个城市的优良天数比例在 80%～100%，而邯郸、郑州、衡水等 11 个城市优良天数比例不足 50%。

统计分析城市空气质量总体状况，了解本地空气质量级别总体分布特征，是保证城市空气质量预报准确率的重要基础。在预报成效评估时，应重点关注主要空气质量级别及其级别过渡阶段的预报成效，有针对性地开展关键级别的预报效果分析，从而最大限度地提高预报准确率。

2　AQI 范围预报评估差异

我国北方地区四季分明，不同季节大气扩散条件有显著差异，加之采暖期和非采暖期污染物排放量的明显变化，导致北方地区城市空气质量水平在全年尺度上波动较大，部分城市空气质量级别出现优至严重污染的全覆盖；而南方地区城市由于气候类型季节性差异小、污染物排放量相对稳定、大气化学机理较为单一，空气质量级别多以优至轻度污染为主，AQI 在这一相对较低的范围内波动较小，见表 14-1。

表 14-1　2014 年各区域典型城市不同空气质量等级 AQI 均方差统计

AQI级别	华北		东北		华东		华中		华南		西南		西北	
	张家口	邢台	大连	沈阳	舟山	济南	长沙	郑州	海口	广州	拉萨	成都	西宁	西安
优	6.6	6.1	4.6	3.6	7.3	—	6.3	3.9	8.0	9.1	4.4	7.6	4.8	6.8
良	13.8	14.4	12.9	13.0	12.4	10.2	13.5	13.0	12.6	13.9	11.6	14.0	12.4	14.0
轻度	10.9	15.1	12.3	14.5	12.7	14.0	13.2	13.0	17.9	13.3	6.4	14.3	12.5	12.3
中度	15.0	13.6	13.5	14.2	21.7	12.9	13.4	14.6	—	14.1	—	15.5	7.5	13.8
重度	32.6	26.1	22.4	19.9	—	20.9	29.3	22.9	—	—	—	26.4	34.0	31.3
严重	21.7	70.3	—	106.8	—	88.1	20.2	66.1	—	—	—	54.5	—	71.8

注：以上数据来自全国城市空气质量实时发布平台的自动审核数据，仅作为 AQI 波动的一般性总体分析。"—"代表该空气质量级别天数少于 3 天。

不同城市 AQI 波动程度的差异，导致其预报难度有所不同，预报时需对不同空气质量级别的 AQI 预报范围设定差异性的变化幅度；在开展 AQI 范围预报准确率时，也应为不同空气质量级别的 AQI 预报结果设定不同程度的、可允许的偏差范围。对于全年 AQI 波动较大的城市，需重点关注季节转变期间的空气质量预报成效评估。

3　首要污染物评估差异

首要污染物是反映当地大气污染特征的重要指标，首要污染物预报是城市空气质量预报信息的重要内容，能够指引公众健康防护和污染管控有的放矢。受气象条件、能源结构、污染源排放量等因素影响，南北方城市空气质量首要污染物种类及时空分布差异明显，而即便是同一区域的城市之间，首要污染物特征也不相一致。例如，对 2014—2016 年京津冀区域北京、保定、石家庄、邢台和邯郸共 5 个典型城市首要污染物特征分析显示，北京首要污染物由主到次为 $PM_{2.5}$、O_3-8 h、NO_2 和 PM_{10}，其他 4 个城市首要污染物排序为 $PM_{2.5}$、PM_{10}、O_3-8 h、NO_2、SO_2 和 CO，北京以 O_3-8 h 为首要污染物的天数比例为 27.0%，明显高于其他 4 个城市，而其 PM_{10} 首要污染物天数比例则表现相反。

对于大气污染特征明显、首要污染物种类较少、各项首要污染物分指数（IAQI）随季节有明显变化的城市,在预报首要污染物时难度相对较低;而大气污染特征复杂多变、首要污染物种类较多且各项污染物分指数(IAQI)差异较小城市,首要污染物预报难度较大。例如 2014—2016 年北京除 $PM_{2.5}$ 首要污染物天数比例占比明显外,O_3-8 h、NO_2 和 PM_{10} 天数比例相差较小,在非颗粒物污染为主的夏季,在预报首要污染物为 O_3-8 h 还是 NO_2 时,容易出现预报偏差。

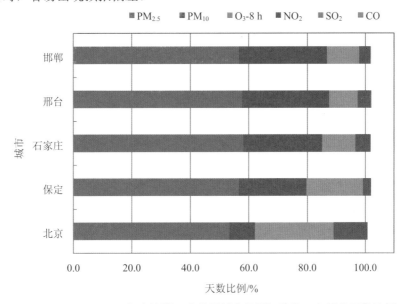

图 14-1 2014—2016 年京津冀 5 个典型城市首要污染物 3 年平均天数比例

4 污染过程预报评估差异

我国北方地区易出现持续时间长、覆盖范围广、峰值浓度高、影响程度重的大气污染过程,例如 2015—2017 年京津冀区域每年 1 月份均发生了 3 次重污染过程,污染程度严重,最长单次持续时间长达 12 天(含上年 12 月底 4 天),AQI 峰值均达到 500 上限,影响城市多达 11 个。相对来说,南方地区类似污染过程明显较少,且因污染物浓度变化较快,污染过程一般持续时间较短,见表 14-2。

在开展污染过程预报时,不同城市应根据本地大气污染管控需求,重点关注对本地空气质量影响最大的特定程度污染过程预报(如重度、中度、轻度污染过程)。在评估污染过程预报成效时,也需因地制宜,科学设定符合当地实际情况的评估指标和限值。

综合考虑以上差异性因素,建立合理、科学的城市预报评估方法,才能尽可能将其对城市预报准确率的差异性影响均一化,使对不同地区城市预报成效总体评价时具有可比性，从而最大限度地客观、公平反映各地空气质量预报技术水平和成效提升。

表 14-2　京津冀区域 2015—2017 年 1 月和 2 月重污染过程情况统计

评价指标	2015 年		2016 年		2017 年	
	1 月	2 月	1 月	2 月	1 月	2 月
重污染频次	3 次	1 次	3 次	0	3 次	2 次
单次最短持续天数	3	3	3	—	3	4
单次最长持续天数	4	3	6	—	12	5
AQI 峰值范围	382～500	312	267～500	—	411～500	409～437
单次最少影响城市数量	3	4	3		4	3
单次最多影响城市数量	11	6	11		11	13

（王晓彦、陆晓波、丁青青）

第四篇

预报员分级制度

第15章 预报员分级定义

为有效促进环境空气质量预报工作的开展，客观评价环境空气质量预报业务人员（以下简称预报员）的技能和科研水平，建立完善预报员的培训和分级管理评价体系，综合考虑环境空气质量预报业务工作现状和需求，建立预报员分级制度。

1 基本要求

（1）遵纪守法，具有良好的职业道德和敬业精神；

（2）具备适应岗位要求的身体条件；

（3）从事环境空气质量预报一线业务工作。

2 岗位职责

预报员按照专业技术能力划分为实习预报员、正式预报员和高级预报员。

2.1 实习预报员

实习预报员指入职或转岗从事环境空气质量预报业务工作不满 3 个月的人员，需进行 3~6 个月跟班实习，掌握预报员所需的专业预报技能，实习期间辅助开展预报值班业务工作。有相关大气污染预报工作经历者，可视情况缩短实习期。

2.2 正式预报员

正式预报员基本职责包括轮值开展辖区环境空气质量变化趋势的例行分析预报，主持各种预报会商、总结预报会商结论、决定预报结果，编制和发布各类空气质量预报信息和必要公共信息服务，接受现场新闻采访，对实习预报员进行业务指导，提供大气污染防治、环境空气质量管理和公众所需的预报技术支持服务。

2.3　高级预报员

高级预报员除承担预报员基本职责外，还能够负责对空气质量预报和污染过程进行高水平分析，接受现场新闻采访和负责新闻专家解读，为管理部门和公众提供技术支持服务。

全国各级环境空气质量预报部门可根据各地实际情况参照使用，并可制定更加精细化的本地预报员分级制度。

（刘冰、徐文帅、马双良、刘妍妍、何鹏飞、叶斯琪、杨成江、付洁、刘婵芳、王玲玲、谢敏、潘润西、王晓彦、李茜、张鹏、彭福利、汤莉莉、刘培川、韦进进）

第 16 章　预报员分级评定制度

预报员应具备环境监测、大气物理、大气环境、大气化学、环境化学、气象学、大气遥感、计算机科学等相关知识基础，并接受空气质量预报方法基础培训和预报实习，在预报业务工作中不断积累经验，提升预报技术水平。

预报员专业技术资格的评定和分级管理制度视不同地区预报员对辖区环境空气质量预报业务工作综合能力为标准，可根据专业理论知识、专业技术工作经历（能力）、预报准确率进行分级评定，适用于从事环境空气质量预报的专业技术工作人员。

1　评定原则

省级站（含区域预报中心承担单位）和城市站预报员和高级预报员岗位由所在单位自行组织评定，报送中国环境监测总站备案并颁发相应级别预报员资格证书。预报员和高级预报员岗位资格评定应每年定期开展。

1.1　正式预报员资格要求

（1）系统掌握环境空气质量预报所需的环境监测、大气物理、大气环境、大气化学、环境化学、气象学、大气遥感、计算机科学等相关基础理论和专业技术知识。了解环境空气质量预报业务的国内外技术发展方向，结合各地实际情况参与相关技术课题研究。

（2）接受过空气质量预报方法技术基础培训，累计从事环境空气质量业务预报工作满 6 个月及以上。

（3）在环境空气质量预报岗位的年度考核均为合格（称职）以上。

（4）掌握辖区环境空气质量预报业务，能指导实习预报员完成岗前培训，具备完成各级业务主管部门的专题项目研究的能力。

（5）按照空气质量级别、污染趋势预报准确率评价预报员预报准确率，预报员的预报准确率应达到所在单位要求的基本水平。

1.2 高级预报员资格要求

（1）系统掌握环境空气质量预报所需的大气科学或环境科学基础理论和专业技术知识，熟悉环境空气质量预报业务的国内外技术发展方向和前沿课题研究，开展技术问题研究或提出技术发展规划。

（2）取得正式预报员岗位资格后，累计从事环境空气质量预报工作2年及以上，至少参加一次省级及以上技术培训。

（3）取得正式预报员岗位资格后，年度考核均为合格（称职）以上。

（4）精通辖区环境空气质量预报业务，应具备培养预报专门技术人才和指导初级技术人员的能力；具备独立编制空气质量预报信息报告和大气污染防治技术支持服务报告的能力；具备服务管理部门、公众和媒体的能力；具备较高水平的业务主管部门专题项目研究的能力。

（5）按照大气污染过程预报准确率、级别准确率、首要污染物、优良天准确率等综合评价高级预报员预报准确率，高级预报员的预报准确率应高于所在单位同期预报员的平均水平。

2 评定与管理

不同地区的预报员专业技术资格的评定和分级管理制度以预报员综合的辖区预报业务能力为标准，根据专业理论知识、专业技术工作经历、预报准确率进行分级评定，各环境监测中心（站）或环保预报单位可根据辖区具体情况自主设置不同权重。

预报员和高级预报员岗位资格评定每年定期开展。省级站（包括区域预报中心承担单位）、城市站的预报员和高级预报员岗位由所在单位自行组织评定，报送中国环境监测总站备案并颁发相应级别的预报员资格证书。

对于预报业务能力较强、贡献突出的技术人员，可以不受学历、年限的限制，破格申报预报员、高级预报员岗位，由所在单位学术委员会或站务会评审批准。

实习预报员资格不需要复核；预报员和高级预报员应定期进行资格复核，按照对应的资格要求通过复核后延续其资格。

3 待遇与保障

预报员岗位资格是其专业学术和技术水平的标志，代表着预报员从事环境空气质量预报业务工作的学识水平、工作实绩和专业素养。建议各地根据实际情况，将预报员的岗位资格同工资福利、优先聘任等挂钩。

高级预报员岗位津贴和绩效可参考本单位高级工程师岗位执行。

各地预报部门应建立健全预报员技术队伍，制订合理的预报值班机制，发挥各级预报员的作用；应建立健全学习交流和培训机制，持续提升预报员的业务水平；应建立健全预报员鼓励和表彰机制，营造积极向上的工作环境。

（汪巍、刘冰、徐文帅、马双良、刘妍妍、周亦凌、杨成江、向峰、付洁、许凡、邱飞、潘润西、王晓彦、李茜、张鹏、彭福利、刘枢、韩继超）

第五篇

首席预报员制度

第17章 首席预报员制度需求和职能

1 首席预报员的定义

首席预报员是本单位环境空气质量预报业务的首席技术负责人，采用聘任制度，任期由各单位根据工作需要自行决定。

2 首席预报员制度需求

2.1 环境管理与社会服务的需求

环境空气质量预报工作是大气污染防治、重污染应对和公共信息服务的重要技术支撑，空气质量预报不确定性较多，需要建立空气质量预报业务的技术负责制，只有精准地预报才能有针对性地采取防控措施，为公众提供健康的生活出行指导。提高环境空气质量预报能力是国家和社会对空气污染防控的迫切需求，建立首席预报员技术负责制，可以加强预报员队伍管理和技术指导，提升预报技术水平，加大对重污染、重大活动保障、预报信息公共服务等方面的保障力度。

2.2 业务发展与技术提升的需求

由于空气污染的复杂性，各种预报模式存在一定的局限性，最终的预报结果均需要借助预报员的丰富实践经验加以客观修订。设立完备的首席预报员制度可以有效促进先进预报经验的交流培训、预报技术创新应用。

2.3 信息发布与对外宣传的需求

空气质量预报信息发布面对的是媒体、政府、公众，须由专业人员回应公众关切，进行舆论引导、应对媒体专访和专家答疑等专业公关业务。首席预报员代表预报业务团队的更高水平，实时了解当前的环境空气质量信息，掌握环境空气质量发展趋势，是所在单位预报及相关信息发布与对外宣传的权威人选。

2.4 队伍建设与规范管理的需求

空气质量预报工作需要建立一支有经验的专业预报员队伍来完成对各种模型预测结果的综合分析和经验判断，设立首席预报员制度有利于推动空气质量预报队伍建设，优化预报员的岗位设置，树立团队榜样，形成以专家型预报员为核心的预报研究团队，培养带动年轻预报员提升预报业务水平。

3 首席预报员评定原则

首席预报员岗位设置和管理工作应坚持公开评聘、动态考核、按需设岗的原则。

3.1 公开评聘原则

首席预报员岗位应设置专业的选拔标准和流程，广泛面向在岗预报员进行公开自愿选聘，做到全过程信息公开和透明，初步选拔结果应公示一周以上。

3.2 动态考核原则

首席预报员应实行聘期制，聘期和考核由所在单位根据工作需要自行确定。

3.3 按需设岗原则

首席预报员岗位数量应依据预报业务需求进行设置，满足首席预报员轮值负责需求，城市预报部门原则上应不少于两名，省级及以上预报部门原则上应不少于三名。

4 首席预报员职责

负责日常预报工作，负责辖区环境空气质量变化趋势的例行分析预报，负责审核各类空气质量预报信息。主持各类预报会商，总结会商结论，对关键性、转折性等空气质量发展趋势进行技术把关，确定预报结果。负责对实习预报员和正式预报员的环境空气质量预报业务进行培训指导。负责重大活动空气质量保障和突发公共事件应急服务，接受新闻媒体采访、进行专家解读，承担新闻通稿、专报、快报及其他服务决策材料的审核，为大气污染防治、环境空气质量管理和公众服务提供预报技术支持。负责制定环境空气质量预报效果评估与考核、预报业务流程等规章制度。组织开展新业务推广和新技术应用，研究预报业务技术问题，组织编写空气质量预报业务发展规划、人才培养和团队建设发展计划等。

（许荣、梁桂雄、刘冰、耿天召、陆晓艳、王占山、王茜、田旭东、王静、刘姣姣、
任远哲、赵旭辉、潘润西、李云婷、王晓元、孟赫、徐圣辰、李养养、韦超葳）

第18章 首席预报员评定条件

1 基本要求

（1）遵纪守法，爱岗敬业，团结协作，热爱环保事业；

（2）具备适应岗位要求的身体条件；

（3）从事环境空气质量新标准预报工作3年以上，近3年考核结果为合格及以上；

（4）具有扎实的空气质量预报理论和业务技术基础，熟练掌握本辖区空气质量特征和规律，具有较强预报资料分析能力以及良好的语言表达和公众媒体应对能力。

2 评定要求

（1）具有高级预报员资格；

（2）具有突出的预测预报业绩，近3年平均预报预测水平在本单位预报员中处于领先水平；

（3）具有全面的预报技术指导和综合决策能力，在预报预测业务、重大活动保障、节假日空气质量保障、重污染过程预报研判中承担业务把关并做出过重要贡献；

（4）具有省级及以上预报培训讲师的能力，参与过省级及以上空气质量监测预报相关培训班授课或负责讲义编写；

（5）在预报相关科研工作中起到学术带头作用，近5年内主持（或作为主要技术骨干）完成至少1项市级及以上大气污染相关的项目；

（6）具有高级工程师及以上专业技术职称，市级站为中级及以上专业技术职称；

（7）以第一或通讯作者在国内核心期刊及以上发表大气污染相关学术论文2篇及以上；

（8）作为主要作者参与编写大气污染相关专著、标准、技术规范，或获得相关软件著作权、专利。

根据实际情况，省级及以上预报部门可适当调整评定要求到至少符合5条，市级适当调整到至少符合 4 条。

3　破格条件

具备以下三个条件之一的高级预报员，可以破格申请首席预报员：

（1）在预报预测业务、重大活动保障、节假日空气质量保障、重污染过程研判中承担业务把关并做出过重要贡献，并获得上级环境管理部门或中国环境监测总站表彰；

（2）在空气质量预报、大气污染成因等领域有较深入的研究，形成系统性的技术成果，作为骨干参与完成的重大业务（科研）项目获得厅（局）级及以上奖项；

（3）在预报预测能力建设项目做出重要贡献，并获得厅（局）级及以上奖项。

4　待遇与保障

首席预报员岗位津贴和绩效可采用每月"特殊岗位津贴"的方式进行补贴，或参考本单位正高级（教授级高工）岗位执行。

首席预报员为一线高强度岗位，各单位在职称聘任时应优先考虑首席预报员。若单位的职称评定体系为内部评审，首席预报员可作为加分项。若单位的职称评定体系为社会化评审，则单位应为其出具推荐函。

各单位应为首席预报员创造一定的科研条件，如设定专项科研基金，支持其开展技术创新。各单位应保证首席预报员有一定的时间参加国内外学术交流和技术培训，把握空气质量预报前沿和方向。

首席预报员调离空气质量预报岗位后，其享受的各方面待遇应终止。

（丁俊男、丁青青、陆晓艳、梁桂雄、谷天宇、王茜、田旭东、王静、张灿、陈宗娇、王建国、郭宇宏、陈浩、陈楠、潘润西、陈磊、王晓元、孟赫、许可、徐圣辰、李毅辉、胡宇）

第六篇
区域预报成效评估实例

第19章　广东省2016年预报评估

1　概况

广东省地处低纬，北依逶迤的南岭，南临浩瀚的南海，北回归线横贯中部。东与福建省接界，西与广西壮族自治区为邻，北连江西、湖南两省。粤东南东临台湾海峡，粤西南的雷州半岛西临北部湾，南隔琼州海峡与海南省隔海相望；在珠江三角洲东西两侧分别与香港和澳门特别行政区接壤。在经纬线上，广东省全境位于 20°13′～25°31′N，109°39′～117°19′E。陆地南北相距约 800 km，东西相距约 1 000 km。广东省地处热带和亚热带地区，大部分地区为热带和亚热带季风气候，是中国光、热、水资源特别丰富的地区，气候温暖、雨量充沛。年平均气温自北向南逐渐升高，由 19℃升到 23℃以上。多数地区年均降水量为 1 500～2 000 mm。充足的热量、充沛的雨量使南粤大地的草木常年郁郁葱葱，生机盎然。

广东省水资源相当丰富，年降水总量达 3 194 亿 m³，河川径流总量达 1 819 亿 m³，邻省从西江和韩江等流入广东省的客水量达 2 330 亿 m³，此外还有深层地下水 60 亿 m³，可供开采的人均水资源占有量达 4 735 m³，高于全国平均水平。全省拥有水力资源可开发装机容量 665.5 万 kW。

广东省海域辽阔，港湾众多，沿海大小港口星罗棋布，浅海滩涂遍布，海洋资源十分丰富。远洋和近海捕捞以及海洋网箱养殖和沿海养殖的海洋水产品年产量达 374 万 t；海水养殖可养面积 77.57 万 hm²，实际海水养殖面积 20.82 万 hm²；雷州半岛的养殖海水珍珠产量位于全国首位。全省有热带海水渔场 44 万 km²，天然渔港 150 多个。淡水可养殖面积 30 多万 hm²。此外，广东省为我国稀有金属和有色金属之乡，地质结构复杂，矿产资源极为丰富，全省已找到矿产 116 种，探明储量的有 88 种。

2　空气污染概况

2016 年，广东省空气质量全年主要以优良为主，发生污染频次较少，但在春秋季全省容易出现以 PM$_{2.5}$ 为首要污染物的污染事件。在夏季容易出现以 O$_3$ 为首要污染物的污染事件。2016 年全省主要的首要空气污染物为 O$_3$（占首要污染物比例为 41.9%），同比上升 1.4 个百分点。珠三角地区的 O$_3$ 污染更加严重。

以全省至少 1 个城市出现重度污染，或同一个城市连续 3 个自然日出现轻度污染，或同一自然日中 3 个临近城市出现轻度污染作为污染标记，1 次污染事件统计起止时间筛选原则为环境空气质量指数（AQI）从优良转向轻度或中度污染，又回至优良。据统计，2016 年全省共有 25 次污染事件，单个城市发生污染的时间较少。污染事件较多集中在下半年，占全年 64%。其中，3 月、11 月与 12 月污染时长较长，见图 19-1。

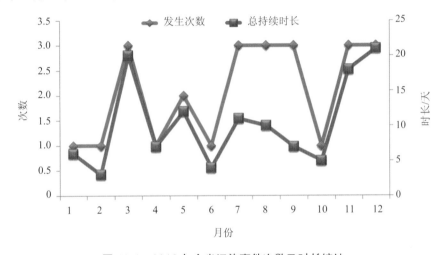

图 19-1　2016 年全省污染事件次数及时长统计

2016 年全省中度以上污染过程次数同比增加 6 次，但影响时长同比减少 12 天。以 PM$_{2.5}$ 为首要污染物的中度以上污染事件显著减少，与之相比较，O$_3$ 污染事件同比倍增。此外，重度污染频次同比明显增加，极端污染过程出现概率加大。特别值得关注的是 2016 年重度污染的首要污染物均为 O$_3$，应引起重视，见表 19-1。

表 19-1　广东省中度以上污染过程次数统计表

	次数	总天数	PM$_{2.5}$ 次数	O$_3$ 次数	O$_3$ 和 PM$_{2.5}$	重度频次	重度首要污染物
2015 年	13	94	6	6	1	4	PM$_{2.5}$/O$_3$
2016 年	18	82	3	12	3	6	O$_3$
同比变化	+5	−12	−3	+6	+2	+2	

3 模式发展和使用情况

2010 年，初步建成了珠三角区域空气质量多模型集合预报系统，系统采用 MM5 气象模型为驱动，采用 NAQPMS、Model-3/CMAQ、CAMx 等多种空气质量模型，并配备了高性能集群计算系统，建设了专用计算机房和监控中心，集成并形成珠三角亚运空气质量预报预警平台。

2014—2016 年，对数值预报系统进行了持续改进和更新，目前已将模拟计算的区域扩大至广东全省范围，气象模式由 MM5 更新为 WRF，升级了 NAQPMS、CMAQ 模型版本，增加了 WRF-Chem 数值模型，开发了统计模型预报系统，增加空气质量监测数据同化模块，建成广东省空气质量多模式集合数值预报平台。

现阶段，数值预报系统的模拟计算区域已经扩大至泛珠三角（华南）区域，系统现采用的预报模型主要分为统计模型和数值模型，统计模型主要包括多元回归模型、同期回归模型、BP 神经网络模型、聚类回归模型和多元择优模型；数值模型主要包括 NAQPMS、CMAQ、CAMx 以及 WRF-Chem。模式可预报未来 7 天 AQI 范围、级别和首要污染物。

4 评估指标

按照第 7 章有关区域层级划分的界定，广东省区域预报评估属于省级层级。定义广东省区域污染过程为在未达到高层级污染过程水平的情况下，全省 21 个城市中 2 个或以上城市达到轻度及以上污染水平，其中有 2 个以上城市为相邻城市，且至少 1 个城市达到中度污染。

5 业务预报评估结果

选择 2016 年 1—12 月进行 24 h、48 h 和 72 h 的人工订正预报进行评估。2016 年空气质量级别 24 h、48 h 和 72 h 的区域城市等级准确率平均值 Q_{CD} 分别为 89%、87% 和 88%，24 h 区域首要污染物准确率 Q_{sw} 为 71%。不同预报时长的级别预报准确率差别不大，首要污染物准确率明显低于级别准确率，见表 19-2。

表 19-2　业务预报评估结果表

评估时段：2016 年 1 月 1 日—2016 年 12 月 31 日	预报总天数：366 天	区域污染次数：10 次	区域污染总天数：30 天
评估指标	24 h	48 h	72 h
区域城市等级准确率平均 Q_{CD}	89%	87%	88%
区域首要污染物准确率 Q_{SW}	71%		

6　污染过程预报评估结果

6.1　污染过程预报评估

2016 年 1—12 月广东共出现了 10 次轻度至中度污染过程，现对其人工订正预报结果进行评估。

在持续时间、开始时间、污染范围、污染程度四个评估指标中，准确率最低的指标为区域污染过程预报空间范围覆盖率 Q_{KF}，准确率为 1.0%～1.9%；准确率最高的指标为区域污染过程准确率 Q_G，准确率达到 50%～80%；区域污染过程预报持续时间覆盖率 Q_{SF} 和区域整体等级准确率 Q_{ZD} 的准确率也分别达到了 39%～71% 和 13%～26%；区域污染过程晚报率 Q_{GW} 达到 10%，漏报率为 10%～50%。

在 2016 年的轻度至中度污染预报工作中，广东省预报员对于污染过程的起始时间和时间覆盖率的预报能力较强，对污染等级的预报能力尚可，但是对空间覆盖率的把握不准，并且准备率的预报随着预报时长的增长而有所降低，见表 19-3。

表 19-3　污染过程预报评估

评估时段：2016 年 1 月 1 日—2016 年 12 月 31 日	预报总天数：31 天	区域污染次数：10 次	区域污染总天数：31 天
评估指标	24 h	48 h	72 h
区域污染过程准确率 Q_G	80%	70%	50%
区域污染过程晚报率 Q_{GW}	10%	10%	—
区域污染过程早报率 Q_{GZ}	—	—	—
区域污染过程漏报率 Q_L	10%	20%	50%
区域污染过程预报持续时间覆盖率 Q_{SF}	71%	61%	39%
区域污染过程预报空间范围覆盖率 Q_{KF}	1.9%	1.5%	1.0%
区域整体等级准确率 Q_{ZD}	26%	16%	13%

6.2　区域细颗粒物污染过程预报评估结果

2016 年共发生 2 次细颗粒物轻度至中度污染过程，见表 19-4，对其人工订正预报结果进行评估，污染过程起始时间的预报准确率达到 100%，持续时间的准确率为 83.3%～100%，污染范围覆盖率为 79%～90%，污染等级完全报对 33%～50%。可以看到预报员对于颗粒物污染过程的预报把握较好。

6.3　区域臭氧污染过程预报评估结果

2016 年共发生 8 次 O_3 轻度至中度污染过程，见表 19-5，对其人工订正预报结果进行评估，预报准确 4 次，基本准确 3 次，漏报 1 次。污染过程起始时间的预报准确率达到 100%，持续时间的准确率为 33%～100%，污染范围覆盖率为 24%～73%，污染等级完全报对 20%～30%。可以看到预报员对于 O_3 污染过程的预报能力尚可。

表19-4 区域细颗粒物污染过程预报评估结果

序号	起始时间			持续时间			污染范围			污染程度			评估结论	备注
	预报	实况	评估	预报	实况	评估	预报	实况	评估	预报	实况	评估		
1	1月2日	1月2日	100%	2天	2天	2/2	9轻	1中9轻	9/10	良轻中	轻中	只有1日污染等级完全报对1/2	准确	
2	3月29日	3月29日	100%	5天	6天	5/6	33轻1中	37轻6中	34/43	良轻中	轻中	只有2日污染等级完全报对2/6	准确	

表19-5 区域臭氧污染过程预报评估结果

序号	起始时间			持续时间			污染范围			污染程度			评估结论	备注
	预报	实况	评估	预报	实况	评估	预报	实况	评估	预报	实况	评估		
1	5月13日	5月11日	晚报2日	1天	3天	1/3	4轻	4中13轻	4/17	良轻中	轻中	只有1日污染等级完全报对1/3	基本准确	
2	5月23日	5月22日	100%	4天	5天	4/5	14轻	5中17轻	14/22	良轻	轻中	只有1日污染等级完全报对1/5	准确	
3	无	6月6日	漏报	—	2天	0/2	—	1中9轻	0/10	优良	轻中	漏报0/2	漏报	
4	8月6日	8月6日	100%	2天	2天	2/2	4轻	1中6轻	4/7	良轻中	轻中	只有1日污染等级完全报对1/2	准确	
5	8月30日	8月29日	100%	2天	3天	2/3	16轻1中	5中24轻	17/29	良轻中	轻中	只有1日污染等级完全报对1/3	准确	
6	9月21日	9月21日	100%	2天	2天	2/2	10轻	1中13轻	10/14	良轻	轻中	无1日污染等级完全报对0/2	基本准确	
7	11月5日	11月5日	100%	3天	3天	3/3	14轻	5中14轻	14/19	良轻	轻中	只有1日污染等级完全报对1/3	准确	
8	11月17日	11月17日	100%	1天	3天	1/3	3轻	1中14轻	3/15	良轻	轻中	无1日污染等级完全报对0/3	基本准确	

（陈多宏、嵇萍、潘月云、邓涛）

第20章 辽宁省2016年预报评估

1 概况

辽宁省地处欧亚大陆东岸、中纬度地区，属于温带大陆性季风气候区。境内雨热同季，日照丰富，积温较高，冬长夏暖，春秋季短，四季分明。雨量不均，东湿西干。全年平均气温在7~11℃之间，最高气温30℃，极端最高可达40℃以上，最低气温-30℃。受季风气候影响，各地差异较大，自西南向东北，自平原向山区递减。辽宁省是东北地区降水量最多的省份，年降水量在 600~1 100 mm 之间。东部山地丘陵区年降水量在1 100 mm 以上；西部山地丘陵区与内蒙古高原相连，年降水量在400 mm 左右，是全省降水最少的地区；中部平原降水量比较适中，年平均在600 mm 左右。

辽宁省东西两侧是山地丘陵，中部是辽河平原，呈马蹄形向渤海倾斜。东北部是山地，是长白山向西南延续的部分，峰峦起伏，山势陡峭。西部山地、丘陵区，地势从西北向东南呈阶梯状降低，至渤海沿岸形成狭长的海滨平原，成为辽西走廊，中部是平原区。

2 空气污染概况

辽宁省2016年重度以上污染全省累积为103天次，14 个地级及以上城市重污染天数分别在1~15天之间。重污染天主要集中在采暖期（11 月至次年3 月），约占全年污染天数的九成。采暖期污染物浓度较高，非采暖期相对较低。冬季采暖期主要关注细颗粒物重污染过程，春季主要关注沙尘引起的可吸入颗粒物重污染过程，春秋季节着重关注东北地区秸秆焚烧引起区域大范围重污染过程，5 月起臭氧污染逐渐凸显，夏季重点关注沿海城市臭氧重污染过程。

从区域污染特征及经济发展角度，将辽宁省预报区域范围划分为西部、中部及东南部。西部区域包含锦州、阜新、盘锦、朝阳、葫芦岛 5 个城市，与京津冀区域北部接壤。当主导风向为西南风时，受京津冀大范围区域污染输送影响较大，当春季主导风向为西北风或北风时，受内蒙古东部沙尘输送影响较大；中部区域即为辽宁中部城市群，包含沈阳、鞍山、抚顺、本溪、营口、辽阳、铁岭 7 个城市，除受京津冀大范围污染输送影响之外，当主导风向为东北风时，受东北区域大范围秸秆焚烧污染输送影响较大，且该区域采暖期自身污染物排放量较大，遇不利扩散的气象条件时，容易出现区域内大范围细颗粒物重度污染过程；东南部区域包含大连、丹东 2 个城市，空气质量相对较好，当采暖期主导风向为偏南风时，大连受山东半岛区域污染输送影响较大。

3　模式发展和使用情况

辽宁省于 2016 年中期基本完成空气质量预报系统的搭建和完善。系统共包括 2 个统计预报模型和 4 个数值模式（CMAQ、WRF-Chem、CAMx、REG），可预报未来 3～7 天的空气质量状况，供省市两级预报员参考。

由于预报系统中的预报模式还处于调优和驯化过程，所以预报结果并不具备评估能力，现阶段暂时不对模式结果进行评估。

4　评估指标

预报评估分为业务预报评估和重污染过程评估两部分。

按照第 7 章有关区域层级划分的界定，辽宁省区域预报评估属于省级层级。选用区域城市等级准确率平均 Q_{CD}（式 8.1）和区域首要污染物准确率 Q_{SW}（式 8.2）作为业务预报评估指标，选用区域污染过程准确率 Q_G（式 8.3）、区域污染过程晚报率 Q_{GW}（式 8.5）、区域污染过程漏报率 Q_L（式 8.6）、区域整体等级准确率 Q_{ZD}（式 8.9）作为区域重污染过程预报评估指标。以上评估指标定义与本书第 8 章的相关内容一致。

5　业务预报评估结果

鉴于辽宁省城市预报从 2017 年 3 月中旬开始，因此业务预报评估的时间范围为 2017 年 3 月至 9 月，重污染过程预报评估的时间范围为 2016 年 11 月至 2017 年 5 月。评估对象为提前 72 h、48 h 和 24 h 的人工预报结果。

5.1　业务预报评估结果

选取 2017 年 3 月至 9 月的空气质量预报结果进行业务预报的 72 h、48 h、24 h 评估。72 h、48 h、24 h 的等级准确率分别是 80.1%、82.7%、88.8%，其中 24 h 等级准确率相对最高；72 h、48 h、24 h 的首要污染物准确率分别是 56.8%、60.4%、59.8%，见表 20-1。

表 20-1 业务预报评估结果表

评估时段：2017 年 3 月 14 日— 2017 年 9 月 14 日	预报总天数：185 天		
评估指标	72 h	48 h	24 h
区域城市等级准确率平均 Q_{CD}	80.1%	82.7%	88.8%
区域首要污染物准确率 Q_{SW}	56.8%	60.4%	59.8%

由于所选取的业务预报评估时段为春季至夏季，辽宁省空气质量维持在相对较好水平，预报等级准确率相对采暖期较高，72 h、48 h、24 h 的等级准确率均在 80% 以上；但该选取时段内，首要污染物变化较大，多样性较强，各城市首要污染物差异也较为明显，对于首要污染物的预报有所欠缺，准确率较低，仍有待进一步提高。

5.2 重污染过程评估结果

定义辽宁省区域重污染过程为省内 1 个或以上城市日 AQI 达到重度污染。选取 2016 年 11 月至 2017 年 5 月预报结果进行评估，期间辽宁省共发生重污染过程 20 次。其中影响 7 个城市以上的大范围污染 3 次，3 个城市以下的小范围污染 14 次。细颗粒物重污染过程 17 次，沙尘重污染过程 2 次，臭氧重污染过程 1 次。

区域重污染过程评估结果分为预报完全准确、预报过程准确、漏报、晚报，当预报等级、覆盖时间以及覆盖空间范围全部正确，则评定为"预报完全准确"；当全省达到重度及以上污染城市数量为 3 个以下，预报等级为中度污染，或预报可能出现重污染过程但预报范围有所偏差的时候，评定为"过程预报准确"；当区域实际发生污染过程，无论从等级程度、预报范围、起始时间或持续时间等方面，预报系统都未能报出，则判为"漏报"，见表 20-2。

表 20-2 重污染过程评估结果表

起始时间	结束时间	影响区域	城市数量	污染类型	预报结果		
					24 h	48 h	72 h
2016/11/4	2016/11/7	全省	10	$PM_{2.5}$	完全准确	完全准确	完全准确
2016/11/17	2016/11/17	中部	2	$PM_{2.5}$	过程准确	过程准确	过程准确
2016/12/3	2016/12/3	西部	3	$PM_{2.5}$	完全准确	过程准确	过程准确
2016/12/15	2016/12/15	中部	1	$PM_{2.5}$	过程准确	过程准确	漏报

起始时间	结束时间	影响区域	城市数量	污染类型	预报结果		
					24 h	48 h	72 h
2016/12/17	2016/12/21	全省	13	PM$_{2.5}$	完全准确	完全准确	过程准确
2016/12/24	2016/12/24	中部	1	PM$_{2.5}$	完全准确	过程准确	过程准确
2016/12/30	2017/1/2	中部和西部	6	PM$_{2.5}$	晚报	过程准确	过程准确
2017/1/4	2017/1/4	中部	1	PM$_{2.5}$	过程准确	完全准确	漏报
2017/1/17	2017/1/18	中部和西部	7	PM$_{2.5}$	完全准确	完全准确	完全准确
2017/1/25	2017/1/25	西部	1	PM$_{2.5}$	完全准确	完全准确	过程准确
2017/1/28	2017/1/28	东南部西部	3	PM$_{2.5}$	完全准确	完全准确	完全准确
2017/2/3	2017/2/4	中部和西部	6	PM$_{2.5}$	完全准确	完全准确	过程准确
2017/2/7	2017/2/7	中部	1	PM$_{2.5}$	过程准确	漏报	漏报
2017/2/12	2017/2/15	中部和西部	3	PM$_{2.5}$	过程准确	过程准确	过程准确
2017/2/28	2017/2/28	西部	1	PM$_{2.5}$	过程准确	过程准确	过程准确
2017/3/15	2017/3/15	中部	1	PM$_{2.5}$	过程准确	漏报	漏报
2017/3/17	2017/3/17	中部	1	PM$_{2.5}$	过程准确	过程准确	过程准确
2017/5/4	2017/5/6	中部和西部	5	PM$_{10}$	晚报	过程准确	漏报
2017/5/12	2017/5/12	东部	1	PM$_{10}$	过程准确	过程准确	漏报
2017/5/18	2017/5/19	中部和西部	2	O$_3$	完全准确	过程准确	过程准确

对区域重污染过程进行评估，预报完全准确和过程预报准确均作为预报准确率，则辽宁省 72 h、48 h、24 h 区域污染过程准确率 Q_G 分别为 70%、90% 和 90%；区域污染过程晚报率 Q_{GW} 分别为 0%、0%、10%；区域污染过程漏报率 Q_L 分别为 30%、10%、0%。从以上三项评估结果可以看出，污染过程越临近，对污染过程的预报准确率越高，24 h 污染过程预报未出现漏报现象，72 h 污染过程漏报率最高，为 30%。

对区域整体等级准确率 Q_{ZD} 进行评估，则 72 h、48 h、24 h 准确率分别为 15%、35% 和 45%。

从评估结果可以看出，污染过程准确率较高，但污染等级准确率相对较低，在 2016—2017 年采暖期的重污染预报工作中，预报员对于污染过程的起始时间、持续时间预报能力较强，而对于污染程度的预报相对薄弱。预报员能够预报出某次污染过程，对于此次污染所能达到的污染程度、污染峰值把握不够，预报能力尚有不足，有待进一步提高，见表 20-3。

表 20-3　污染过程预报评估结果

评估时段：2016 年 11 月 1 日— 2017 年 5 月 31 日	预报总天数： 212 天	重污染过程次数： 20 次	
评估指标	72 h	48 h	24 h
区域污染过程准确率 Q_G	70%	90%	90%
区域污染过程晚报率 Q_{GW}	0	0	10%
污染漏报率 Q_L	30%	10%	0
区域整体等级准确率 Q_{ZD}	15%	35%	45%

该评估时段内，辽宁省共发生影响 7 个城市及以上的大范围污染过程共 3 次、影响 4~6 个城市的污染过程共 3 次、影响 3 个及以下城市的小范围污染过程共 14 次。对于大范围污染过程，提前 72 h、48 h 和 24 h 的预报完全准确的准确率分别为 66.7%、100%、100%；对于影响 4~6 个城市污染过程提前 72 h、48 h 和 24 h 的预报完全准确的准确率均为 33.3%，过程预报准确率分别为 66%、100%、33%（另外两日为晚报）；对于小范围污染过程提前 72 h、48 h 和 24 h 的预报完全准确的准确率分别为 7%、21.4%、35.7%，过程预报准确准确率分别为 64.3%、85.7%、100%，见表 20-4。

表 20-4　不同污染范围的污染过程评估结果

受影响城市个数	预报完全准确			过程预报准确		
	72 h	48 h	24 h	72 h	48 h	24 h
7 个及以上	66.7%	100%	100%	100%	100%	100%
4~6 个	33.3%	33.3%	33.3%	66%	100%	33%
3 个及以下	7%	21.4%	35.7%	64.3%	85.7%	100%

按污染持续时间评估结果：评估期间内，辽宁省共发生持续 3 天及以上的长时间污染过程 5 次，持续 2 天及以下的短时间污染过程 15 次。其中长时间污染过程提前 72 h、48 h 和 24 h 的预报完全准确的准确率分别为 20%、40%、40%；过程预报准确准确率分别为 80%、100%、60%（另外两次为晚报）。其中短时间污染过程提前 72 h、48 h 和 24 h 的预报完全准确的准确率分别为 13.3%、33.3%、46.7%；过程预报准确准确率分别为 66.7%、86.7%、100%，见表 20-5。

按污染类型评估结果：评估期间共发生 $PM_{2.5}$ 污染过程 17 次，对 72 h、48 h 和 24 h 的预报结果完全正确的准确率分别为 17.6%、41.2%、47.1%；污染过程预报结果准确率分别为 76.5%、88%、94%（另外一日为晚报）。PM$_{10}$ 污染过程共发生 2 次，对 72 h、48 h 和 24 h 的污染过程预报结果准确率分别为 0%、100%、50%（另外一日为晚报）。O$_3$ 污染过程共发生 1 次，本次污染过程提前三天预报准确，并提前一天对污染范围及级别预报准确，见表 20-6。

表 20-5 不同持续时间的污染过程评估结果

污染持续天数	预报完全准确			过程预报准确		
	72 h	48 h	24 h	72 h	48 h	24 h
3 天及以上	20%	40%	40%	80%	100%	60%
2 天及以下	13.3%	33.3%	46.7%	66.7%	86.7%	100%

表 20-6 不同污染类型的污染过程评估结果

污染类型	预报完全准确			过程预报准确		
	72 h	48 h	24 h	72 h	48 h	24 h
PM$_{2.5}$	17.6%	41.2%	47.1%	76.5%	88%	94%
PM$_{10}$	0%	0%	0%	0%	100%	50%
O$_3$	0%	0%	100%	100%	100%	100%

由上述评估结果可以看出：从整体来看，辽宁省空气质量人工预报随着污染过程临近，预报的准确率越来越高，在评估期间发生的重污染过程，几乎未发生漏报，对污染过程的预报较为准确。

从污染的影响范围及持续时间上看，越是大范围长时间的重污染过程，人工预报的结果越准确，而个别城市短时污染的情况则难以提前做出准确的预报。

从污染类型上看，因为辽宁省从 2015 年便开展了空气质量预报工作，对采暖期的细颗粒物污染预报积累了一定的经验，所以细颗粒物污染过程的预报结果较为准确。而沙尘污染过程和臭氧污染过程样本较小，评估结果暂时无法得出确实结论，尚需要在预报工作中继续摸索，对沙尘和臭氧污染过程预报需继续积累经验。

而由于辽宁省所处的地理位置及污染过程的复杂性，如果仅考虑对重污染过程的预报，那么在评估期间的所有重污染过程中，人工预报的准确率较高。

（白璐、张峻玮）

第21章 四川省2016年预报评估

1 概况

四川省位于我国西南腹地，位于长江上游，处于青藏高原和长江中下游平原的过渡带，地形西高东低，与 7 个省区接壤。东邻重庆，北连青海、甘肃、陕西，南接云南、贵州，西衔西藏，是西南、西北和中部地区的重要接合部，是承接华南华中、连接西南西北的重要区域。四川省共辖 1 个副省级市、17 个地级市、3 个自治州。

四川盆地大部位于四川省内，是中国四大盆地之一。它由盆地周边连接的山脉环绕而成，位于中国腹心地带和中国大西部东缘中段，总面积超过 26 万 km^2，可明显分为边缘山地和盆地底部两大部分。盆地西依青藏高原和横断山脉，北近秦岭，与黄土高原相望，东接湘鄂西山地，南连云贵高原，盆地北缘米仓山，南缘大娄山，东缘巫山，西缘邛崃山，西北边缘龙门山，东北边缘大巴山，西南边缘大凉山，东南边缘相望于武陵山。

特殊地形导致盆地污染气象条件复杂。盆周山区东南部相对较低有利水汽进入，西北部山区海拔相对较高不利于水汽的散失，导致空气湿度高，多阴雨天气，多雾，是我国年日照时间最少的地区之一。封闭的地形，导致四川盆地常年风速偏低，是我国年平均风速最小的地区之一。四川盆地东部一般在 5—6 月多雨，7—8 月受副热带高压控制，高温干旱，成为中国夏季气温最高的地区之一；西部 4—5 月则多春旱，7—8 月受西南暖湿气流影响而多雨。

2 空气污染概况

盆地独特地形和西南涡等天气形势控制下的特殊气象条件使得盆地近地层大气扩散条件较差，加之盆地水汽条件充分，使得大气污染物易于积累和二次转化。区域内细颗粒物污染问题突出，臭氧污染形势逐渐恶化，区域性大气污染特征凸显，但也存在污染特征空间差异，川西平原的成都、德阳、绵阳、眉山、乐山和盆地南部的自贡、内江、宜宾、泸州等地污染较为严重。近年的环境监测数据表明，四川盆地秋冬季节区域性污染过程较多，其严重程度仅次于京津冀及其周边，复杂的地形地势、独特的局地气象与区域气候条件使得区域的大气复合污染特征及成因明显不同于全国其他区域的污染过程。

四川盆地的区域污染具有明显的季节型，春季受北方沙尘和盆地部分地区秸秆集中焚烧，容易出现区域性浮尘污染过程；夏季受高温和强辐射影响，可能出现臭氧区域性污染过程；秋季污染气象条件逐渐转差，加之存在秸秆集中焚烧风险，可能出现颗粒物为首要污染物的区域性污染过程，以轻度至中度污染为主。冬季受不利污染气象条件制约，污染物扩散不利，以中度污染为常态，局部城市出现重度及以上污染，呈现污染持续时间长、影响范围广、局部污染重的特点。

根据污染现状特征、地形地理及气象条件，将区域污染预报可采取分区预报，即攀西及川西高原扩散条件良好，常年以优良为主；盆地内分为盆地西部（成都及周边城市）、盆地南部和盆地东北部。各分区预报时，重点分析污染成因（累积型、输入型、生物质焚烧型及光化学 O_3 型等），在高等级区域可采取跨级预报。

3 模式发展和使用情况

3.1 模型基本情况

四川省区域空气质量数值预报系统基于中尺度气象模型 WRF、源排放处理模型 SMOKE 和空气质量预报模型 Models-3/CMAQ 为构架进行研制，属于单模式预报系统，于 2014 年 9 月上线运行。数值预报系统与四川省预警预报业务平台对接，为省级和城市空气质量业务预报工作提供支撑。

预报系统由数据资料的前处理功能模块、系统自动运行功能模块、预报结果后处理及预报效果评估等模块组成，实现气象数据自动下载、排放源处理、模式预报和产品输出等运行工作。数值模拟网格为水平格距分别是 36 km、12 km 和 4 km 的三重嵌套网格，已经实现未来 14 天预测。数值预报系统的总体框架如图 21-1 所示。

3.2 模型产品

每日上午 11:00 前完成前日起报产品的计算，产品包括区域及城市的 SO_2、NO_2、PM_{10}、$PM_{2.5}$、CO、O_3 的污染物浓度、组分浓度，区域及城市空气质量 AQI 指数、空气质量等级和首要污染物等；气象产品包括地面风场、降水量、相对湿度、气温、气压、边界层高度、能见度等，产品有小时均值和日均值。未来，预报系统将在垂直剖面、天气分析图和污染追因溯源等方面持续丰富数值预报产品，见图 21-2。

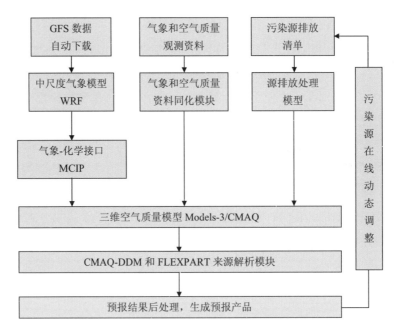

图 21-1　四川省空气质量数值预报系统总体框架

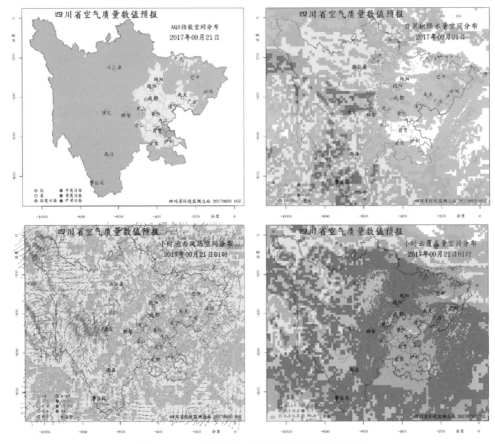

图 21-2　四川省空气质量数值预报产品示例

3.3 数值模式应用

四川省空气质量数值预报系统于 2014 年 9 月开始及进行业务化运行，省级与城市空气质量预报部门通过业务平台实现数据产品共享。省级预报部门预报员在每日结合近期模型预测结果评估的基础上，对模式当日预报产品进行分析订正，分析污染气象条件及主要污染过程，并制作省级区域预报指导产品下发至各城市。城市预报员运用精细化的城市预报产品结果，指导产品与预报会商的参考意见，对模型产品进行人工订正分析，形成最终的城市预报结果，并填报。2017 年 9 月起，四川省空气质量数值预报系统每日 11：00 更新区域及城市未来 14 天的空气质量和气象预测产品，供省级和城市预报部门开展辖区内未来 7 天的业务预报工作。

4 评估指标

按照第 7 章有关区域层级划分的界定，四川省区域预报评估属于省级层级。定义四川省区域污染过程为盆地内 17 个城市超过半数城市达到轻度或以上污染，并有 5 个城市处于连片污染状态，且以污染自然日为最小评估单位，分 24 h、48 h 和 72 h 三个时段。评估指标定义选用区域城市等级准确率平均 Q_{CD}（式 8.1）和区域首要污染物准确率 Q_{SW}（式 8.2）作为常规业务评估指标。区域污染过程则以区域污染过程准确率 Q_G（式 8.3）、区域污染过程漏报率 Q_L（式 8.6）、区域污染过程预报持续时间覆盖率 Q_{SF}（式 8.7）、区域污染过程预报空间范围覆盖率 Q_{KF}（式 8.8）和区域整体等级准确率 Q_{ZD}（式 8.9）作为评估指标，以上评估指标的定义与本书第 8 章的相关内容一致。

5 业务预报评估结果

本章以日常业务评估指标区域城市等级准确率平均 Q_{CD} 和区域首要污染物准确率 Q_{SW} 进行评估，分为模式预报和人工订正预报。评估时段为 2016 年 1 月 1 日—12 月 31 日，共 366 天，分为 24 h、48 h、72 h 三个时段分别评估，见表 21-1～表 21-3。

表 21-1 四川省常规业务模式预报评估结果表

城市及区域	Q_{CD}			Q_{SW}		
	24 h	48 h	72 h	24 h	48 h	72 h
成都市	59.10%	58.54%	57.98%	45.80%	42.44%	40.90%
德阳市	74.79%	73.95%	73.67%	63.87%	60.36%	61.20%

城市及区域	Q_{CD}			Q_{SW}		
	24 h	48 h	72 h	24 h	48 h	72 h
绵阳市	84.03%	83.19%	81.79%	70.45%	67.93%	67.37%
乐山市	79.55%	77.59%	77.31%	66.11%	62.61%	60.50%
眉山市	72.27%	73.39%	75.07%	69.33%	67.51%	68.07%
雅安市	83.94%	86.76%	82.82%	53.64%	53.78%	50.00%
资阳市	65.27%	68.63%	66.67%	44.68%	45.38%	43.56%
自贡市	71.43%	69.19%	70.59%	68.07%	65.83%	69.75%
泸州市	64.71%	63.87%	64.43%	64.01%	64.99%	63.03%
内江市	68.35%	68.07%	67.23%	62.75%	60.64%	65.27%
宜宾市	70.03%	72.55%	70.31%	68.77%	69.75%	66.81%
广元市	90.48%	89.36%	90.20%	50.14%	48.74%	49.58%
遂宁市	70.31%	70.87%	71.71%	59.24%	57.28%	63.45%
南充市	78.15%	77.31%	75.63%	60.22%	57.10%	61.48%
广安市	75.07%	73.39%	73.11%	57.70%	55.46%	56.16%
达州市	81.79%	79.83%	78.71%	54.34%	51.54%	50.70%
巴中市	89.92%	89.92%	89.08%	49.72%	48.60%	46.08%
马尔康市	97.44%	97.44%	96.88%	63.03%	63.03%	63.03%
康定市	96.30%	95.44%	94.59%	66.67%	66.11%	66.11%
攀枝花市	86.83%	86.55%	90.48%	23.81%	24.93%	25.35%
西昌市	93.56%	94.40%	94.68%	43.42%	44.82%	44.26%
四川省	78.73%	78.58%	78.24%	57.42%	56.13%	56.32%

表 21-2　四川省常规业务人工预报评估结果表

城市及区域	Q_{CD}			Q_{SW}		
	24 h	48 h	72 h	24 h	48 h	72 h
成都市	83.56%	79.18%	76.44%	69.04%	66.58%	63.29%
德阳市	78.02%	76.37%	75.55%	75.55%	70.88%	70.60%
绵阳市	87.12%	83.56%	83.01%	76.99%	78.36%	73.70%
乐山市	79.40%	78.57%	75.55%	77.75%	76.65%	74.18%

城市及区域	Q_{CD}			Q_{SW}		
	24 h	48 h	72 h	24 h	48 h	72 h
眉山市	89.75%	85.32%	83.10%	74.79%	72.58%	70.91%
雅安市	89.72%	85.56%	87.22%	75.69%	67.96%	68.78%
资阳市	92.33%	86.30%	84.93%	73.97%	70.96%	65.21%
自贡市	81.59%	75.82%	73.08%	85.99%	82.69%	81.59%
泸州市	84.57%	79.06%	75.21%	82.37%	77.41%	74.10%
内江市	90.96%	84.93%	85.75%	84.93%	79.18%	80.00%
宜宾市	90.68%	85.48%	86.03%	87.67%	84.93%	84.66%
广元市	92.05%	91.78%	92.33%	79.73%	80.00%	79.18%
遂宁市	85.99%	81.59%	81.04%	76.10%	71.43%	72.25%
南充市	95.05%	90.11%	84.07%	89.56%	88.19%	85.71%
广安市	87.91%	84.34%	86.54%	78.30%	76.92%	74.18%
达州市	89.23%	87.02%	83.70%	76.24%	74.03%	67.40%
巴中市	92.88%	90.14%	89.32%	85.21%	82.74%	83.01%
马尔康市	91.67%	89.72%	90.00%	90.41%	88.22%	88.49%
康定市	95.71%	96.93%	97.24%	87.35%	86.45%	87.05%
攀枝花市	91.18%	89.53%	92.01%	66.12%	66.12%	62.53%
西昌市	95.05%	91.48%	91.76%	84.62%	79.67%	79.40%
四川省	88.78%	85.37%	84.47%	79.92%	77.24%	75.53%

表 21-3　四川省常规业务人工/模式预报评估结果表

	评估时段：2016 年 1 月 1 日—12 月 31 日	预报总天数：366	区域污染次数：18	区域污染总天数：86
	评估指标	24 h	48 h	72 h
人工	区域城市等级准确率平均 Q_{CD}	88.78%	85.37%	84.47%
	区域首要污染物准确率 Q_{SW}	79.92%	77.24%	75.53%
模式	区域城市等级准确率平均 Q_{CD}	78.73%	78.58%	78.24%
	区域首要污染物准确率 Q_{SW}	57.42%	56.13%	56.32%

6　区域污染过程预报评估结果

2016 年四川省盆地共出现了 18 次区域性污染过程,盆地内 17 个城市均受到污染影响。区域污染影响时段中除了 7 月 16—17 日、8 月 24—25 日为臭氧污染过程,其余时段均为 $PM_{2.5}$ 污染过程,区域污染过程评估结果见表 21-4～表 21-7。

表 21-4　2016 年区域污染过程 24 h 人工预报评估结果表

序号	时段	天数		区域污染过程起始时间			区域污染预报时间覆盖/天	Q_{KF}
		预报	实况	预报	实况	评估		
1	1.1—1.6	7	6	1.1	1.1	准确	6	95.90%
2	1.18—1.19	5	2	1.16	1.18	早报 2 天	2	81.50%
3	1.27—2.11	17	16	1.27	1.27	准确	16	89.70%
4	2.20—2.21	1	2	2.21	2.20	准确	1	55.30%
5	2.28—3.6	7	8	2.27	2.28	准确	7	88.90%
6	3.17—3.20	3	4	3.16	3.17	准确	3	76.90%
7	4.2—4.3	4	2	4.2	4.2	准确	2	77.60%
8	5.4—5.5	1	2	5.3	5.4	准确	0	69.10%
9	5.11—5.12	0	2	—	5.11	漏报	0	50%
10	7.16—7.17	1	2	7.17	7.16	准确	1	77.70%
11	8.24—8.25	2	2	8.24	8.24	准确	2	83.90%
12	10.3	1	1	10.3	10.3	准确	1	81.80%
13	11.4—11.6	5	3	11.2	11.4	早报 2 天	3	85.90%
14	11.13—11.18	5	6	11.14	11.13	准确	5	90.00%
15	11.20—11.21	3	2	11.19	11.20	准确	2	86.70%
16	11.28—12.13	16	16	11.29	11.28	准确	16	95.10%
17	12.17—12.23	10	7	12.16	12.17	准确	7	97.60%
18	12.29—12.31	4	3	12.28	12.29	准确	3	94.80%

表 21-5　2016 年区域污染过程 48 h 人工预报评估结果表

序号	时段	天数		区域污染过程起始时间			区域污染预报 时间覆盖/天	Q_{KF}
		预报	实况	预报	实况	评估		
1	1.1—1.6	6	6	1.1	1.1	准确	6	93.80%
2	1.18—1.19	3	2	1.17	1.18	准确	2	73.20%
3	1.27—2.11	18	16	1.27	1.27	准确	16	86.40%
4	2.20—2.21	0	2	—	2.20	漏报	0	14.00%
5	2.28—3.6	9	8	2.29	2.28	准确	7	82.60%
6	3.17—3.20	3	4	3.18	3.17	准确	3	77.30%
7	4.2—4.3	0	2	—	4.2	漏报	0	51.40%
8	5.4—5.5	1	2	5.4	5.4	准确	1	90.00%
9	5.11—5.12	1	2	5.11	5.11	准确	1	33.33%
10	7.16—7.17	0	2	—	7.16	漏报	0	50.00%
11	8.24—8.25	7	2	8.18	8.24	早报 5 天	2	83.80%
12	10.3	0	1	—	10.3	漏报	0	63.60%
13	11.4—11.6	4	3	11.3	11.4	准确	3	86.30%
14	11.13—11.18	4	6	11.15	11.13	晚报 2 天	4	84.40%
15	11.20—11.21	3	2	11.19	11.20	准确	2	91.30%
16	11.28—12.13	16	16	11.30	11.28	晚报 2 天	14	84.30%
17	12.17—12.23	10	7	11.16	12.17	准确	7	89.60%
18	12.29—12.31	4	3	11.18	12.29	准确	3	90.00%

表 21-6　2016 年区域污染过程 72 h 人工预报评估结果表

序号	时段	天数		区域污染过程起始时间			区域污染预报 时间覆盖/天	Q_{KF}
		预报	实况	预报	实况	评估		
1	1.1—1.6	8	6	1.1	1.1	准确	6	94.70%
2	1.18—1.19	2	2	1.18	1.18	准确	2	77.40%
3	1.27—2.11	16	16	1.28	1.27	准确	15	85.50%
4	2.20—2.21	0	2	—	2.20	漏报	0	10.40%
5	2.28—3.6	10	8	2.28	2.28	准确	8	78.60%

序号	时段	天数		区域污染过程起始时间			区域污染预报时间覆盖/天	Q_{KF}
		预报	实况	预报	实况	评估		
6	3.17—3.20	5	4	3.16	3.17	准确	4	66.50%
7	4.2—4.3	0	2	—	4.2	漏报	0	17.40%
8	5.4—5.5	2	2	5.4	5.4	准确	2	66.60%
9	5.11—5.12	0	2	—	5.11	漏报	0	57.1%
10	7.16—7.17	0	2	—	7.16	漏报	0	44.40%
11	8.24—8.25	4	2	8.22	8.24	早报2天	2	78.89%
12	10.3	0	1	—	10.3	漏报	0	45.40%
13	11.4—11.6	3	3	11.4	11.4	准确	3	79.30%
14	11.13—11.18	3	6	11.16	11.13	晚报3天	3	79.90%
15	11.20—11.21	3	2	11.19	11.20	准确	2	95.40%
16	11.28—12.13	15	16	11.30	11.28	晚报2天	14	81.90%
17	12.17—12.23	10	7	12.16	12.17	准确	7	87.40%
18	12.29—12.31	5	3	11.27	12.29	早报2天	3	89.80%

表 21-7 四川省 2016 年区域污染过程评估汇总表

评估时段：2016 年 1 月 1 日—2016 年 12 月 31 日	预报总天数：366	区域污染次数：18	区域污染总天数：86
评估指标	24 h	48 h	72 h
区域污染过程准确率 Q_G	88.9%	61.1%	50.0%
区域污染过程早报率 Q_{GZ}	11.1%	5.6%	11.1%
区域污染过程晚报率 Q_{GW}	0%	11.1%	11.1%
区域污染过程漏报率 Q_L	0%	22.2%	27.8%
区域污染过程预报持续时间覆盖率 Q_{SF}	89.5%	82.6%	82.6%
区域整体等级准确率 Q_{ZD}	82.1%	73.6%	68.7%

区域污染过程则以区域污染过程准确率 Q_G、区域污染过程早报率 Q_{GZ}、区域污染过程晚报率 Q_{GW}、区域污染过程漏报率 Q_L、区域污染过程预报持续时间覆盖率 Q_{SF}、区域污染过程预报空间范围覆盖率 Q_{KF}、区域整体等级准确率 Q_{ZD} 作为评估指标，以上评估指标的定义与本书第 8 章的相关内容一致。

此外，2016 年省内 15 个城市出现了重度污染，自贡 22 天，成都 12 天，达州 10 天，宜宾、眉山 5 天，泸州、资阳 4 天，德阳、绵阳、南充、内江、广安 3 天，乐山、巴中 2 天，遂宁 1 天。全省 15 个城市未来三天重度污染的漏报率均在 33.33%～100%，其中成都、南充、达州、自贡重污染预报较好。重度污染预报情况见表 21-8。

表 21-8　2016 年全年重污染城市预报情况

城市	重污染天数	未来一天		未来两天		未来三天	
		准确天数	准确率	准确天数	准确率	准确天数	准确率
自贡	22	12	54.55%	10	45.45%	10	45.45%
成都	12	8	66.67%	6	50.00%	5	41.67%
达州	10	6	60.00%	5	50.00%	3	30.00%
宜宾	5	2	40.00%	0	0.00%	0	0.00%
眉山	5	2	40.00%	2	40.00%	3	60.00%
泸州	4	0	0.00%	0	0.00%	0	0.00%
资阳	4	1	25.00%	0	0.00%	0	0.00%
德阳	3	1	33.33%	2	66.67%	2	66.67%
绵阳	3	0	0.00%	1	33.33%	1	33.33%
南充	3	2	66.67%	1	33.33%	0	0.00%
内江	3	0	0.00%	0	0.00%	0	0.00%
广安	3	1	33.33%	0	0.00%	0	0.00%
乐山	2	0	0.00%	0	0.00%	0	0.00%
巴中	2	0	0.00%	0	0.00%	0	0.00%
遂宁	1	0	0.00%	0	0.00%	0	0.00%
全省合计	82	35	42.68%	27	32.93%	24	29.27%

（杜云松、李波兰）

第22章 陕西省2017年预报评估[*]

1 概况

陕西，简称"陕"或"秦"，省会古都西安。地理位置介于东经105°29′～111°15′，北纬31°42′～39°35′之间，自然区划上因秦岭—淮河一线而横跨北方与南方。位于西北内陆腹地，全省纵跨黄河、长江两大流域。地域南北长，东西窄，南北高，中部低。南北长约880 km，东西宽约160～490 km。周边与山西、河南、湖北、四川、甘肃、宁夏、内蒙古、重庆8个省市接壤。陕西省海拔段主要分布在500～2 000 m之间，面积约占全省的90%。北山和秦岭把陕西分为三大自然区域：北部是陕北高原，中部是关中平原，南部是秦巴山区。

按照地貌类型划分指标，将陕西省划分为风沙过渡区、黄土高原区、关中平原区、秦岭山地区、汉江盆地区和大巴山地区6个地貌类型区域。各地貌类型面积中，黄土高原区面积最大，占40%，汉江盆地区面积最小，占5%；各地貌类型区域中，平均海拔最高的是秦岭山地区，为1 295 m，平均海拔最低的是关中平原区，为546 m。

陕西省境内气候差异很大，由北向南渐次过度为温带、暖温带和北亚热带。整体属大陆季风性气候，由于南北延伸很长，达到800 km以上，所跨纬度多，从而引起境内南北间气候的明显差异。长城沿线以北为温带干旱半干旱气候、陕北其余地区和关中平原为暖温带半湿润气候、陕南盆地为北亚热带湿润气候、山地大部为暖温带湿润气候。午平均气温13.0℃，无霜期218天左右。陕西温度的分布，基本上是由南向北逐渐降低，各地的年平均气温在7～16℃。其中陕北7～12℃；关中12～14℃；陕南的浅山河谷为全省最暖地区，多在14～16℃。由于受季风的影响，冬冷夏热、四季分明。最冷月1月平均气温，陕北-10～-4℃，关中-3～1℃，陕南0～3℃。最热月7月平均气温，陕北21～25℃，关中23～27℃，陕南24～27.5℃。春、秋温度升降快，夏季南北温差小，冬季南北温差大。

年降水量的分布是南多北少，年平均降水量576.9 mm，由南向北递减，受山地地

---

[*] 本章评估时段为2017年1—8月。

形影响比较显著。春季少于秋季，春季降水量占全年的 13%～24%。冬季降水稀少，只占全年的 1%～4%。暴雨始于 4 月，于 11 月结束，主要集中在 7—8 月。关中、陕南春季第一场降水过程一般出现在 4 月上旬末到中旬。初夏汛雨出现在 6 月下旬后期到 7 月上旬前期，此期间，暴雨相对集中，关中、陕南地区出现洪涝灾害较多。

陕西全省总面积 20.58 万 km^2，截至 2016 年年底，全省常住人口 3 812.62 万，下辖 1 个副省级城市、9 个地级市、杨凌农业高新技术产业示范区、西咸新区和韩城市，其中西安、宝鸡两市城市人口过百万。

陕西历史悠久，是中华文明的重要发祥地之一，上古时为雍州、梁州所在，是炎帝故里及黄帝的葬地。西周初年，周成王以陕原为界，原西由召公管辖，后人遂称陕原以西为"陕西"。陕西自古是帝王建都之地，九个大一统王朝，有五个建都西安（咸阳），留下的帝王陵墓共 79 座，被称为"东方金字塔"。

2　空气污染概况

陕西省大部分地区夏、秋季空气质量与冬、春季空气质量相比相对较好，但是夏季臭氧污染也不能忽视。其主要原因是每年冬、春季陕西省大部分地区正处于采暖期，能源消耗高于非采暖期其他月份，污染物平均浓度高，空气质量差。其次与当地气象条件有关，陕西省大部分地区冬季易出现风小、逆温等污染气象条件，大气流动受到阻挡，大气污染物不易向外输送，导致污染物积累，空气质量下降；同时春季干旱多风，常伴有沙尘天气过程，使得空气中的颗粒物浓度提高，加重了空气中的颗粒物污染。

陕西省空气质量呈现明显的地域差异。关中区域是陕西省污染最为严重的区域，年平均优良天数比例低于陕北、陕南。PM_{10} 浓度、$PM_{2.5}$ 浓度、SO_2 浓度和 O_3 浓度均高于陕北、陕南；PM_{10} 浓度、O_3 浓度陕北高于陕南，$PM_{2.5}$ 浓度陕北低于陕南，这与三个区域的能源、产业结构、地形地貌和气象因素有关。

3　模式发展和使用情况

陕西省本级空气质量预测预报能力自 2014 年年初开始组织开展；2015 年 9 月开始一期统计预报系统建设，同年 12 月建设完成投入使用；2016 年 5 月开始二期数值预报系统建设，同年 12 月基本建设完成并进入试运行阶段。

截至 2016 年年底，通过一期和二期建设，陕西省已基本建成了较为完善的空气质量预测预报系统，建成了四种数值预报（NAQPMS、CAMx、CMAQ、WRF-Chem）及四种统计预报（时间序列、线性回归、神经网络、支持向量）共八种预报模式，见图 22-1。

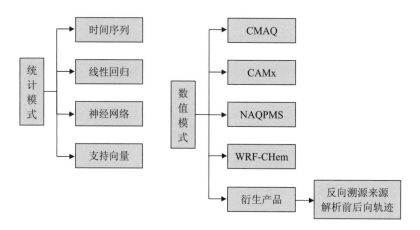

图 22-1 陕西省空气质量模型总体框架

预报二期项目网格划分按照东北亚地区水平分辨率为 27 km，以陕西省为中心紧邻省份区域水平分辨率为 9 km，陕西省全境水平分辨率为 3 km，省内西安、榆林、宝鸡水平分辨率为 1 km。目前已具备开展全省 13 市区 AQI 指数、首要污染物等的精细化预报能力。目前主要产品有全省 72 h 数值预报、全省 168 h 趋势预报、西北区域 72 h 趋势预报、重污染天气预警提示信息、重大活动及节假日预测预报提示信息。

4 评估指标

按照陕西省的气候特征及地形分布将陕西省分为陕北（延安、榆林）、关中（西安、宝鸡、咸阳、铜川、渭南）、陕南（汉中、安康、商洛）三个区域进行空气质量区域预报评估。定义在预报分区中，有 60%上的城市与预报结果一致，即认为预报准确，且以污染自然日为最小评估单位，分 24 h、48 h 和 72 h 三个时段。评估指标定义选用区域城市等级准确率平均 Q_{CD}（式 8.1）、区域首要污染物准确率 Q_{SW}（式 8.2）、区域污染过程则以区域污染过程准确率 Q_G（式 8.3）、区域污染过程早报率 Q_{GZ}（式 8.4）、区域污染过程晚报率 Q_{GW}（式 8.5）、区域污染过程漏报率 Q_L（式 8.6）和区域整体等级准确率 Q_{ZD}（式 8.9）作为评估指标，以上评估指标的定义与本书第 8 章的相关内容一致。

5 业务预报评估结果

模式和人工预报分别评估，见表 22-1～表 22-6。

表 22-1　陕北地区人工预报评估结果表

区域	评估时段：2017 年 1 月 1 日—8 月 31 日	预报总天数：243	区域污次数：19	区域污染总天数：41
陕北	评估指标	24 h	48 h	72 h
	区域城市等级准确率平均 Q_{CD}	95.06%	92.80%	92.18%
	区域首要污染物准确率 Q_{SW}	67.90%	63.58%	61.73%

表 22-2　关中地区人工预报评估结果表

区域	评估时段：2017 年 1 月 1 日—8 月 31 日	预报总天数：243	区域污次数：32	区域污染总天数：133
关中	评估指标	24 h	48 h	72 h
	区域城市等级准确率平均 Q_{CD}	86.01%	82.77%	81.38
	区域首要污染物准确率 Q_{SW}	73.10%	69.70%	69.19%

表 22-3　陕南地区人工预报评估结果表

区域	评估时段：2017 年 1 月 1 日—8 月 31 日	预报总天数：243	区域污次数：9	区域污染总天数：24
陕南	评估指标	24 h	48 h	72 h
	区域城市等级准确率平均 Q_{CD}	92.59%	91.08%	87.93%
	区域首要污染物准确率 Q_{SW}	67.90%	63.10%	62.96%

表 22-4　陕北地区模式预报评估结果表

区域	评估时段：2017 年 1 月 1 日— 8 月 31 日	预报总天数：243		区域污染次数：19		区域污染总天数：41
陕北	模式	评估指标	24 h	48 h	72 h
	CMAQ	区域城市等级准确率平均 Q_{CD}	76.76%	77.55%	77.79%
		区域首要污染物准确率 Q_{SW}	32.87%	34.42%	34.29%
	CAMx	区域城市等级准确率平均 Q_{CD}	76.68%	76.87%	76.30%
		区域首要污染物准确率 Q_{SW}	26.68%	28.69%	28.21%
	WRF-Chem	区域城市等级准确率平均 Q_{CD}	76.22%	72.02%	69.49%
		区域首要污染物准确率 Q_{SW}	16.44%	18.44%	18.29%
	NAQPMS-HAM	区域城市等级准确率平均 Q_{CD}	54.07%	53.66%	54.12%
		区域首要污染物准确率 Q_{SW}	35.57%	35.63%	36.29%
	统计模式	区域城市等级准确率平均 Q_{CD}	77.64%	77.91%	75.39%
		区域首要污染物准确率 Q_{SW}	52.81%	52.91%	51.73%

表 22-5 关中地区模式预报评估结果表

区域	评估时段：2017 年 1 月 1 日—8 月 31 日	预报总天数：243	区域污染次数：32	区域污染总天数：133	
	模式	评估指标	24 h	48 h	72 h
关中	CMAQ	区域城市等级准确率平均 Q_{CD}	57.29%	56.91%	57.62%
		区域首要污染物准确率 Q_{SW}	44.27%	44.65%	44.24%
	CAMx	区域城市等级准确率平均 Q_{CD}	53.35%	53.32%	52.24%
		区域首要污染物准确率 Q_{SW}	39.37%	40.87%	41.99%
	WRF-Chem	区域城市等级准确率平均 Q_{CD}	49.40%	47.14%	46.45%
		区域首要污染物准确率 Q_{SW}	29.76%	30.53%	30.03%
	NAQPMS-HAM	区域城市等级准确率平均 Q_{CD}	40.91%	41.17%	42.46%
		区域首要污染物准确率 Q_{SW}	35.38%	36.18%	35.52%
	统计模式	区域城市等级准确率平均 Q_{CD}	53.31%	51.19%	51.73%
		区域首要污染物准确率 Q_{SW}	61.29%	59.64%	60.19%

表 22-6 陕南地区模式预报评估结果表

区域	评估时段：2017 年 1 月 1 日—8 月 31 日	预报总天数：243	区域污染次数：9	区域污染总天数：24	
	模式	评估指标	24 h	48 h	72 h
陕南	CMAQ	区域城市等级准确率平均 Q_{CD}	77.76%	77.85%	77.32%
		区域首要污染物准确率 Q_{SW}	46.94%	47.03%	47.71%
	CAMx	区域城市等级准确率平均 Q_{CD}	70.28%	67.50%	67.16%
		区域首要污染物准确率 Q_{SW}	47.79%	48.65%	49.65%
	WRF-Chem	区域城市等级准确率平均 Q_{CD}	83.21%	79.23%	77.46%
		区域首要污染物准确率 Q_{SW}	31.07%	34.7%	35.06%
	NAQPMS-HAM	区域城市等级准确率平均 Q_{CD}	45.78%	45.54%	46.75%
		区域首要污染物准确率 Q_{SW}	53.75%	53.69%	53.78%
	统计模式	区域城市等级准确率平均 Q_{CD}	79.45%	78.84%	79.68%
		区域首要污染物准确率 Q_{SW}	61.26%	60.90%	59.18%

6 污染过程预报评估结果

区域细颗粒物、臭氧以及沙尘过程影响下的空气质量预报评估结果。

6.1 污染过程预报评估

陕北地区、关中地区及陕南地区污染过程预报评估见表 22-7～表 22-9。

表 22-7 陕北地区污染过程预报评估

评估时段：2017 年 2 月 1—28 日	预报总天数：28	区域污染次数：3	区域污染总天数：4
评估指标	24 h	48 h	72 h
区域污染过程准确率 Q_G	85.71%	89.29%	96.43%
区域污染过程晚报率 Q_{GW}	3.57%	0	0
区域污染过程早报率 Q_{GZ}	10.71%	10.71%	3.57%
区域污染过程漏报率 Q_L	0	0	0
区域整体等级准确率 Q_{ZD}	83.33%	66.67%	64.32%

表 22-8 关中地区污染过程预报评估

评估时段：2017 年 2 月 1—28 日	预报总天数：28	区域污染次数：3	区域污染总天数：20
评估指标	24 h	48 h	72 h
区域污染过程准确率 Q_G	82.14%	71.43%	60.71%
区域污染过程晚报率 Q_{GW}	3.57%	17.86%	25.00%
区域污染过程早报率 Q_{GZ}	10.71%	10.71%	14.29%
区域污染过程漏报率 Q_L	3.57%	0	0
区域整体等级准确率 Q_{ZD}	79.58%	48.53%	43.62%

表 22-9 陕南地区污染过程预报评估

评估时段：2017 年 2 月 1—28 日	预报总天数：28	区域污染次数：4	区域污染总天数：6
评估指标	24 h	48 h	72 h
区域污染过程准确率 Q_G	85.71%	78.57%	78.57%

评估时段：2017 年 2 月 1—28 日	预报总天数：28	区域污染次数：4	区域污染总天数：6
区域污染过程晚报率 Q_{GW}	3.57%	3.57%	3.57%
区域污染过程早报率 Q_{GZ}	10.71%	17.86%	17.86%
区域污染过程漏报率 Q_L	0	0	0
区域整体等级准确率 Q_{ZD}	81.28%	54.33%	51.82%

6.2　区域细颗粒物重污染过程预报评估结果

区域细颗粒物重污染过程预报评估见表 22-10。

表 22-10　区域细颗粒物重污染过程预报评估表

序号	起始时间			持续时间			污染范围			污染程度			评估结论
	预报	实况	评估	预报	实况	评估	预报	实况	评估	预报	实况	评估	
1	1.01	1.01	准确	6 天	6 天	准确	关中	关中	准确	66666 4-5	666665	准确	准确
2	2.03	2.03	准确	7 天	6 天	基本准确	关中	关中	准确	5 3-4 5-6 5-6	5556	基本准确	基本准确
3	2.13	2.12	晚报1 天	4 天	5 天	基本准确	关中	关中	准确	3-4 5 5-6 5-6 4-5	55555	基本准确	基本准确

注：阿拉伯数字表示污染等级（1—优、2—良、3—轻度、4—中度、5—重度、6—严重），下同。

6.3　区域臭氧污染过程预报评估结果

区域臭氧污染过程预报评估见表 22-11。

表 22-11　区域臭氧污染过程预报评估表

序号	起始时间			持续时间			污染范围			污染程度			评估结论
	预报	实况	评估	预报	实况	评估	预报	实况	评估	预报	实况	评估	
1	6.24	6.25	基本准确	6 天	4 天	基本准确	关中、陕南陕北	关中陕南	基本准确	3-4 3-4 3-4 3-4 3-4 3-4	3333	基本准确	基本准确
2	6.30	6.30	准确	5 天	5 天	准确	关中、陕北	关中陕北	准确	3-4 3-4 3-4 3-4 3-4	33333	准确	基本准确

6.4 区域沙尘过程影响下的空气质量预报评估结果

区域沙尘过程预报评估见表 22-12。

表 22-12 区域沙尘过程预报评估表

序号	起始时间			持续时间			污染范围			污染程度			评估结论
	预报	实况	评估	预报	实况	评估	预报	实况	评估	预报	实况	评估	
1	5.03	5.03	准确	陕北4天 关中5天	陕北3天 关中4天	准确	陕北 关中	陕北 关中	准确	陕北 3-4 3-4 3-4 2 2-3 关中 2-3 3-4 3-4 2-3 2-3	陕北 3 6 6 2 2 关中 2 3 6 6 3	预报偏轻	不准确

针对评估实例中出现差异较大的情况进行客观原因分析和归纳，总结如下：

（1）陕西省陕北、陕南地区人工订正后预报准确率要高于关中地区。由于关中地区三面环山城市较多，人口密度大且污染源排放相对集中，空气质量实况存在分布不均，等级跨度较大，造成人工预报难度较大，导致预报准确率较其他区域低。

（2）模式运行时间较短，污染源清单分辨率较低，在预报过程中不同模式对 24 h、48 h、72 h 预报能力也不尽相同，且远低于人工订正后预报准确率。

（3）统计模式预报准确率要高于数值模式预报准确率，目前预报员对模式依赖程度有限，主要是以人工预报为主模式预报为辅的预报方式，后续将继续对模式进行调优。

（4）沙尘污染过程不确定性较高，虽然能够提前发现，但实际污染程度和预报差异较大，对沙源地起沙能力估计不足，同时对各个高度风速及沙尘传输路径判断错误，加之模式对沙尘预报灵敏度较低导致最终预报结果差异较大。

（5）加大与气象部门合作，在已有的全球初始气象场数据的基础上，进一步同化更多陕西省本地气象数据资料，还可尝试采用卫星数据加入模型同化，不断改善气象预报不确定性的影响。

（陈浩、郭燕胜）

第23章 河北省2016年预报评估

1 概况

河北省位于东经113°27′～119°50′，北纬36°05′～42°40′之间，总面积21.54万km²。地处华北平原北部，北靠燕山山脉，南面华北平原，西倚太行山，东临渤海，内环京津，由西北向的燕山—太行山山系构造向东南逐步过渡为平原，呈现出西北高东南低的地形特点，高度落差超500m，西侧燕山和太行山形成天然屏障，一方面，低空偏北气流翻越燕山后在其南侧下沉，在边界层和地面的偏南风在山前辐合；另一方面，低空偏西气流翻越太行山后在其东侧下沉，边界层和地面的偏东风在山前辐合，这两个地区形成地形槽或地形辐合线，造成污染物的堆积，同时，地形阻挡导致风速减小，湿度增加，易出现区域静稳和逆温天气，不利于污染物扩散。

2 空气污染概况

河北省空气质量状况季节变化明显。春季气候干燥，气象要素日变化明显，大风天气较多，受西北沙源地影响，易出现沙尘天气，颗粒物浓度水平较高；夏季温度较高，日照时间长，紫外线较强，利于臭氧的形成，容易出现臭氧高值；秋冬季节小风日数多，逆温频发，易出现静稳天气，重污染过程居多，且重污染过程呈现时间长、范围广、强度大的特征，受采暖期燃煤烟尘影响，细颗粒物浓度明显高于其他季节。不同地区，污染形势差异较大，由于地形、气候因素及自身排放，河北省城市空气质量可能出现优到严重污染的等级差异，中南部城市（石家庄、保定、邢台、邯郸、衡水和廊坊）较河北省北部（张家口、承德、秦皇岛）和东部（唐山、沧州）的空气质量偏差。

3 模式发展和使用情况

河北省于2016年6月建成并投入使用的空气质量预报预警平台，集成了NAQPMS、

CMAQ、CAMx、WRF-Chem 数值模式和神经网络统计分析模式，用以对空气质量状况开展预测分析，能够获得全省各城市 6 项主要污染物 AQI 和浓度的未来 3 天逐小时、逐日空气质量精准预报和未来 4～6 天的空气质量趋势预测。预报员每日综合分析天气形势和模式预报结果，并通过与河北省气象局和中国环境监测总站会商，最终判断空气质量形势变化，每日向各地市推送省级订正预报结果。同时，平台根据模式预报结果提供全省各站点及城市小时 AQI 和 6 项污染物浓度预报数值，为预测重污染天气发生、发展、消散等过程的变化趋势及峰值判断提供精细化技术支撑。根据《河北省重污染天气应急预案》规定的预警级别和条件，基于模式预报结果，平台可自动判别是否达到预警启动级别，并形成相关信息数据，包括预警等级、影响城市、发生时间、影响面积、影响人口等。

4　业务预报评估结果

河北省按北部（张家口、承德和秦皇岛市）、东部（唐山和沧州市）和中南部（石家庄、保定、邢台、邯郸、衡水和廊坊市）分区域对人工预报结果进行评估，见表 23-1。

评估指标定义选用区域城市等级准确率平均 Q_{CD}（式 8.1）作为常规业务评估指标。细颗粒物污染过程预报评估则以区域污染过程准确率 Q_G（式 8.3），区域污染过程早报率 Q_{GZ}（式 8.4）、区域污染过程晚报率 Q_{GW}（式 8.5）、区域污染过程漏报率 Q_L（式 8.6）、区域污染过程预报持续时间覆盖率 Q_{SF}（式 8.7）、区域污染过程预报空间范围覆盖率 Q_{KF}（式 8.8）和区域整体等级准确率 Q_{ZD}（式 8.9）作为评估指标，以上评估指标的定义与本书第 8 章的相关内容一致。

4.1　常规业务预报评估

选取 2016 年 1—12 月对 24 h 区域等级人工预报进行评估。

2016 年全年，河北省中南部、东部和北部区域城市等级准确率平均值 Q_{CD} 分别为 81%、88%、87%，全省等级预报准确率平均值为 85%，人工预报准确率水平整体较高，且北部和东部区域预报准确率高于中南部，由于中南部包括 6 个城市，南北跨度大、地形存在东西差异，且污染源排放相比其他两个区域较为集中，空气质量实况存在分布不均，等级跨度较大，造成人工预报难度较大，预报准确率较其他区域略低。

表23-1　河北省区域人工等级预报评估统计表

1月

1月		1	2	3	4	5	6	7	8	9	10	11	12	13	14	15	16	17	18	19	20	21	22	23	24	25	26	27	28	29	30	31
预报	中南部	重严	中	重严	中重	中重	良轻	良轻	中	中重	经中	良轻	良轻	经中	中重严	中	经中	良轻	良轻	经中	经中	中重	中	优良	优良	良轻	经中	经中	中重	经中	经轻	中重
	石家庄	350	500	382	199	102	187	143	116	253	257	68	140	116	77	157	231	146	74	170	233	214	80	67	53	73	70	189	220	142	93	117
	邯郸	160	500	453	118	99	123	151	204	268	271	66	151	103	84	108	212	137	148	123	206	206	80	65	60	73	85	172	171	95	60	99
	邢台	290	437	409	186	99	170	157	190	298	225	68	112	103	92	108	205	136	125	138	202	190	95	65	70	84	85	136	167	132	72	103
	衡水	221	417	420	179	78	159		223	298		73	130	261	162	109	254	126	161	162	280	164	61	61	56	119	109	125	228	81	72	191
	保定	294	430	333	207	16:	236	143	232	295	193	104	177	261	226	116	203	116	113	175			61	61	56	198	136	269	163	65	80	152
	廊坊	343	409	208		60	67	53	52	235	176	49	54	105	206	219	117	54	58	77	165	103	55	55	53	93	62	213	145	65	89	59
	东部	重严	重严	重严	中	中重	良轻	良轻	良轻	中重	经中	良轻	良轻	经中	中重	中	良轻	良中	良中	良轻	良轻	中重	良中	良轻	优良	优良	良轻	良轻	良轻	良轻	良轻	良轻
	唐山	256	352	233	97	65	86	55	67	177	100	71	58	55	117	209	103	89	74	102	101	115	63	38	41	68	73	109	139	69	82	69
	沧州		848	182	119	70	106	57	97	237	201	62	79	167	229	231	130	102	78	85	88	97	54	44	52	67	57	58	89	45	55	63
	北部	良轻	中轻	良轻	优良	优良	优良	优良	优良	经中	中	优良	中	经中	良轻	良轻	优良	优良	优良	优良	优良	优良	优良	优良	优良	优良	良轻	良轻	良轻	良轻	良轻	良轻
	承德	145	199	172	39	45	42	30	45	69	58	33	34	48	71	75	89	72	40	60	71	68	40	38	39	53	60	69	92	65	49	41
	张家口	94	71	62	38	35	51	36	41	55	46	38	36	55	57	89	119	41	67	56	57	43	51	38	63	58	58	58	55	65	41	67
	秦皇岛	182	178	63	77	53	62	60	55	72	42	52	54	54	62	83	61	54	42	45	52	61	56	30	47	76	73	101	93	37	43	67

2月

2月		1	2	3	4	5	6	7	8	9	10	11	12	13	14	15	16	17	18	19	20	21	22	23	24	25	26	27	28	29
预报	中南部	经中	中	中重	中重	中重	良轻	良轻	经中	中	经中	良轻	经中	中重	中重	优良	优良	良轻	良轻	中重	良中	良轻	经中	良中	经中	优良	优良	经中	经中	经轻
	石家庄	78	80	142	184	85	55	138	105	142	166	73	115	231	299	52	111	73	61	100	51	84	123	257	58	122	76	90	55	57
	邯郸	121	171	238	214	72	74	117	202	142	195	67	85	150	193	60	48	65	59	102	50	102	78	105	64	119	83	87	62	49
	邢台	95	111	183	192	73	72	127	90	162	176	74	180	199	238	76	52	94	64	118	57	118	114	245	139	126	105	105	64	69
	衡水	137	172	224	161	73	93	127	139	162	252	74	143	231	196	42	52	88	105	103	45	103	98	242	66	150	78	94	59	60
	保定	203	203	233	161	172	130	130	190	171	138	79	133	129	198	34	54	55	72	73	38	122	112	229	70	78	71	71	55	48
	廊坊	61	68	110	45	39	53	89	151	82	122	57	116	158		41	55	72	75	94	43	112	90	90	35	59	58	58	55	
	东部	经中	经中	经中	中重	良轻	良轻	良轻	经中	经中	经中	良轻	良轻	经中	经中	优良	优良	优良	优良	优良	优良	中	良轻	经中	优良	良轻	良轻	良轻	良轻	优良
	唐山	71	71	83	109	62	51	56	197	44	130	65	87	144	205	39	51	75	72	58	43	94	69	149	57	81	80	74	79	46
	沧州	172	124	211	100	51	59	140	123	83	100	74	74	79	89	51	66	75	66	66	53	69	72	158	55	64	58	51	51	46
	北部	良轻	良轻	良中	优良	优良	优良	优良	优良	良中	经中	优良	良轻	经中	经中	优良	优良	优良	优良	优良	优良	优良	优良	优良	优良	优良	优良	优良	优良	优良
	承德	44	55	57	45	45	43	47	84	47	58	49	73	169	213	46	48	52	49	45	47	66	66	80	48	42	46	47	47	45
	张家口	51	42	51	42	61	47	88	104	39	65	69	71	58	128	43	33	51	53	53	46	72	72	72	46	49	54	44	54	59
	秦皇岛	77	73	75	64	61	49	121	124	52	49	59	95	61	70	39	26	66	78	64	58	53	98	98	70	48	89	62	56	30

3月

3月		1	2	3	4	5	6	7	8	9	10	11	12	13	14	15	16	17	18	19	20	21	22	23	24	25	26	27	28	29	30	31
预报	中南部	经轻	良轻	中重	中重	良经	良轻	经中	经轻	良轻	良轻	良轻	经轻	经轻	经轻	经中	中重	中重	中重	中重	中重	经中	经中	经中	经中	经中	经中	经中	经中	经轻	经中	经中
	石家庄	125	115	140	248	134	164	138	61	71	65	73	115	93	91	153	224	217	282	138	123	171	99	93	108	80	74	74	102	87	99	160
	邯郸	96	93	99	195	124	137	117	61	49	60	67	85	95	91	98	169	155	272	100	123	135	69	84	61	61	62	89	99	90	129	158
	邢台	127	102	107	243	131	178	127	73	62	82	74	180	134	108	154	225	186	260	85	118	154	76	96	78	81	68	84	109	123	157	143
	保定	135	106	193	201	193	142	89	52	62	55	79	133	81	93	110	220	207	228	84	131	122	77	66	83	74	83	83	125	108	182	141
	廊坊	127	118	261	157	157	154	105	41	60	52	81	116	61	61	123	247	247	233	93	118	116	55	77	74	116	93	141				
	东部	经轻	良轻	中重	中重	良轻	良经	经轻	良经	良轻	良轻	良轻	经轻	良经	经中	经中	中重	中重	中重	中重	中重	经中	经中	良经	经轻	经轻	经中	良经	经轻	优良	优良	经中
	唐山	137	240	153	204	157	182	105	126	44	52	68	111	105	111	132	239	225	181	102	113	116	62	79	82	79	76	87	75	156		
	沧州	97	114	133	322	161	169	169	84	52	62	77	87	74	77	143	143	207	225	77	113	133	62	82	79	64	50	98	104			
	北部	良轻	优良	优良	优良	优良	优良	良经	优良	优良	良轻	优良	良经	良经	优良	优良	经中	经中	经中	经轻	良经	经中	优良	优良	优良	优良	良经	良经	优良	优良	优良	良经
	承德	77	102	151	165	120	81	70	70	46	49	73	71	60	63	123	208	191	131	83	89	68	61	50	55	55	50	56	63	117		
	张家口	63	69	112	178	189	91	57	39	69	43	59	77	95	118	125	193	169	113	64	102	81	53	59	79	79	69	91				
	秦皇岛	116	237	209	146	105	103	99	52	52	43	59	61	61	118	125	193	113	169	64	122	81	53	59	69	79	91	117	107	143	70	131

4月

预报		1	2	3	4	5	6	7	8	9	10	11	12	13	14	15	16	17	18	19	20	21	22	23	24	25	26	27	28	29	30
中南部	石家庄	147	59	45	82	117	200	126	97	145	108	83	150	138	102	95	44	50	54	79	96	84	84	81	95	72	107	116	121	154	133
	邯郸	107	132	57	88	128	144	157	155	140	143	210	158	146	115	78	106	68	102	117	133	118	79	91	146	105	106	159	112	139	109
	邢台	105	74	52	92	98	127	124	73	99	109	89	197	102	92	92	61	72	65	95	125	85	105	115	104	112	118	117	123	134	123
	衡水	112	80	64	85	119	107	135	85	185	103	89	130	142	108	128	71	59	62	118	139	125	110	105	127	118	126	126	112	132	124
	保定	139	60	69	107	199	123	137	86	140	107	75	181	190	66	106	59	192	55	86	66	114	72	52	94	104	77	121	101	165	168
	廊坊	92	44	56	94	107	123	93	64	139	97	75	75	190	66	93	59	132	54	86	66	116	161	67	119	77	95	103	76	139	161
东部	唐山	103	42	82	85	105	114	112	93	194	108	69	141	228	81	137	103	132	53	94	128	116	90	89	87	106	95	88	117	97	107
	沧州	98	51	91	72	84	107	107	60	135	77	70	143	184	77	126	63	56	58	77	124	102	90	89	87	106	125	109	100	137	146
北部	承德	86	50	54	109	114	102	64	59	121	77	81	65	81	69	105	68	66	50	61	68	152	197	64	99	139	125	109	100	137	146
	张家口	104	50	57	74	76	187	82	66	72	140	114	140	98	109	102	84	51	62	79	68	120	96	67	96	134	102	78	90	78	117
	秦皇岛	113	41	68	86	69	73	89	79	154	70	58	80	137	71	102	71	53	51	72	67	100	206	55	121	101	73	69	81	143	109

5月

预报		1	2	3	4	5	6	7	8	9	10	11	12	13	14	15	16	17	18	19	20	21	22	23	24	25	26	27	28	29	30	31
中南部	石家庄	86	67	67	104	94	115	68	69	81	113	57	90	83	69	59	78	106	100	151	161	168	113	39	64	58	63	80	67	94	86	80
	邯郸	67	71	94	104	114	104	95	65	44	100	65	75	72	63	53	89	97	103	147	144	161	111	57	74	64	80	90	68	173	116	93
	邢台	93	76	83	86	109	112	75	62	72	105	57	86	69	63	57	82	94	95	138	142	152	94	79	70	57	74	76	76	146	114	77
	衡水	91	94	133	104	114	122	75	83	99	132	99	77	77	79	60	71	116	157	138	156	133	99	83	59	78	98	110	100	146	144	122
	保定	80	73	102	102	98	124	75	89	69	200	109	80	67	53	63	66	129	110	153	146	111	117	90	66	78	88	98	107	97	131	107
	廊坊	102	86	71	71	76	124	71	90	69	109	78	51	69	74	77	77	121	121	114	113	119	86	90	55	66	134	107	97	182	104	
东部	唐山	121	86	63	63	95	133	58	106	77	82	54	69	74	59	77	139	139	159	203	102	132	103	82	62	72	110	142	144	202	123	101
	沧州	83	85	60	88	81	126	70	74	84	169	54	70	69	59	50	77	104	143	159	119	111	87	103	87	68	89	89	161	68	124	96
北部	承德	165	54	68	71	138	110	80	122	55	135	135	158	95	49	50	65	115	155	184	120	109	101	88	64	57	127	161	117	68	124	44
	张家口	90	57	60	64	194	77	56	97	82	82	50	58	59	59	49	69	110	148	170	151	145	43	64	59	65	98	117	67	159		
	秦皇岛	129	80	47	66	49	64	88	73	73	150	79	80	54	55	55	68	129	185	88	102	72	77	75	61	94	98	118	67	57		

6月

预报		1	2	3	4	5	6	7	8	9	10	11	12	13	14	15	16	17	18	19	20	21	22	23	24	25	26	27	28	29	30
中南部	石家庄	91	133	99	120	73	152	133	114	142	113	57	90	135	60	48	50	71	78	61	117	66	130	39	69	100	136	122	120	82	94
	邯郸	100	112	92	101	80	108	155	180	137	93	65	122	108	71	84	105	128	118	96	79	84	111	57	74	100	113	92	154	81	127
	邢台	74	84	95	76	76	97	144	134	143	93	57	115	156	65	65	116	102	147	126	120	96	111	41	50	106	127	126	90	130	151
	衡水	117	151	119	128	113	109	142	124	137	135	99	146	122	135	101	117	135	117	176	130	136	130	63	86	183	128	123	90	181	117
	保定	100	119	120	115	116	122	86	148	131	145	78	69	69	71	85	106	143	102	150	136	137	103	59	51	75	104	111	64	139	130
	廊坊	89	149	150	154	136	153	86	160	144	138	71	115	100	73	80	139	69	121	164	142	165	110	87	55	78	134	75	64	113	113
东部	唐山	78	168	115	154	77	134	103	176	186	138	82	115	83	83	119	139	162	121	164	145	121	130	149	66	78	155	111	96	173	95
	沧州	88	122	102	134	127	127	93	83	129	103	103	179	100	51	119	139	137	121	183	183	121	110	46	66	93	93	99	86	113	203
北部	承德	89	161	166	183	194	166	93	94	201	65	50	91	83	51	65	106	48	67	104	141	121	97	73	48	52	93	145	75	72	55
	张家口	122	136	137	144	69	110	69	91	127	65	48	62	102	88	53	94	70	69	157	70	89	52	48	49	64	99	125	55	57	65
	秦皇岛	76	119	71	85	81	81	120	120	132	65	61	65	65	49	55	94	100	87	53	97	76	52	53	49	129	131	131	61	78	118

7月

			1	2	3	4	5	6	7	8	9	10	11	12	13	14	15	16	17	18	19	20	21	22	23	24	25	26	27	28	29	30	31
预报	中南部	石家庄	59	87	62	57	65	65	66	84	135	115	165	102	110	104	65	120	145	199	187	37	79	163	176	110	117	106	86	96	77	111	64
		邯郸	101	118	72	56	98	65	94	97	130	86	110	83	80	78	52	118	103	121	125	34	94	98	136	63	92	93	65	157	113	153	144
		邢台	106	137	91	90	118	107	100	149	95	106	110	91	99	83	55	99	113	121	125	79	76	120	139	100	108	90	84	132	150	111	116
		衡水	128	129	86	147	98	159	167	116	130	106	96	103	104	78	81	109	148	193	195	43	143	143	139	91	108	90	88	157	126	111	97
		保定	48	111	88	109	144	116	142	102	100	89	99	67	95	109	52	109	112	180	164	61	76	106	135	77	54	97	123	132	146	140	97
		廊坊	134	136	129	122	112	147	159	94	94	99	126	102	90	67	64	46	84	59	96	45	57	66	69	96	109	70	86	117	146	160	146
实测	东部	唐山	95	116	94	114	127	128	109	75	90	91	82	87	78	78	59	112	135	124	91	51	57	72	75	62	77	71	90	114	66	85	87
		沧州	89	93	87	95	95	120	162	123	96	87	122	124	76	99	48	81	124	132	78	48	60	95	82	96	77	71	90	105	141	97	108
	北部	张家口	58	93	131	125	132	146	164	136	131	149	134	63	82	69	71	124	84	132	122	58	39	60	117	96	40	77	77	116	120	82	74
		承德	67	71	141	136	132	146	164	136	131	128	134	56	69	69	53	71	89	103	122	46	78	78	117	87	67	77	112	125	124	124	86
		秦皇岛	53	90	72	58	43	52	45	35	52	103	132	55	50	61	47	50	89	86	98	53	58	73	100	96	83	51	111	129	69	68	54

8月

			1	2	3	4	5	6	7	8	9	10	11	12	13	14	15	16	17	18	19	20	21	22	23	24	25	26	27	28	29	30	31
预报	中南部	石家庄	66	63	60	55	63	59	58	43	57	65	76	63	49	45	37	63	61	71	74	44	58	53	68	81	51	42	64	47	69	83	46
		邯郸	60	72	77	71	94	76	66	58	77	79	59	87	65	64	55	67	80	97	61	67	74	79	86	76	49	75	79	62	69	74	70
		衡水	94	79	79	99	124	130	90	68	89	114	88	80	54	40	46	67	80	116	54	114	130	72	116	102	56	53	104	72	77	103	59
		保定	136	99	90	84	80	85	60	60	119	115	66	60	51	51	62	45	95	102	79	114	104	114	57	99	45	47	59	48	73	105	98
		廊坊	125	114	109	73	88	109	60	55	73	80	72	76	52	74	38	59	59	75	122	106	169	178	57	67	47	56	68	46	56	77	51
实测	东部	唐山	84	86	129	84	64	81	67	67	73	96	108	61	63	89	63	74	71	84	83	98	108	73	84	110	57	84	54	55	57	156	63
		沧州	52	80	80	56	64	81	55	67	77	91	80	61	87	68	71	126	71	88	44	63	88	73	65	67	57	61	54	46	41	40	31
	北部	张家口	69	85	109	110	96	100	84	88	112	105	91	99	73	54	64	88	76	50	68	72	88	113	57	75	54	44	54	57	57	69	53
		承德	87	109	92	90	114	111	111	50	75	138	111	107	80	56	94	94	70	58	78	42	57	66	72	72	36	55	59	51	51	48	42
		秦皇岛	49	56	67	56	47	58	35	50	57	97	51	50	80	56	50	57	58	30	30	53	57	57	72	72	36	36	59	51	51	48	42

9月

			1	2	3	4	5	6	7	8	9	10	11	12	13	14	15	16	17	18	19	20	21	22	23	24	25	26	27	28	29	30
预报	中南部	石家庄	49	60	61	57	61	69	75	82	86	104	91	122	140	149	170	175	113	53	61	84	159	224	250	271	265	229	102	62	103	176
		邯郸	63	61	70	57	66	53	88	69	96	128	74	82	78	93	95	104	125	46	51	76	107	107	85	127	260	165	165	60	82	93
		邢台	56	69	68	69	73	75	57	74	89	167	62	74	114	114	147	117	120	45	54	69	123	123	161	157	268	176	129	57	72	120
		衡水	60	137	119	145	112	130	70	82	91	79	67	110	118	113	137	133	195	58	54	67	128	128	144	146	146	229	104	58	58	137
		保定	44	59	44	45	58	56	70	73	93	67	63	97	133	133	198	195	86	53	63	67	98	161	195	127	200	200	99	58	55	123
		廊坊	54	55	97	133	75	66	84	76	63	76	63	88	99	90	116	121	50	50	52	68	77	80	114	107	135	117	61	58	74	101
实测	东部	唐山	36	83	108	100	77	116	85	112	139	112	75	72	99	140	154	158	80	62	65	72	80	137	146	156	135	106	61	54	95	124
		沧州	65	65	112	118	113	105	75	104	126	134	81	99	132	136	149	147	53	65	65	85	135	135	136	126	133	110	54	50	85	133
	北部	张家口	44	29	44	89	46	49	57	39	41	46	31	44	90	57	55	74	35	36	38	45	52	73	101	68	89	94	45	54	75	75
		承德	42	26	46	65	47	53	50	74	39	51	49	41	57	123	55	138	63	38	38	65	73	72	68	61	106	94	41	54	78	94
		秦皇岛	32	41	47	52	67	67	74	99	60	60	51	41	60	123	159	138	40	50	50	65	60	128	125	106	67	56	38	60	90	90

10月		1	2	3	4	5	6	7	8	9	10	11	12	13	14	15	16	17	18	19	20	21	22	23	24	25	26	27	28	29	30	31
预报	中南部	轻中重	中重	中重严	中重	良轻	优良轻	良轻	优良	良轻	良轻中	良轻中	良轻中	轻中重	轻中重	轻中重	良轻	良轻中	良轻中	轻中重	轻中重	轻中重	良轻	良轻	轻中	中重	轻中	良轻	良轻	良轻	良轻	良轻
实测	石家庄	286	310	355	307	82	143	137	59	99	132	186	188	218	96	99	140	175	221	294	212	74	59	70	93	135	155	57	53	68	121	58
	邯郸	84	124	109	97	75	93	91	78	87	83	126	188	107	63	61	90	136	156	115	163	70	60	52	83	84	128	69	72	68	72	54
	邢台	175	243	251	239	76	109	100	63	103	96	135	186	134	79	77	101	156	165	157	194	63	53	45	82	130	150	64	61	73	95	46
	衡水	186	149	113	93	74	84	89	62	78	94	131	143	150	67	81	111	207	206	153	126	80	66	62	78	106	125	72	61	62	85	59
	保定	273	239	263	108	88	101	94	54	81	120	137	117	247	93	144	146	133	233	298	121	65	59	66	112	122	99	71	50	68	95	67
	廊坊	136	130	99	46	59	49	58	38	66	113	96	78	152	75	121	76	69	90	198	83	68	49	68	98	127	75	79	59	75	77	46
预报	东部	轻中	中重	中重	中重	良轻	优良	良轻	优良	优良	良轻中	良轻中	良轻	轻中	轻中	轻中	良轻	良轻	良轻中	良轻中	轻中	轻中	良轻	良轻	良轻	良轻	轻中	良轻	良轻	良轻	良轻	良轻
实测	唐山	197	203	101	61	69	59	79	44	85	126	114	94	205	91	120	101	85	118	235	80	98	56	64	107	148	81	105	52	75	89	51
	沧州	188	159	190	105	58	54	61	56	88	95	96	124	182	75	120	98	134	198	182	87	65	66	74	90	101	98	78	56	54	72	54
预报	北部	良轻	良轻	良轻	良轻	优良	优良	良轻	优良	优良	优良	优良	良轻	良轻	良轻	良轻	优良	优良	良轻	良轻	良轻	良轻	优良	优良	良轻	优良	优良	优良	优良	优良	优良	优良
实测	承德	131	115	82	41	50	62	52	35	57	76	77	81	102	144	113	70	64	90	143	61	52	31	52	71	78	60	73	36	56	61	33
	张家口	116	130	106	62	51	63	37	38	56	65	50	87	106	85	92	77	62	95	118	104	44	28	52	88	73	54	52	38	55	56	35
	秦皇岛	135	139	66	38	35	42	60	41	58	94	56	66	131	122	75	63	56	73	149	38	55	32	39	73	91	59	65	46	50	68	35

11月		1	2	3	4	5	6	7	8	9	10	11	12	13	14	15	16	17	18	19	20	21	22	23	24	25	26	27	28	29	30
预报	中南部	良轻	良轻中	中重	中重严	轻中重	轻中	良轻	良轻	良轻中	中重	中重	中重	中重严	轻中	轻中	中重	重严	重严	重严	轻中	优良轻	优良轻	良轻	轻中	中重严	轻中重	良轻中	中重	中重	中重
实测	石家庄	103	216	248	275	251	144	225	113	190	142	201	222	308	351	249	260	276	405	304	180	59	91	140	156	319	149	125	199	266	376
	邯郸	72	106	105	97	146	102	132	89	85	101	132	192	234	224	124	122	201	260	263	150	51	54	99	185	193	158	164	123	330	184
	邢台	78	164	171	167	175	109	155	79	131	88	156	181	274	267	140	190	215	309	239	139	43	51	130	147	223	125	109	119	279	211
	衡水	72	129	140	148	160	137	147	78	116	102	169	178	217	148	120	178	327	267	235	85	43	56	90	165	173	163	151	94	202	351
	保定	93	151	248	326	175	136	175	98	201	157	188	135	244	242	137	191	178	240	272	90	44	55	194	231	338	312	209	129	176	151
	廊坊	91	113	209	142	123	71	61	72	145	156	175	89	113	85	86	117	105	180	125	60	31	38	70	105	238	293	83	119	148	188
预报	东部	良轻	良轻	中重	中重严	轻中	轻中	良轻	良轻	良轻	良轻	中重	中重	中重	轻中	良轻	中重	中重	中重	轻中重	优良	优良	优良	优良	轻中	中重	中重	良轻	良轻	轻中	轻中重
实测	唐山	93	140	228	268	169	75	119	72	101	136	219	78	181	145	73	195	143	320	205	68	49	47	71	92	224	258	127	123	106	190
	沧州	67	126	173	183	162	124	136	68	97	137	167	121	197	139	82	153	139	218	155	57	49	50	104	169	171	185	110	125	185	257
预报	北部	优良	优良	良轻	良轻	良轻	良轻	优良	优良	良轻	良轻	良轻	良轻	良轻	良轻	良轻	良轻	良轻	良轻	良轻	优良	优良	优良	优良	良轻	良轻	良轻	良轻	良轻	良轻	良轻
实测	承德	57	69	96	131	104	64	46	51	82	111	72	73	101	74	61	105	142	184	74	48	40	37	43	66	90	136	73	74	90	73
	张家口	62	62	77	101	91	114	37	45	88	96	81	78	142	79	71	116	124	209	88	59	60	37	38	57	74	174	45	62	75	71
	秦皇岛	61	103	179	178	120	57	86	57	64	92	76	54	96	109	46	92	75	159	83	39	35	42	72	74	185	267	106	83	57	114

12月		1	2	3	4	5	6	7	8	9	10	11	12	13	14	15	16	17	18	19	20	21	22	23	24	25	26	27	28	29	30	31
预报	中南部	中重	中重	中重严	重严	轻中	轻中	中重	中重	中重	中重	中重	重严	轻中	轻中	良轻中	中重	中重严	重严	重严	重严	重严	中重	轻中	中重	中重	轻中	轻中	重严	中重	重严	重严
实测	石家庄	176	268	500	500	248	227	225	161	83	209	299	374	184	202	224	331	475	500	500	500	500	147	130	245	261	272	160	297	279	361	500
	邯郸	170	237	252	392	336	151	223	239	126	230	264	298	211	129	260	256	325	500	500	500	360	216	196	177	160	189	188	234	253	257	500
	邢台	111	196	259	421	241	157	165	173	80	115	208	251	136	152	208	215	328	403	420	397	270	153	129	257	234	184	158	233	195	299	500
	衡水	156	194	213	261	134	128	213	206	76	147	223	230	96	107	196	197	218	469	399	278	287	258	113	137	191	169	129	227	254	243	265
	保定	105	217	346	378	133	205	194	213	64	166	214	254	111	79	165	250	315	339	438	348	439	337	73	140	226	145	146	205	329	279	380
	廊坊	59	189	366	298	67	184	208	100	60	115	248	262	108	56	70	241	343	353	429	313	303	126	68	113	232	114	78	94	85	250	376
预报	东部	轻中	中重	中重严	重严	优良	轻中	中重	中重	轻中	良轻	中重	重严	轻	良轻	良轻	中重	中重	重严	重严	重严	重严	轻中	轻中	轻中	中重	轻中	良轻	轻中	中重	重严	重严
实测	唐山	75	160	301	318	65	169	117	114	63	139	232	282	76	71	79	216	277	377	314	435	488	129	64	119	208	100	91	122	72	229	372
	沧州	164	205	208	280	80	139	248	178	81	133	206	214	67	70	98	122	234	363	301	216	274	270	74	114	195	168	89	204	218	211	269
预报	北部	良轻	良轻	良轻	良轻	优良	优良	良轻	良轻	良轻	良轻	轻中	轻中	优良	优良	良轻	轻中	轻中	轻中	轻中	重	重	良轻	优良	良轻	良轻	优良	良轻	良轻	良轻	良轻	良轻
实测	承德	57	83	113	128	53	80	81	61	57	72	96	162	68	57	57	79	105	118	114	115	128	68	56	88	144	77	61	61	65	95	114
	张家口	41	66	96	85	57	61	57	47	40	54	104	105	41	40	36	65	74	80	74	98	78	35	52	104	131	37	57	42	54	77	91
	秦皇岛	61	116	245	138	42	109	57	63	55	92	96	153	32	47	67	117	260	176	235	202	187	48	51	93	166	52	61	85	72	221	296

河北省季度平均预报准确率最高出现在第三季度（7—9 月）为 93%，最低第四季度（10—12 月）为 81%。由于第三季度是河北省降水集中时期，风力较年均值偏大，对流天气频发，边界层高度处于 1 500 m 以上，垂直扩散条件有利，空气质量整体较好，且污染物浓度日变化小，预报难度低，季度预报准确率较高，对应第四季度处于河北省秋冬季节，南风多，风力小，地面相对湿度大，水平扩散条件不利，且易出现风向辐合，局地污染物累积，同时逆温频发，边界层高度低于 1 000 m，重污染时期可达 500 m 以下，垂直扩散条件不利，因此空气质量日变化较大，南北等级差异大，局地气象条件影响明显，预报难度较大，预报准确率偏低。

中南部月预报准确率最高为 93%（8 月），最低 66%（2 月）；东部月预报准确率最高为 98%（8 月和 9 月），最低 76%（2 月）；北部月预报准确率最高为 95%（2 月和 10 月），最低 73%（12 月）。中南部、北部和东部级别预报准确率月变化趋势在 3—9 月较一致，1—2 月和 10—12 月变化趋势有差异，主要因为河北省秋冬季节区域气象条件差异大，北部冷空气频发，气象扩散条件有利，而东部和中南部受地形和污染源排放及局地气象因素影响，空气质量变化趋势捕捉困难，存在级别预报准确率差异较大。

河北省 6 月份预报准确率均较低，对应首要污染物以 O_3 为主，由于对 O_3 生成机理及不同地域污染物排放及气象要素掌握不够详细，所以预报易出现偏差。针对 2 月、6 月和 10 月河北省中南部和东部级别预报准确率较低，在污染物排放条件没有明显变化的前提下，河北省在这三个月份处于季节转换时期，天气形势不稳定，温度、湿度、气压、风向风速等气象要素日变化较明显，对空气质量的趋势变化有直接影响，因此对预报准确率造成一定偏差，见图 23-1 和表 23-2。

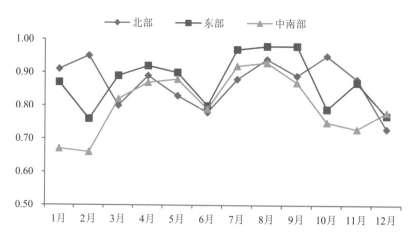

图 23-1　2016 年区域逐月等级预报评估准确率

表 23-2   2016 年区域逐月等级预报评估准确率

Q_{CD}	1月	2月	3月	4月	5月	6月	7月	8月	9月	10月	11月	12月	平均
北部	0.91	0.95	0.80	0.89	0.83	0.78	0.88	0.94	0.89	0.95	0.88	0.73	0.87
东部	0.87	0.76	0.89	0.92	0.90	0.80	0.97	0.98	0.98	0.79	0.87	0.77	0.88
中南部	0.67	0.66	0.82	0.87	0.88	0.79	0.92	0.93	0.87	0.75	0.73	0.78	0.81

4.2 细颗粒物污染过程预报评估

2016 年 1 月 1 日—12 月 31 日，按照重污染过程定义，河北省共出现 22 次区域重污染过程，总污染天数为 52 天，首要污染物均为细颗粒物。区域污染等级准确率为 77%；污染起始时间准确次数 17 次，准确率为 77%，晚报次数 4 次，晚报率 18%，早报次数 0 次，漏报次数 1 次，漏报率 5%；区域污染过程持续时间覆盖天数 42 天，覆盖率为 83%，见表 23-3。预报人员基本能够提前预报出每次区域污染过程，对于污染过程持续时间预报准确率也较高。

表 23-3   细颗粒物污染过程预报评估表

评估时段：2016 年 1 月 1 日—12 月 31 日	预报总天数：366 区域污染次数：22 次 区域污染总天数：52 天
区域污染过程晚报率 Q_{GW}	18%
区域污染过程早报率 Q_{GZ}	0
区域污染过程漏报率 Q_L	5%
区域污染过程预报持续时间覆盖率 Q_{SF}	83%
区域整体等级准确率 Q_{ZD}	77%

综合分析，11 月和 12 月共出现 11 次重污染天气过程，占全年重污染总次数的 50%，是河北省重污染过程高发时期，在此期间河北省一般高空受纬向环流影响，西南风控制，地面受西南暖湿气流影响，相对湿度较大，风力较小，污染物长时间在该省辐合堆积，由于不利气象条件稳定，预报员对冬季出现的持续时间长，影响范围大、污染程度强的重污染天气过程的预报捕捉比较精准，而对其他小范围的较短时间的重污染过程判断误差较大，尤其是由于短时污染传输造成的北部或东部个别城市出现重度污染水平，预报员预报偏差较大。基于该省重污染过程以中南部区域为主，当影响区域涉及其他区域时，

对重污染过程的污染程度、开始时间、结束时间、影响范围这 4 个评估指标的判断存在一定偏差，预报员仍需提高区域污染过程捕捉能力，总结污染过程分布、传输等特征，强化预报精准性，见表 23-4。

表 23-4　2016 年区域污染过程评估结果表

序号	月份	起始时间			持续时间			污染程度			评估结论	备注
		预报	实况	评估	预报	实况	评估	预报	实况	评估		
1	1	1 日	1 日	准确	3 天	3 天	完全覆盖	重严	重严	准确	准确	
2	1	8 日	9 日	晚报	1 天	3 天	少 2 天	中重	重严	偏轻	晚报、少报程度偏轻	
3	1	14 日	14 日	准确	2 天	3 天	少 1 天	中重	重度	准确	少报 1 天	
4	1	20 日	20 日	准确	1 天	1 天	完全覆盖	中重	中重	准确	准确	
5	2	3 日	3 日	准确	1 天	1 天	完全覆盖	中重	中重	准确	准确	
6	2	无	22 日	漏报	0 天	1 天	少 1 天	轻中	重	偏轻	未报出	
7	3	3 日	2 日	晚报	2 天	3 天	少 1 天	中重	重	准确	晚报，少报 1 天	
8	3	16 日	16 日	准确	3 天	3 天	完全覆盖	中重	中重	准确	完全准确	
9	9	25 日	25 日	准确	1 天	1 天	完全覆盖	中重	中重	准确	完全准确	
10	10	2 日	2 日	准确	2 天	2 天	完全覆盖	中重	重严	偏低	程度偏轻	
11	10	19 日	18 日	晚报	0 天	1 天	少 1 天	中重	中重	准确	晚报、漏报	
12	11	3 日	3 日	准确	1 天	1 天	完全覆盖	中重	中重	准确	完全准确	
13	11	13 日	13 日	准确	1 天	2 天	少 1 天	重严	重严	准确	少报 1 天	
14	11	17 日	17 日	准确	3 天	3 天	完全覆盖	重严	重严	准确	完全准确	
15	11	25 日	25 人	准确	2 天	2 天	完全覆盖	重严	重严	准确	完全准确	
16	11	29 日	29 日	准确	2 天	2 天	完全覆盖	中重	重严	偏轻	程度偏轻	
17	12	2 日	2 日	准确	3 天	4 天	少 1 天	重严	重严	准确	少报 1 天	
18	12	7 日	7 日	准确	1 天	1 天	完全覆盖	中重	中重	准确	完全准确	

序号	月份	起始时间			持续时间			污染程度			评估结论	备注
		预报	实况	评估	预报	实况	评估	预报	实况	评估		
19	12	11日	11日	准确	2天	2天	完全覆盖	重严	重严	准确	完全准确	
20	12	16日	15日	晚报	7天	8天	少1天	重严	重严	准确	晚报，少报1天	
21	12	25日	25日	准确	1天	1天	完全覆盖	中重	中重	准确	完全准确	
22	12	28日	28日	准确	4天	4天	完全覆盖	重严	重严	准确	完全准确	

（谷天宇、张良、何文杰、陈磊、张阳、朱桂艳）

第24章 山东省2016年预报评估

1 概况

山东省位于中国东部沿海、黄河下游，北纬 34°22.9′～38°24.01′、东经 114°47.5′～122°42.3′之间。境域包括半岛和内陆两部分，山东半岛突出于渤海、黄海之中，同辽东半岛遥相对峙；内陆部分自北而南与河北、河南、安徽、江苏 4 省接壤。全境南北最长约 420 多 km，东西最宽约 700 多 km，总面积 15.8 万 km²，约占中国总面积的 1.64%。山东是中国的经济大省，人口第二大省，国内生产总值列全国第三，占中国 GDP 总量的 1/9。

2 空气污染概况

山东省大气污染特征主要有以下四点：

2.1 复合污染特征突出

$PM_{2.5}$、O_3 已成为大气中主要的污染物，2016 年，$PM_{2.5}$ 作为首要污染物的比例为 39.5%，O_3 作为首要污染物的比例为 30.7%，夏季高达 76.7%。

2.2 呈现明显的季节性特征

山东省冬季静稳天气多，空气污染多是以 $PM_{2.5}$ 为主的静稳型污染，污染持续时间长，影响范围广，污染强度大。春季冷空气活跃，风速大，伴随地面灰尘扬起或北方沙尘侵入，空气污染多是以 PM_{10} 为主的沙尘型污染，污染持续时间一般较短，但瞬时浓度高。夏季随着气温升高和光照加强，空气污染多是以 O_3 为主的光化学污染，这类污染有逐年增强的趋势。

2.3 覆盖范围广，区域特征明显

山东省处于京津冀及周边地区，随着污染物的长期积累和污染物之间的化学转化，近年来呈现出与京津冀地区一致的区域性污染特征，区域内城市大气污染累积过程呈现

明显的同步性，重污染天气一般在一天内先后出现，在供暖期内，重污染天气经常扩大到全省范围，出现频次也增多。

2.4　超标天数多，污染强度大

虽然空气质量逐年改善，但大气污染形势依然严峻，比如 2015 年、2016 年，全省空气质量超过国家二级标准的比例分别为 48.9%、35.8%，空气质量达到重污染的比例分别为 8.2%、6.3%。

3　模式发展和使用情况

山东省预报预警共享系统于 2016 年 1 月份建成并投入使用。系统为省市共同使用，配备了 CMAQ、CAMx、WRF-Chem 三个数值模式，多元回归、神经网络两个统计模式，系统还可接收中国环境监测总站下发的指导产品以及与省气象局交换的气象数据，为省市环保部门的预报工作开展提供技术支持。

省、市预报员主要采用协同预报的方式开展工作，每天下午省级在共享系统中下发预报指导产品，供市级参考使用，市级与气象部门会商后，在共享系统中对预报产品进行修订，形成城市预报产品，省级根据市级修订结果制作区域预报产品。省环境信息与监控中心每天下午 5 点前在山东环境网站发布未来 48 h 的区域预报和城市预报，每周 3 次发布未来 7 天的趋势预报。

4　评估指标

4.1　区域预报评估指标

按照半岛、鲁中、鲁西北、鲁南四个区域，进行空气质量区域预报评估。

4.1.1　评估指标

4.1.1.1　**级别准确率**

在预报的分区中，如果实况的空气质量级别有 50% 及以上的城市与预报结果一致，即认为预报准确。如果实况的空气质量级别至少有一个城市与预报结果一致，即认为预报基本准确。如果预报分区中的所有城市的实况空气质量级别都与预报结果不一致，即认为预报不准确。

4.1.1.2　**首要污染物准确率**

在预报的分区中，如果实况的首要污染物有 50% 及以上的城市与预报结果一致，即认为预报准确。如果实况的首要污染物至少有一个城市与预报结果一致，即认为预报基本准确。当预报分区中的所有城市实况的首要污染物都与预报结果不一致时，如果区域预报首要污染物为某种颗粒物，但 50%及以上城市实况的首要污染物是另外一种颗粒物，也视为基本准确（例如，区域预报首要污染物为 $PM_{2.5}$，但 50%及以上城市实况的首要污染物是 PM_{10}，则记为准确），其余情况视为不准确。

4.1.2 评估方法

4.1.2.1 *级别评估*

当半岛、鲁中、鲁西北、鲁南四个区域中有 3 个及以上分区预报准确，且其他为基本准确时则视为该次区域预报准确。当至少一个分区预报准确，其他为基本准确时则视为该次区域预报基本准确。当 4 个分区均为基本准确时也视为该次区域预报基本准确。当任意一个分区预报为不准确时，则此次区域预报记为不准确。

4.1.2.2 *首要污染物评估*

当半岛、鲁中、鲁西北、鲁南四个区域中有 3 个及以上分区预报准确，且其他为基本准确时则视为该次区域预报准确。当至少一个分区预报准确，其他为基本准确时则视为该次区域预报基本准确。当四个分区均为基本准确时也视为该次区域预报基本准确。当任意一个分区预报为不准确时，则此次区域预报记为不准确。

4.2 区域重污染过程预报评价指标

4.2.1 评估指标

按照第 7 章有关区域层级划分的界定，山东省区域预报评估属于省级层级。山东省区域重污染过程是指，全省至少有 3 个及以上城市，发生持续 2 天的重度及以上污染天气，其中重污染过程的起始时间从有城市开始出现轻中度污染计，结束时间到没有城市出现重度污染为止，以污染自然日为最小评估单位。区域污染过程则以选用区域污染过程准确率 Q_G（式 8.3）、区域污染过程早报率 Q_{GZ}（式 8.4）、区域污染过程晚报率 Q_{GW}（式 8.5）、区域污染过程漏报率 Q_L（式 8.6）、区域污染过程预报持续时间覆盖率 Q_{SF}（式 8.7）、区域污染过程预报空间范围覆盖率 Q_{KF}（式 8.8）和区域整体等级准确率 Q_{ZD}（式 8.9）作为评估指标，以上评估指标的定义与本书第 8 章的相关内容一致。

4.2.2 评估方法

若 3～5 个指标评估准确，且其他指标没有不准确的情况，即认定此次过程预报准确。若 1～2 个指标评估准确，且其他指标没有不准确的情况，即可认定此次过程基本准确。其他情况认定不准确。

5 评估结果

5.1 区域预报评估结果

选 2016 年 4 月、7 月、10 月、12 月进行 24 h 区域预报的评估。2016 年 4 月、7 月、10 月、12 月的级别准确率分别是 76.7%、87.1%、83.9%、93.6%，全省平均值为 85.3%，其中冬季 12 月的准确率最高 93.6%，春季 4 月的准确率最低 76.7%；2016 年 4 月、7 月、10 月、12 月的首要污染物准确率分别是 50%、38.7%、41.9%、90.3%，全省平均值为 55.2%，其中冬季 12 月份的准确率最高 90.3%，夏季的准确率最低 38.7%。4 个月份的空气质量级别准确率都在 70% 以上，冬季空气质量级别准确率和首要污染物准确率在 90% 以上（表 24-1）。

表 24-1　24 h 区域预报准确率　　　　　　　　　　　　　　　单位：%

统计项 ＼ 月份	4 月	7 月	10 月	12 月	平均值
级别准确率	76.7	87.1	83.9	93.6	85.3
首要污染物准确率	50.0	38.7	41.9	90.3	55.2

半岛、鲁中、鲁西北、鲁南四个预报分区的级别准确率全年均值分别是 83.7%、83.7%、83.7%、82.1%，平均值在 82.1%~83.7% 之间，不同季节的各分区差别不大，但是，鲁西北地区的 10 月份、鲁南地区的 7 月份级别准确率明显低于本分区的平均水平（表 24-2）。

表 24-2　级别准确率　　　　　　　　　　　　　　　　　　　单位：%

统计项 ＼ 月份	4 月	7 月	10 月	12 月	平均值
半岛	83.3	80.7	90.3	80.7	83.7
鲁中	80.0	83.9	80.7	90.3	83.7
鲁西北	83.3	87.1	74.2	90.3	83.7
鲁南	83.3	70.9	93.6	80.7	82.1

半岛、鲁中、鲁西北、鲁南四个分区的首要污染物准确率全年均值分别是 65.7%、60.0%、66.5%、61.7%，平均值在 60.0%~66.5% 之间，不同季节的各分区准确率差别不

大，但是明显低于级别准确率。12 月份，除半岛外其他分区的准确率均高于 90%。半岛分区的 4 月、10 月，鲁中地区的 4 月、7 月，鲁西北地区的 7 月，鲁南地区的 4 月，准确率均低于 50%（表 24-3）。

表 24-3　首要污染物准确率 单位：%

地区＼月份	4 月	7 月	10 月	12 月	平均值
半岛	43.3	83.9	48.4	87.1	65.7
鲁中	43.3	29.0	74.2	93.6	60.0
鲁西北	50.0	45.2	74.2	96.8	66.5
鲁南	46.7	54.8	51.6	93.6	61.7

4 月份山东省级别准确率、基本准确率、不准确率分别是 76.7%、10%、13.3%，7 月为 87.1%、0.0%、12.9%，10 月份为 83.9%、6.5%、9.7%，12 月为 93.6%、9.7%、0.0%。其中 12 月份的级别准确率最高、不准确率最低分别为 93.6%、0.0%，4 月份的级别准确率最低、不准确率最高分别为 76.7%、13.3%。4 月份山东省首要污染物准确率、基本准确率、不准确率分别是 50.0%、40.0%、10.0%，7 月为 38.7%、3.2%、58.0%，10 月为 71.9%、35.5%、22.6%，12 月为 90.3%、6.5%、3.2%。其中 12 月份的级别准确率最高、不准确率最低分别为 90.3%、3.2%，7 月份的级别准确率最低、不准确率最高分别为 38.7%、58.1%，见表 24-4～表 24-7。

表 24-4　4 月份评估 单位：%

地区＼统计项	级别评估			首要污染物评估		
	准确率	基本准确率	不准确率	准确率	基本准确率	不准确率
半岛	83.3	10.0	6.7	43.3	46.7	10.0
鲁中	80.0	13.3	6.7	43.3	56.7	0.0
鲁西北	83.3	10.0	6.7	50.0	50.0	0.0
鲁南	83.3	13.3	3.3	46.7	53.3	0.0
全省	76.7	10.0	13.3	50.0	40.0	10.0

表 24-5　7 月份评估 单位：%

地区＼统计项	级别评估			首要污染物评估		
	准确率	基本准确率	不准确率	准确率	基本准确率	不准确率
半岛	80.7	16.1	3.2	83.9	6.5	9.7
鲁中	83.9	16.1	0.0	29.0	29.0	41.9

统计项 地区	级别评估			首要污染物评估		
	准确率	基本准确率	不准确率	准确率	基本准确率	不准确率
鲁西北	87.1	6.5	6.5	45.2	22.6	32.3
鲁南	71.0	29.0	0.0	54.8	16.1	29.0
全省	87.1	0.0	12.9	38.7	3.2	58.0

表 24-6　10 月份评估　　　　　　　　　　　　　　单位：%

统计项 地区	级别评估			首要污染物评估		
	准确率	基本准确率	不准确率	准确率	基本准确率	不准确率
半岛	90.3	6.5	3.2	48.4	29.0	22.6
鲁中	80.7	12.9	6.5	74.2	25.8	0.0
鲁西北	83.9	9.7	6.5	74.2	25.8	0.0
鲁南	93.6	6.5	0.0	51.6	48.4	0.0
全省	83.9	6.5	9.7	72.0	35.5	22.6

表 24-7　12 月份评估　　　　　　　　　　　　　　单位：%

统计项 地区	级别评估			首要污染物评估		
	准确率	基本准确率	不准确率	准确率	基本准确率	不准确率
半岛	80.7	19.4	0.0	87.1	9.7	3.2
鲁中	90.3	9.7	0.0	93.6	6.5	0.0
鲁西北	90.3	9.7	0.0	96.8	3.2	0.0
鲁南	80.7	19.4	0.0	93.6	6.5	0.0
全省	93.6	9.7	0.0	90.3	6.5	3.2

5.2　供暖季重污染过程预报评估结果

2016—2017 年采暖季期间共发生 13 次重污染过程，其中起始时间预报准确 7 次，占 53.9%，早报 2 次，占 15.4%，晚报 4 次，占 30.8%，见表 24-9，评估期间实测与预测结果中区域污染交集的天数为 66 天，评估期间区域污染发生总天数为 74 天，区域污染预报时间覆盖率达到 89.2%，见表 24-8。以山东省小分区（半岛、鲁中、鲁南、鲁西北）为单位，区域污染预报空间覆盖率可达 100%，区域污染等级准确率为 76.9%，见表 24-8。

2016—2017 年采暖季期间共发生 13 次重污染过程，对其中 10 次过程预报的评估结论为准确，对其中 3 次过程预报的评估结论为基本准确，没有出现预报不准确的情况，准确率达到了 76.9%。

表24-8　重污染过程评估

序号	持续时间			开始时间			污染范围			污染程度			结论
	预报	实况	评估	预报	实况	评估	预报	实况	评估	预报	实况	评估	
1	6天	6天	准确	11.02	11.02	准确	鲁中、鲁南	鲁中、鲁西北、鲁南	准确	①轻中—中重严—良②11.04—05重	①轻中—中重—良轻②11.06重	基本准确	准确
2	4天	4天	准确	11.11	11.11	准确	鲁中、鲁南	鲁中、鲁西北、鲁南	准确	①轻中—轻中②11.13重	①轻中—中重—轻中②11.13重	准确	准确
3	5天	4天	准确	11.16	11.16	准确	鲁中、鲁西北	鲁中、鲁南	准确	①良轻—中重—良②11.17—19重	①良轻—中重—良轻②11.17—19重	准确	准确
4	4天	4天	准确	11.24	11.24	准确	全省	鲁中、鲁西北、鲁南	准确	①轻中—中重②11.26重	①良轻—中重—良轻②11.26重	准确	准确
5	7天	7天	准确	11.29	11.29	准确	全省	鲁中、鲁西北、鲁南	准确	①良轻—中重严—良②12.4重—严重	①良轻—中重—良轻②12.4中重	准确	准确
6	3天	3天	准确	12.07	12.06	准确	鲁中、鲁西北、鲁南	鲁中、鲁南	准确	①良轻—中重②12.8中重	①良轻—中重②12.8中重	准确	准确
7	7天	9天	基本准确	12.15	12.16	基本准确	全省	全省	准确	①轻中—中重严—轻中②12.19—20重严	①轻中—中重严—轻中②12.19—20重严	准确	基本准确
8	13天	14天	准确	12.28	12.27	基本准确	全省	全省	准确	①良轻—重严—轻中②01.01—03重严	①良轻—重严—轻中②01.01—04重严	准确	准确
9	3天	4天	准确	01.11	01.10	准确	鲁中、鲁南	全省	准确	①轻中—中重②01.12中重	①轻中—中重—良②01.12重严	准确	基本准确
10	5天	5天	准确	01.14	01.15	准确	鲁中、鲁西北	鲁中、鲁南	准确	①良轻—中重②01.17—18中重	①良轻—中重—良②01.18重严	基本准确	基本准确
11	5天	4天	准确	01.23	01.23	准确	鲁中、鲁西北	鲁中、鲁西北	准确	①良轻—中重②01.24—26中重	①良轻—中重—良②01.24—26中重	准确	准确

序号	持续时间			开始时间			污染范围			污染程度			结论
	预报	实况	评估	预报	实况	评估	预报	实况	评估	预报	实况	评估	
12	4天	4天	准确	02.02	02.02	准确	鲁中、鲁南	鲁中、鲁西北、鲁南	准确	①良轻—中重—中重	①良轻—中重—良轻②02.04中重	准确	准确
13	5天	6天	准确	02.12	02.11	基本准确	鲁西北、鲁南	鲁中、鲁西北、鲁南	准确	①轻中—中重—重	①轻中—中重—轻中②02.14重	准确	准确

表 24-9　区域污染过程准确率 Q_G

统计项 评估指标	准确	早报	晚报	漏报
次数	7	2	4	0
比率/%	53.9	15.4	30.8	0

表 24-10　重污染过程预报准确率

单位：%

统计项 评估指标	准确率	基本准确率	不准确率
持续时间	92.3	7.7	0.0
开始时间	53.9	46.2	0.0
污染范围	100.0	0.00	0.0
污染程度	76.9	23.1	0.0

（由凯、王桂霞）

第25章 山西省2016年预报评估

1 概况

山西省地处黄河流域中部，东有巍巍太行山做天然屏障，与河北省为邻；西、南部以黄河为堑，与陕西省、河南省相望；北跨绵绵长城，与内蒙古自治区毗连。地理坐标为北纬 34°34′～40°43′，东经 110°14′～114°33′。全省纵长约 682 km，东西宽约 385 km，总面积为 15.67 万 km²，占全国总面积的 1.6%。总人口 3 664 万人，辖 11 个地级市，119 个县、市、区。

山西省疆域轮廓呈东北斜向西南的平行四边形，是典型的为黄土广泛覆盖的山地高原，地势东北高西南低，高原内部起伏不平，河谷纵横，地貌类型复杂多样，有山地、丘陵、台地、平原，山多川少，山地、丘陵面积占全省总面积的 80.1%，平川、河谷面积占总面积的 19.9%。全省大部分地区海拔在 1 500 m 以上，最高点为五台山主峰叶斗峰，为华北最高峰。

山西省地处中纬度地带的内陆，在气候类型上属于温带大陆性气候，由于太阳辐射、季风环流和地理因素影响，山西省气候具有四季分明、雨热同步、光照充足、南北气候差异显著、冬夏气温悬殊、昼夜温差大的特点。山西省各地年平均气温介于 4.2～14.2℃ 之间，总体分布趋势为由北向南升高，由盆地向高山降低；全省各地年平均降水量介于 358～621 mm 之间，季节分布不均，夏季 6—8 月降水相对集中，约占全年降水量的 60%，且省内降水分布受地形影响较大。

山西省工业以能源重化工为主，能源的产量、消耗在全国占有重要位置，能源结构具有自身特点。2014 年山西省国内生产总值（GDP）为 12 761.49 亿元，能源最终消费量为 19 862.8 万 t 标准煤。据此统计，2014 年山西省万元 GDP 能源最终消费量为 1.55 t 标准煤，略高于全国平均水平 1.51 t 标准煤。能源结构以煤为主，工业企业 2014 年能源最终消费量为 12 537.22 万 t 标准煤，能耗较大的是重工业，为 12 295.72 万 t 标准煤，占工业消耗总量的 98.07%。

2 空气污染概况

山西省地貌为典型的山地高原地区，东、西部为南北走向山脉、中部狭长谷地，地势东北高西南低，呈东北斜向西南展布，太原、朔州、晋城等城市三面环山呈"簸箕型"地形地势，在静稳小风作用下，污染物在河谷盆地、山间峡谷不断积累、难以扩散。山西省大部分城市位于山区谷地，受山谷风影响，在水平方向风速较小、扩散条件较差时，白天谷风将污染物带至山脉，夜晚山风将污染物带回地面，使得污染物"拉锯式"作用于城市上空，城市污染物浓度一直维持较高水平。在偏南风气象条件下随风迁移可形成大范围污染，是华北中东部区域大气污染最严重的地区之一。

2.1 呈现明显的地域差异

山西重污染天气主要集中在中南部，中南部水汽较多，容易满足霾的形成条件，北部则较少。2016 年，北部地区重污染天数平均为 8 天，中部地区为 19 天，南部地区为32 天。

2.2 典型的煤烟型污染

山西能源结构具有自身特点，主要以 SO_2、颗粒物为主的典型煤烟型污染，2016 年，SO_2 年均浓度为 66 μg/m³，$PM_{2.5}$ 年均浓度为 60 μg/m³，均超过年二级标准。

2.3 季节性特征较为明显

山西省处于北方，冬季气温低，需要供暖，供暖期为 11 月至次年 3 月底，采暖期污染物排放量大，同时大气边界层稳定，近地层出现逆温现象和小风抑制了大气污染物的稀释和扩散，重污染天气频发；春季经常干燥，多风，缺乏水汽，重污染天气较少；夏季炎热雨水集中，对空气中的污染物起到冲刷稀释作用，易出现臭氧轻至中度污染，重污染天气较少；秋季气候温和，空气较为湿润，风小，$PM_{2.5}$ 轻度污染有所增加。

3 模式发展和使用情况

山西省自 2014 年以来，积极推进重污染天气预报预警能力建设工作，2015 年 10 月底，全面建成山西省重污染天气预报预警系统省级平台，通过利用中尺度气象模式 WRF、空气质量数值模式 WRF-Chem、CMAQ、CAMx、NAQPMS 进行未来 7 天空气质量模拟计算，支持预报员日常业务预报工作。从 2015 年 9 月开始，按照国家要求在全国空气质量预报信息发布系统进行了预报信息发布,11月开始在山西省环境保护厅网站正式对公众发布全省未来48 h环境空气质量级别的三区预报,省级预报部门预报员每日在模型预测结果评估的基础上,参考气象部门会商意见,分析研判污染气象条件及主要污染过程,对模式当日预报产品进行分析订正,制作省级区域预报指导产品下发至各城市,同时,城市预报员通过各城市预报预警系统制作城市预报产品报送至重污染天气预报预警平台。每天在"全国空气质量预报信息发布系统"和"山西省空气质量预报发布系统"对外发布全省西北部、中东部和南部三大区域未来48 h空气质量级别及首要污染物预报,每周三定期制作山西省空气质量潜势预报,对未来一周环境质量形势进行预报提示,并推送至各市环境监测站,基本形成了由潜势预报和日常预报相结合,分短期、中期和长期多形式的空气质量预报预警系统框架,为全省大气综合治理提供及时、有效的技术支撑,同时在国家重大赛事活动的空气质量保障工作中也发挥了重要作用,见图25-1。

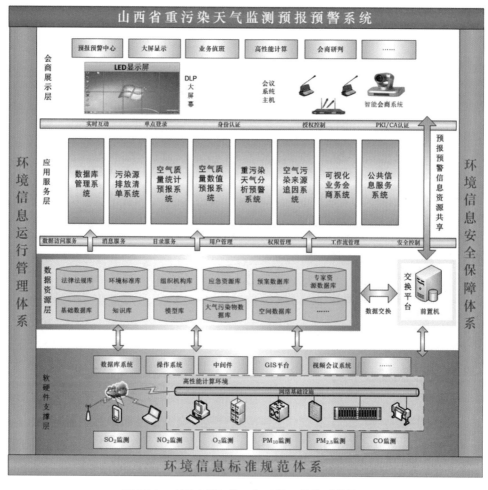

图25-1 山西省重污染天气预报预警体系结构图

4 评估指标

按照本书第 8 章有关定义,山西省区域预报评估属于省级层级,评估指标选用区域城市等级准确率平均 Q_{CD}、区域首要污染物准确率 Q_{SW} 作为日常常规业务评估指标;区域污染过程以区域污染过程准确率 Q_G、区域污染起始时间晚报率 Q_{GW}、区域污染起始时间早报率 Q_{GZ}、区域污染过程漏报率 Q_L、区域污染过程预报持续时间覆盖率 Q_{SF}、区域污染过程预报空间范围覆盖率 Q_{KF}、区域整体等级准确率 Q_{ZD} 作为评估指标。

5 业务预报评估结果

5.1 常规业务预报评估

5.1.1 评估时段

2016 年 1 月 1 日—2017 年 8 月 31 日。对系统模式预报和人工综合预报分别进行评估,见表 25-1~表 25-6。

表 25-1 山西省常规业务人工综合预报评估结果表

城市及区域	区域城市等级准确率平均 Q_{CD}			区域首要污染物准确率 Q_{SW}		
	24 h	48 h	72 h	24 h	48 h	72 h
太原市	84.38%	81.37%	75.61%	72.87%	69.04%	67.12%
大同市	87.95%	88.22%	86.30%	66.57%	63.28%	62.46%
阳泉市	76.71%	76.44%	68.49%	67.39%	61.09%	60.27%
长治市	76.99%	78.08%	70.68%	75.61%	73.69%	74.24%
晋城市	72.33%	73.97%	70.41%	68.76%	65.75%	66.02%
朔州市	86.03%	85.21%	79.72%	63.01%	57.53%	56.98%
晋中市	80.82%	78.36%	76.16%	68.49%	63.56%	61.36%
运城市	75.07%	75.34%	70.95%	76.98%	73.15%	71.78%
忻州市	79.45%	79.18%	72.05%	64.93%	61.64%	61.09%
临汾市	74.25%	74.79%	73.42%	73.69%	69.58%	68.21%
吕梁市	89.86%	90.14%	88.76%	70.13%	69.04%	67.39%
全省平均	80.35%	80.10%	75.69%	69.86%	66.12%	65.17%

表 25-2　山西省常规业务模式 CAMx 预报评估结果表

城市及区域	区域城市等级准确率平均 Q_{CD}			区域首要污染物准确率 Q_{SW}		
	24 h	48 h	72 h	24 h	48 h	72 h
太原市	44.03%	44.71%	44.91%	62.46%	60.82%	60%
大同市	61.64%	58.02%	57.19%	59.17%	62.19%	61.91%
阳泉市	46.86%	42.32%	32.63%	65.47%	67.12%	65.2%
长治市	55.35%	49.49%	46.32%	72.32%	72.6%	71.23%
晋城市	54.09%	45.39%	43.51%	67.12%	71.78%	73.69%
朔州市	52.83%	39.93%	38.95%	69.04%	75.34%	74.24%
晋中市	59.75%	50.51%	45.77%	68.49%	73.69%	74.52%
运城市	50.31%	41.24%	39.08%	79.45%	79.72%	81.09%
忻州市	43.71%	40.07%	34.04%	71.78%	73.15%	74.52%
临汾市	54.4%	44.03%	41.4%	71.78%	76.71%	78.9%
吕梁市	46.86%	36.86%	39.58%	77.53%	77.53%	79.17%
山西省	51.8%	44.78%	42.13%	69.51%	71.88%	72.22%

表 25-3　山西省常规业务模式 CMAQ 预报评估结果表

城市及区域	区域城市等级准确率平均 Q_{CD}			区域首要污染物准确率 Q_{SW}		
	24 h	48 h	72 h	24 h	48 h	72 h
太原市	57.01%	51.71%	53.87%	65.2%	66.02%	63.83%
大同市	61.54%	59.66%	57.45%	64.1%	61.36%	61.09%
阳泉市	55.73%	50.17%	47.18%	68.76%	65.47%	64.38%
长治市	57.32%	50.17%	47.89%	68.49%	70.68%	68.49%
晋城市	53.82%	45.89%	44.72%	65.75%	67.94%	66.02%
朔州市	64.33%	58.36%	53.52%	68.49%	65.2%	67.67%
晋中市	63.38%	50.51%	46.83%	68.76%	68.49%	66.57%
运城市	54.78%	43%	43.11%	74.24%	73.42%	73.15%
忻州市	50.16%	43.64%	39.86%	67.94%	66.57%	66.57%
临汾市	57.32%	49.15%	49.82%	70.41%	70.68%	70.13%
吕梁市	57.64%	51.54%	48.94%	67.67%	69.04%	72.32%
全省平均	57.55%	50.34%	48.48%	68.16%	67.72%	67.29%

表 25-4 山西省常规业务模式 NAQPMS 预报评估结果表

城市及区域	区域城市等级准确率平均 Q_{CD}			区域首要污染物准确率 Q_{SW}		
	24 h	48 h	72 h	24 h	48 h	72 h
太原市	45.48%	46.58%	45.57%	56.98%	52.32%	52.6%
大同市	59.64%	56.83%	56.33%	60.27%	60.54%	59.45%
阳泉市	43.67%	39.75%	38.29%	62.46%	62.46%	61.91%
长治市	42.47%	44.1%	40.82%	64.93%	64.38%	65.2%
晋城市	35.24%	34.16%	36.71%	64.93%	64.1%	64.38%
朔州市	51.2%	53.73%	51.58%	61.36%	58.08%	58.35%
晋中市	50.6%	50.93%	46.84%	58.63%	57.26%	57.53%
运城市	43.67%	40.99%	42.41%	72.87%	70.68%	69.31%
忻州市	43.98%	43.17%	41.46%	66.57%	67.94%	66.84%
临汾市	42.77%	40.68%	42.72%	69.86%	69.04%	69.04%
吕梁市	45.48%	49.38%	46.52%	69.04%	65.2%	65.75%
全省平均	45.84%	45.48%	44.48%	64.35%	62.91%	62.76%

表 25-5 山西省常规业务模式 WRF-Chem 预报评估结果表

城市及区域	区域城市等级准确率平均 Q_{CD}			区域首要污染物准确率 Q_{SW}		
	24 h	48 h	72 h	24 h	48 h	72 h
太原市	59.75%	54.61%	57.72%	66.57%	64.1%	62.73%
大同市	63.47%	59.87%	61.07%	62.73%	58.63%	57.53%
阳泉市	56.66%	53.95%	52.68%	67.39%	63.56%	60.27%
长治市	56.97%	55.59%	53.69%	68.76%	71.23%	67.39%
晋城市	53.87%	47.37%	48.32%	64.65%	65.2%	63.28%
朔州市	64.4%	61.84%	59.06%	65.47%	61.09%	63.56%
晋中市	64.71%	53.62%	48.99%	67.94%	68.21%	68.76%
运城市	60.06%	51.32%	47.99%	74.79%	73.42%	72.05%
忻州市	49.54%	48.18%	44.3%	63.56%	62.73%	63.83%
临汾市	59.75%	53.95%	55.03%	64.38%	66.57%	63.01%
吕梁市	61.8%	58.09%	55.89%	63.56%	66.3%	69.31%
全省平均	59.18%	54.4%	53.16%	66.35%	65.55%	64.70%

表 25-6 2016 年山西省人工区域形势预报准确率统计结果

城市	未来 1 天			未来 2 天		
	Q_{CD}	漏报率	空报率	Q_{CD}	漏报率	空报率
大同市	87.95%	2.74%	9.32%	88.22%	2.47%	9.32%
朔州市	86.03%	11.78%	2.19%	85.21%	13.15%	1.64%
吕梁市	89.86%	7.12%	3.01%	90.14%	7.40%	2.47%
北部平均	87.95%	7.21%	4.84%	87.85%	7.67%	4.47%
忻州市	79.45%	2.74%	17.81%	79.18%	3.29%	17.53%
太原市	84.38%	3.29%	12.33%	81.37%	5.48%	13.15%
晋中市	80.82%	6.58%	12.60%	78.36%	7.67%	13.97%
阳泉市	76.71%	7.12%	16.16%	76.44%	7.95%	15.62%
中部平均	80.34%	4.93%	14.73%	78.84%	6.10%	15.07%
临汾市	74.25%	8.49%	17.26%	74.79%	9.32%	15.89%
长治市	76.99%	7.12%	15.89%	78.08%	6.58%	15.34%
晋城市	72.33%	6.30%	21.37%	73.97%	4.93%	21.10%
运城市	75.07%	6.03%	18.90%	75.34%	6.58%	18.08%
南部平均	74.66%	6.99%	18.36%	75.55%	6.85%	17.60%
全省平均	80.35%	6.30%	13.35%	80.10%	6.80%	13.10%

5.1.2 常规业务预报评估结论

（1）人工预报区域城市等级准确率明显高于模式预报，24 h、48 h、72 h 空气质量等级准确率分别高出模式预报平均准确率 32.3 个百分点、29.8 个百分点和 28.6 个百分点。首要污染物准确率手工预报与模式预报差别不大。

（2）从四个数值模式预报结果统计情况看，WRF-Chem 预报模式结果更为准确，空气质量等级准确率明显高于其他 3 个模式，但漏报偏高，对于重污染级别估计不足。CAMx 预报模式对于首要污染物的预报准确率高于其他 3 个模式。

（3）按照历史环境空气质量监测数据对山西省划分西北部、中东部、南部三大区域进行人工区域形势预报，2016 年全年预报评估显示：全省三大区域未来 24 h 人工预报城市等级准确率平均为 80.35%，空报率 13.35%，漏报率 6.30%，未来 48 h 人工预报准确率与未来 24 h 基本相当，空报率略有上升。从省内三大区域预报情况来看空气质量较好的西北部城市预报准确率较高，达 87.95%，空气质量较差的南部城市预报准确率略低，为 74.66%；从空报、漏报比例来看，空气质量较好地区易形成漏报，而空气质量较差区域容易造成空报。2016 年山西省 13 次重污染过程均以 PM$_{2.5}$ 为首要污染物，预报员对此掌握准确。

5.2 区域污染过程预报评估

山西省由于其特殊的能源产业结构在全国范围内属于环境空气污染较重的省份，按照本书第 8 章对区域污染过程的定义，初步统计，2016 年山西省轻度污染过程 53 次，污染天数 63 天，中度污染过程 16 次，污染天数 23 天，重度污染过程 13 次，污染天数 78 天，在此仅就区域重度污染过程预报成效进行评估。

5.2.1 2016 年山西省重污染过程预报评估

（1）区域重污染污染情况：实时监测数据统计显示，见图 25-2，2016 年全省发生区域重污染过程（形成三城市以上 AQI 指数超过 200）13 次，见表 25-7，多集中在 2016 年 1—3 月和 2016 年 11—12 月采暖期期间。

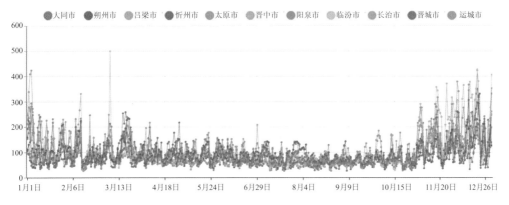

图 25-2　2016 年山西省 11 个城市日均 AQI 实测结果

（2）山西省区域人工形势预报结果统计：①提前一天准确预报全部污染过程的时段包括序号为 1、3、8、11、12、13 的六个时段；②序号 2 污染过程报送时段有所延迟；③受气象预报对于冷空气或降水过程来临时段的判断影响，预报员对污染过程持续时间判断略有缩短，序号 4、5、7、9 重污染过程预报结果较实际情况略有提前；④序号 6 重污染过程（3 月 5—7 日），春季气象扩散条件较为改善，但仍发生一次覆盖全省南部运城、临汾、晋城三个城市的重污染过程，当时区域预报结果以轻至中度污染为主，对于污染程度判断不足，未捕捉到区域重污染过程；序号 10 重污染过程中，人工预报基本抓住污染最重时间 11 月 24—25 日和 12 月 1—4 日，但对于南部临汾市等城市持续多日重污染估计不足。

（3）区域重污染人工预报成效评估：从区域污染预报评估各项指标情况来看，见表25-8，区域城市等级准确率平均（Q_{CD}）、区域首要污染物准确率（Q_{SW}）随预报周期的增加而降低，24 h 预报的 Q_{CD}、Q_{SW} 明显高于 48 h 预报及 72 h 预报，区域污染漏报率 Q_L 随预报周期的增加而上升，72 h 预报的漏报率最高，达61.25%，13 次重污染过程均无早报，晚报率为 7.70%，说明预报员对于重污染过程起始时间掌握较为准确，但对于周期较长的污染过程掌握尚有所欠缺。

表 25-7　2016 年重污染过程时段及人工预报结果

序号	2016 年重污染过程时段	覆盖城市	日均 AQI 峰值	提前一天人工过程预报结果
1	1 月 1 日—1 月 6 日	长治、晋中、临汾、太原、运城、晋城、忻州、阳泉	425（运城）	准确
2	1 月 9 日—1 月 12 日	长治、晋城、运城	249（长治）	1 月 10 日—1 月 12 日
3	1 月 21 日	长治、晋城、阳泉	232（阳泉）	准确
4	1 月 28 日—1 月 31 日	临汾、朔州、长治	230（长治）	1 月 27 日—1 月 29 日
5	2 月 8 日—2 月 12 日	临汾、忻州、运城、长治、晋中、朔州、阳泉	331（长治）	2 月 9 日—月 11 日
6	3 月 5 日—3 月 7 日	运城、晋城、临汾	500（临汾）	未报出
7	3 月 16 日—3 月 21 日	晋城、长治、晋中、朔州、太原、阳泉	259（晋城）	3 月 16 日—3 月 19 日
8	11 月 2 日—11 月 6 日	临汾、太原、晋中、运城、晋城	291（临汾）	准确
9	11 月 11 日—11 月 22 日	临汾、运城、太原、晋城、阳泉、晋中、吕梁、长治、忻州	358（临汾）	11 月 11 日—20 日
10	11 月 24 日—12 月 4 日	临汾、运城、晋中、吕梁、太原、忻州	380（太原）	11 月 24 日—25 日、12 月 1 日—12 月 4 日
11	12 月 7 日—12 月 21 日	临汾、运城、吕梁、朔州、太原、长治、忻州、晋中、阳泉、晋城、大同	428（临汾）	准确
12	12 月 24 日—12 月 25 日	朔州、太原、忻州、阳泉	242（太原）	准确
13	12 月 28 日—12 月 31 日	晋城、临汾、朔州、太原、运城、长治、晋中、吕梁、忻州	407（临汾）	准确

表 25-8　2016 年重污染过程预报评估表

评估时段	预报总天数：366	区域污染次数：13	区域污染总天数：78
评估指标	24 h	48 h	72 h
区域污染过程准确率 Q_G	84.3%	76.3%	72.8%
区域污染起始时间晚报率 Q_{GW}	7.70%	0	0
区域污染起始时间早报率 Q_{GZ}	0	0	0
区域污染过程漏报率 Q_L	15.40%	30.80%	61.50%
区域污染过程持续时间覆盖率 Q_{SF}	74.30%	58.90%	50%
区域污染过程持续空间覆盖率 Q_{KF}	66.30%	60.60%	60.10%
区域整体等级准确率 Q_{ZD}	60.60%	63.60%	71.70%

5.2.2　2016 年重污染过程数值模式预报结果评估

根据数值模式对 2016 年 13 个重污染时段的预报情况统计，见表 25-9，24 h、48 h、72 h 预报区域城市等级准确率平均分别为 38.0%、29.32%、29.42%，低于人工预报准确率，模式尚需进一步优化调整。

表 25-9　2016 年重污染过程数值模式预报准确率统计表

序号	2016 年重污染过程时段	区域污染过程准确率 Q_G		
		24 h	48 h	72 h
1	1 月 1 日—1 月 6 日	28.83%	32.80%	29.50%
2	1 月 9 日—1 月 12 日	47.75%	36.25%	41.00%
3	1 月 21 日	55.00%	36.00%	18.00%
4	1 月 28 日—1 月 31 日	68.25%	45.50%	45.50%
5	2 月 8 日—2 月 12 日	60.00%	29.00%	36.40%
6	3 月 5 日—3 月 7 日	39.33%	27.33%	27.33%
7	3 月 16 日—3 月 21 日	33.33%	20.00%	27.20%
8	11 月 2 日—11 月 6 日	31.00%	25.40%	25.40%
9	11 月 11 日—11 月 22 日	18.00%	13.50%	9.00%
10	11 月 24 日—12 月 4 日	36.63%	19.82%	26.45%
11	12 月 7 日—12 月 21 日	32.85%	30.55%	32.58%
12	12 月 24 日—12 月 25 日	13.50%	36.00%	36.00%
13	12 月 28 日—12 月 31 日	29.50%	29.00%	28.10%
	全省平均	38.00%	29.32%	29.42%

（兰杰、朱丽娅、冯琨、马小荣）

第26章 黑龙江省2016年预报评估

1 概况

黑龙江省，简称黑，省会哈尔滨，位于中国东北部，是中国位置最北、纬度最高的省份，西起121°11′，东至135°05′，南起43°26′，北至53°33′，东西跨14个经度，南北跨10个纬度。北、东部与俄罗斯隔江相望，西部与内蒙古自治区相邻，南部与吉林省接壤。全省土地总面积47.3万km²（含加格达奇和松岭区），居全国第6位。边境线长2 981.26 km，是亚洲与太平洋地区陆路通往俄罗斯和欧洲大陆的重要通道，是中国沿边开放的重要窗口。

黑龙江省地貌特征为"五山一水一草三分田"。地势大致是西北、北部和东南部高，东北、西南部低，主要由山地、台地、平原和水面构成。西北部为东北—西南走向的大兴安岭山地，北部为西北—东南走向的小兴安岭山地，东南部为东北—西南走向的张广才岭、老爷岭、完达山脉。兴安山地与东部山地的山前为台地，东北部为三江平原（包括兴凯湖平原），西部是松嫩平原。黑龙江省山地海拔高度大多在300～1 000 m之间，面积约占全省总面积的58%；台地海拔高度在200～350 m之间，面积约占全省总面积的14%；平原海拔高度在50～200 m之间，面积约占全省总面积的28%。有黑龙江、松花江、乌苏里江、绥芬河等多条河流；有兴凯湖、镜泊湖、五大连池等众多湖泊。

黑龙江省属于寒温带与温带大陆性季风气候。全省从南向北，依温度指标可分为中温带和寒温带。从东向西，依干燥度指标可分为湿润区、半湿润区和半干旱区。全省气候的主要特征是春季低温干旱，夏季温热多雨，秋季易涝早霜，冬季寒冷漫长，无霜期短，气候地域性差异大。黑龙江省的降水表现出明显的季风性特征。夏季受东南季风的影响，降水充沛，冬季在干冷西北风控制下，干燥少雨。

黑龙江省是中国重要的粮食和工业原材料基地，同时也是重要的航天科技、重工业研发基地。黑龙江省粮食生产结构中有与国家粮食安全密切相关的玉米、稻谷和大豆等三大作物，都占据重要地位。黑龙江省为国家建设提供了不可缺少的石油、木材、粮食、煤炭等重要战略物资。

2 空气污染概况

2.1 黑龙江省空气质量现状

黑龙江省 13 个地级城市环境空气质量状况总体是比较好的，以 2016 年为例，全省各地空气质量日均值指数为优的天数比例为 48.6%，良为 42.9%，轻度污染为 6.3%，中度污染为 1.5%，重度污染为 0.6%，严重污染为 0.1%。其中，优良累计超过 90.0%（为 91.5%），重度及以上污染天数比例不足 1.0%（为 0.7%）。

按照评价标准评估达标情况，地级市中，齐齐哈尔、鸡西、鹤岗、双鸭山、伊春、佳木斯、黑河、绥化和大兴安岭等 9 个（69.2%）地市达标天数比例超过 90%，其中黑河市达标天数比例最高，达到 98.6%；大庆、牡丹江和七台河等 3 个（23.1%）城市达标天数比例在 80%～90% 之间；只有哈尔滨 1 个（7.7%）城市达标天数比例小于 80%，见图 26-1、图 26-2。

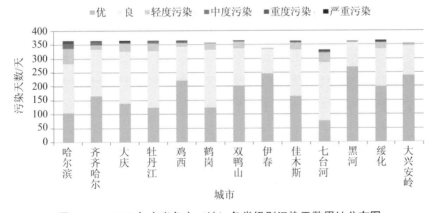

图 26-1　2016 年全省各市（地）各类级别污染天数累计分布图

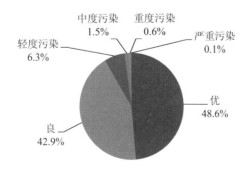

图 26-2　2016 年全省各类级别污染天数比例分布图

2.2　黑龙江省大气污染物特征

黑龙江省大气污染物主要以颗粒物（$PM_{2.5}$、PM_{10}）为主。2016 年，全省各地发生轻度以上空气污染时，颗粒物（$PM_{2.5}$、PM_{10}）为首要污染物的平均天数占比为 86.6%，O_3-8 h 为首要污染物的平均天数占比为 12.05%（绝大多数为轻度污染）。

最新研究表明燃煤烟尘污染对 PM_{10} 和 $PM_{2.5}$ 贡献最大。根据全省 13 个城市 PM_{10}、$PM_{2.5}$ 源解析结果统计中看到，对 PM_{10} 和 $PM_{2.5}$ 贡献最大的污染源均为固定源中的燃煤烟尘污染，分担率分别为 27.7%（大庆）～36.1%（伊春）和 29.8%（大庆）～39.3%（七台河），哈尔滨分别为 31.0% 和 36.0%，采暖季分担率显著高于非采暖季；开放源（土壤风沙尘、道路尘、建筑尘、城市扬尘等）分担率分别为 14.5%（哈尔滨）～25.4%（牡丹江）和 4.8%（哈尔滨）～20.0%（绥化），非采暖季分担率显著高于采暖季；移动源中的机动车尾气分担率分别为 12.3%（大兴安岭）～16.9%（哈尔滨）和 13.9%（伊春）～18.0%（哈尔滨），采暖季分担率稍高于非采暖季；生物质燃烧源分担率分别为 4.1%（哈尔滨）～9.2%（大兴安岭）和 5.4%（哈尔滨）～9.7%（大兴安岭），采暖季分担率显著高于非采暖季。

总体来看，全省 13 个城市采暖季燃煤源对 PM_{10} 和 $PM_{2.5}$ 的分担率和贡献浓度均远高于非采暖季；采暖季机动车、生物质的分担率略高于非采暖季，贡献浓度高于非采暖季；采暖季扬尘、土壤尘、硫酸盐、硝酸盐等的分担率均低于非采暖季，但是工业源、硫酸盐、硝酸盐等的贡献浓度均高于非采暖季。

3　模式发展和使用情况

黑龙江省环境监测中心站预报预警中心空气质量预报预警平台于 2015 年初步搭建完成，期间经历了模式本地化调整和测试，2016 年 4 月模式调试完成。模式系统相关的建设内容主要包括：一套高性能计算集群系统，其中含管理、应用、计算、存储等硬件节点。建设了空气质量模型及配套系统，包含操作系统及核心模型、整合排放源清单（由清华大学采用点源耦合方式逐步更新，利用了 2013—2014 年环统、普查数据，源种类包括工业、热电、交通、居民等四大类，分析过程还包括二次生成污染物）、中尺度气象模型 WRF、自动化业务平台、动力统计预报系统、预报产品生成系统。该套服务器集群系统浮点运算能力，能够满足目前模型运行的资源要求，模型运行比较稳定。根据现有软硬件条件、人员能力及实际需求，预报预警中心初步建立了业务预报工作方法路线，开展未来 3 天空气质量预报。

中心数值预报系统目前采用的是中科院 NAQPMS 模式与 CMAQ 模式集合数值预报

系统，统计模型采用动力统计模型。该系统是空气质量预报预警平台的核心，它在排放清单空间化和气象预报数据的基础上，通过空气质量模型计算出未来一段时间内空气中各种污染物的浓度，结合后处理和业务处理流程，生产各种预报产品和预报分析产品。

4 预报效果评估

黑龙江省根据下垫面、产业结构、人口及局地污染特征将全省辖区分成四个预报区，具体预报地理范围包括：西北部（大兴安岭、黑河、伊春等城市大部分辖区）、东北部（佳木斯、鹤岗、七台河、双鸭山等城市大部分辖区）、西南部（齐齐哈尔、大庆、哈尔滨、绥化等城市大部分辖区）、东南部（牡丹江、鸡西等城市大部分辖区）。对结果的评估也主要根据四个区域实际监测情况和预测情况进行比较分析。

4.1 评估指标

根据本书第 7 章关于预报评估层级划定方法，黑龙江省区域空气质量预报效果主要从省级层面评估。区域污染过程界定方式为：区域内连片的 3 个及以上城市达到中度及以上污染。评估时间单位为自然日，评估时段包括 24 h、48 h 和 72 h。对于模式和人工订正评估指标主要采用区域城市等级准确率平均 G_{CD}（式 8.1），对于重污染过程订正预报结果评估指标主要采用区域首要污染物准确率 Q_{SW}（式 8.2）、区域污染过程准确率 Q_G（式 8.3）、区域污染过程预报持续时间覆盖率 Q_{SF}（式 8.7）、区域污染过程预报空间范围覆盖率 Q_{KF}（式 8.8）、区域整体等级准确率 Q_{ZD}（式 8.9）。以上评估指标的定义与本书第 8 章有关内容一致。

4.2 模式预报评估

由于系统调试，系统多模式预报自动评估模块于 2016 年 4 月开始运行，根据自动评估模块自 2016 年 4 月至 12 月的评估结果，模式预报 24 h、48 h、72 h 区域城市等级准确率平均 GCD 分别为：76.87%、76.60%、75.51%，见图 26-3。

4.3 人工订正预报级别准确率评估

2016 年全年，经人工订正后，发布全省四个区域空气质量预报信息 366 期，其中 24 h 预报结果的区域城市等级准确率平均 G_{CD} 为 83.33%；48 h 预报结果的区域城市等级准确率平均 G_{CD} 为 83.13%；72 h 预报结果的区域城市等级准确率平均 G_{CD} 为 82.58%。通过人工订正，预报结果准确率比模式预报结果准确率有所提高，见表 26-1。

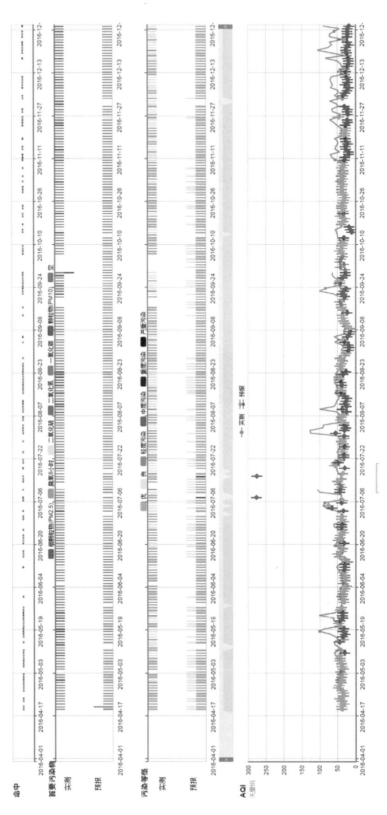

图 26-3　预报系统多模式预报自动评估模块

表 26-1　2016 年全省区域城市等级预报准确率平均 G_{CD} 值

项　目	24 h 预报结果	48 h 预报结果	72 h 预报结果
区域城市等级准确率平均 G_{CD}	83.33%	83.13%	82.58%

对于 2016 年 11 月 4 日—2017 年 12 月 2 日的区域污染过程，24 h 区域首要污染物准确率 Q_{SW} 为 100%，区域污染过程准确率 Q_G 为 84%，区域污染过程预报持续时间覆盖率 Q_{SF} 为 73.33%，区域污染过程预报空间范围覆盖率 Q_{KF} 为 85%，区域整体等级准确率 Q_{ZD} 为 84%。48 h 区域首要污染物准确率 Q_{SW} 为 100%，区域污染过程准确率 Q_G 为 70%，区域污染过程预报持续时间覆盖率 Q_{SF} 为 65%，区域污染过程预报空间范围覆盖率 Q_{KF} 为 85%，区域整体等级准确率 Q_{ZD} 为 70%。72 h 区域首要污染物准确率 Q_{SW} 为 100%，区域污染过程准确率 Q_G 为 66%，区域污染过程预报持续时间覆盖率 Q_{SF} 为 50%，区域污染过程预报空间范围覆盖率 Q_{KF} 为 85%，区域整体等级准确率 Q_{ZD} 为 67%。以上结果见表 26-2。

表 26-2　2016 年特定时段区域过程预报各参数评估表

评估时段：2016 年 11 月 4 日—2017 年 12 月 2 日	预报总天数：28	区域重污染次数：3	区域污染总天数：9
评估指标	24 h	48 h	72 h
区域首要污染物准确率 Q_{SW}	100%	100%	100%
区域污染过程准确率 Q_G	84%	70%	66%
区域污染过程预报持续时间覆盖率 Q_{SF}	73.33%	65%	50%
区域污染过程预报空间范围覆盖率 Q_{KF}	85%	85%	85%
区域整体等级准确率 Q_{ZD}	84%	70%	67%

全年评估结果显示，预报等级偏高的现象出现比较多，预报等级偏高出现系统性并且时间上有季节性，特别是冬季经常出现预报等级偏高的情况。预报等级偏低的现象分布比较分散，趋势较弱，有一定随机性。结果见图 26-4、图 26-5。

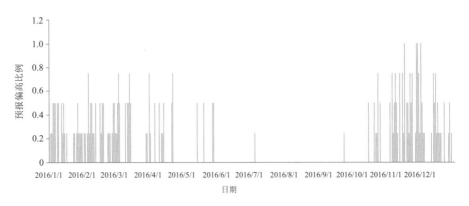

图 26-4　2016 年全省区域空气质量预报（24 h）单日预报等级偏高比例时间分布图

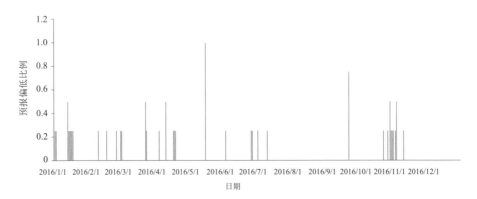

图 26-5　2016 年全省区域空气质量预报（24 h）单日预报等级偏低比例时间分布图

4.4　首要污染物预报准确性

在日常预报中，重点对轻度及以上程度空气污染进行首要污染物进行预测。根据黑龙江省大气污染特征，确定细颗粒物 $PM_{2.5}$ 为重点关注的污染物种类，在全年除夏季、春末及秋初空气质量为优至良的日期和少数其他首要污染物的日期外，在污染过程集中的冬季预报信息中均包括首要污染物 $PM_{2.5}$，细颗粒物 $PM_{2.5}$ 的预报准确率 Q_{SW} 超过 80%。

4.5　过程预报准确性总体评价

2016 年全年，黑龙江省针对可能发生重污染过程的时间段，编写了 3 次重污染过程预测专报，3 篇过程预测专报中预测的重污染过程起止时间与实际发生情况基本相符，11 月 4 日准确预测发生持续 48 h 以上重度污染的过程；12 月 16—17 日预测出南部及东部个别城市发生重污染的可能性；12 月 30 日针对元旦期间的专报中预测到可能出现重污染的 6 个城市均在相应时段发生了重度及重度以上的污染过程，见表 26-3。通过综合分析研判各类气象条件，积累污染源排放规律的相关经验，加之针对多模式空气质量预报系统的预测结果进行人工订正，预报工作对过程预报效果较好，基本抓住了重污染过程的发生发展趋势，为决策制定提供了良好的技术支撑。

表 26-3　重污染过程评估表

序号	持续时间/天			开始时间			污染范围			污染程度			结论
	预报	实况	评估	预报	实况	评估	预报	实况	评估	预报	实况	评估	
1	1	2	基本准确	11.04	11.04	准确	哈尔滨大庆绥化	哈尔滨大庆绥化	准确	中重—中重	重严—中重	基本准确	准确
2	4	4	基本准确	12.17	12.18	准确	南部东部	南部东部	准确	中重—中重	中重—中重	准确	准确
3	4	3	基本准确	12.30	12.31	准确	南部东部	南部东部	准确	中重—中重	中重—中重	准确	准确

（王国梁）

第27章 江苏省2016年预报评估

1 概况

江苏省位于中国东部沿海的中部，江淮下游，黄海之滨，总面积 10.72 万 km^2，占全国总面积的 1.12%。全省气候温和，土壤肥沃，物产丰饶，素有"鱼米之乡"的美誉。江苏省处于亚热带向暖带过渡地带，以淮河、苏北灌溉总渠一线为界，以北属暖温带湿润、半湿润季风气候，以南属亚热带湿润季风气候，气候温和，雨量适中，光热充沛，四季分明，自然环境优越，气候资源丰富。江苏过境水资源丰沛，是本地水资源量的 30 倍，为江苏省开发利用提供了得天独厚的条件，但本地水资源不足。京杭大运河贯通南北，长江横贯东西，境内山水平原错落，河流湖泊纵横，平原水域面积占比居全国首位。江苏省管辖海域为黄海南部及东海的最北端海域，共有海岛 26 个，管辖海域面积为 3.75 万 km^2。海洋自然资源主要包括港口、生物、滩涂和海洋能等。

2 空气污染概况

2016 年，江苏省 13 个地级市环境空气质量均未达到二级标准要求。与 2015 年相比，全省环境空气质量总体有所改善，全省空气质量达标率为 70.2%，同比上升 3.4 个百分点，空气中主要污染物浓度均有不同程度下降或保持稳定，其中 $PM_{2.5}$ 年均浓度较 2015 年下降 12.1%，较 2013 年下降 30.1%，达到国家提出的"在 2013 年基础上下降 13%，同时比 2015 年下降 3%"的目标要求。

2.1 城市空气

2016 年江苏省环境空气中 $PM_{2.5}$、PM_{10}、SO_2、NO_2 年均浓度分别为 51 μg/m³、86 μg/m³、21 μg/m³ 和 37 μg/m³；CO 和 O_3 按年评价规定计算，浓度分别为 1.7 mg/m³ 和 165 μg/m³。与 2015 年相比，$PM_{2.5}$、PM_{10}、O_3 和 SO_2 浓度分别下降 12.1%、10.4%、1.2% 和 16.0%，NO_2 和 CO 浓度保持稳定。

按照《环境空气质量标准》（GB 3095—2012）二级标准进行年评价，13 个市环境空气质量均未达标，超标污染物为 $PM_{2.5}$、PM_{10}、O_3 和 NO_2。其中，13 市 $PM_{2.5}$ 均超标；除南通市外，其余 12 市 PM_{10} 均超标；苏南 5 市、苏中的南通和扬州以及苏北的淮安共 8 市臭氧超标；南京、无锡、徐州、常州和苏州 5 市二氧化氮超标。

按日评价，13 市达标率范围为 65.0%～77.9%，见图 27-1。

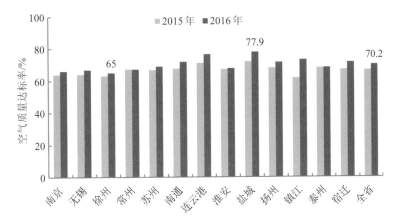

图 27-1　2016 年全省及各设区市环境空气质量达标率与 2015 年比较

2016 年，按照省政府发布的《江苏省重污染天气应急预案》，全省共发生 11 次重污染天气过程，全省共发布蓝色预警 10 次，黄色预警 1 次。

2.2　酸雨

江苏省各设区市酸雨平均发生率为 18.8%，降水年均 pH 值为 5.61，酸雨年均 pH 值为 4.98。南京、无锡、常州、苏州、南通、淮安、扬州、镇江和泰州 9 市监测到不同程度的酸雨污染，酸雨发生率范围为 0.3%～37.2%。徐州、连云港、盐城和宿迁 4 市未采集到酸雨样品。

与 2015 年相比，全省酸雨平均发生率下降 9.5 个百分点，降水酸度和酸雨酸度分别减弱 4.5% 和 2.3%。

3　模式发展和使用情况

江苏省环境监测中心于 2014 年建成覆盖省域及 13 个市的重污染天气预报预警系统，并在江苏环保网（www.jshb.gov.cn）上发布未来 24 h 分时段城市空气质量预报，未来 48 h 全省区域空气质量预报，遇到重污染天气时发布重污染天气预警。2015 年 9 月，江苏省与中国环境监测总站全国和长三角区域环境空气质量预报平台实现数据联网，

2016 年 3 月，依托"江苏省重污染天气监测预报预警"平台，江苏省开始发布未来 5 天区域空气质量预报，13 个市陆续建成本地化空气质量预报系统，当年 11 月底，13 个市发布未来 5 天的城市预报，NAQPMS 等空气质量数值预报模式还能够每日提供 27 km×27 km 地面网格条件下未来 7 天的空气质量预报结果，给各市技术人员发布预报（以下简称"人工预报"）提供重要的预报参考。

江苏省重污染天气监测预报预警系统由数据管理、模式处理、分析与展示、预报发布子系统构成：数据管理系统将大气环境质量监测、污染源、气象及遥感数据采集交换至系统内；模式处理系统将气象数据、排放源数据、空气质量数据空间场输入至 NAQPMS、CMAQ、CAMx、WRF-Chem 等预报模式中，实现全省网格化空气质量预报信息发布；分析与展示系统包括气象数据、遥感数据、排放源清单数据、模式数据、污染减排情景模拟和污染溯源等，实现多维数据关联、信息图形化和 GIS 展示；预报管理系统包括预报制作、评估、发布和预警等模块；该系统数据存储量为 372TB，共配置中科曙光提供的计算刀片 50 个，运算内存达 4TB。

4　评估指标

4.1　区域预报评估指标

按照第 7 章有关区域层级划分的界定，江苏省区域预报评估属于省级层级。评估指标定义选用区域城市等级准确率平均 Q_{CD}（式 8.1）和区域首要污染物准确率 Q_{SW}（式 8.2）作为常规业务评估指标。其中，江苏省的模式和人工修订的结果都为具体的 AQI 数值，首先由 AQI 数值得到空气质量等级，如果预报和实况一致，则认为空气质量等级准确，或者当预报和实况的 AQI 差值在 20 以内时，也认为空气质量等级准确，否则空气质量等级不准确。对于首要污染物的预报，当预报与实况一致时，认为预报准确；当实况中有一种首要污染物，预报有两种首要污染物，且其中一种与首要污染物一致时，也认为预报准确，其他情况认为预报不准确。

4.2　区域重污染过程预报评价指标

区域污染过程则以区域污染过程准确率 Q_G（式 8.3）、区域污染过程漏报率 Q_L（式 8.6）、区域污染过程预报持续时间覆盖率 Q_{SF}（式 8.7）、区域污染过程预报空间范围覆盖率 Q_{KF}（式 8.8）和区域整体等级准确率 Q_{ZD}（式 8.9）作为评估指标。

江苏省域重污染过程是指，全省至少有 3 个及以上城市，发生持续 1 天的重度及以上污染天气，其中重污染过程的起始时间从有城市开始出现轻中度污染计，结束时间到没有城市出现重度污染为止。

4.2.1 持续时间

重污染过程从起始到结束之间的天数如果与预报的天数差距在一天以内（包括一天），即认为预报准确。如果差距达到两天，即认为预报基本准确。如果差距达到三天及以上，即认为预报不准确。

4.2.2 开始时间

重污染过程开始时，如果城市出现轻中度及以上污染的时间与预报时间一致，既认为预报准确。如果预报发生时间提前或滞后 1 天，即认为预报基本准确。如果预报发生时间提前或滞后 1 天以上，即认为预报不准确。

4.2.3 污染范围

预报的分区中，如果出现重度及以上污染城市所在区域达到预报分区的 50%及以上，即认为预报准确。如果出现重度及以上污染城市所在区域不到预报分区的 50%，即认为预报基本准确。如果出现重度及以上污染城市不在预报分区中，即认为预报不准确。

4.2.4 污染程度

如果污染变化过程与实况基本一致，且预报的污染日均峰值情况也准确，即认为预报准确。如果仅达到其中 1 个条件，即认为预报基本准确。如果 2 个条件都没有达到，即认为预报不准确。

4.2.5 评估结论

3～4 个指标评估准确，且其他指标没有不准确的情况，即认定此次过程预报准确。1～2 个指标评估准确，且其他指标没有不准确的情况，即可认定此次过程基本准确。其他情况认定不准确。

5 业务预报评估结果

选取 2016 年 1 月、4 月、7 月和 10 月，进行 24 h 区域预报的评估。评估对象为 NAQPMS、CMAQ、CAMx、WRF-Chem 模式和人工修订。NAQPMS 级别准确率的平均值为 56.82%，其中 10 月份最高（76.92%），1 月份最低（38.21%）。CMAQ 级别准确率的平均值为 65.29%，4 月份最高（72.82%），其他月份也达到了 60%以上。CAMx 级别准确率的平均值为 65.34%，与 CMAQ 相似，4 月份最高（71.54%），7 月和 10 月都超过了 65%以上。WRF-Chem 级别准确率的平均值为 57.70%，与 NAQPMS 类似，10 月份最高（76.18%）。人工修订结果结合了预报员的经验，其级别准确率明显好于单纯的模式预报，人工修订的级别准确率的平均值为 78.45%，10 月份最高（90.32%），7 月份最低（64.28%）。秋季（10 月份）的天气形势比较稳定，通过对近期污染状况和天气形势的分析，预报员可以显著提高空气质量预报的准确率。夏季（7 月份）的太阳辐射强，臭氧容易超标，并且天气变化快，模式预报和人工修订的准确率相差不大。

模式预报的首要污染物准确率普遍偏低，经过人工修订，除了 10 月份，首要污染物准确率显著提高，其中 1 月份（79.40%）和 7 月份（63.52%）的准确率明显高于 4 月份（38.72%）和 10 月份（39.70%）。冬季，静稳天气较多，首要污染物以 $PM_{2.5}$ 为主；夏季，太阳辐射强，首要污染物以 O_3-8 h 为主。

从 2016 年全年来看，人工修订的结果依然优于单纯的模式结果，2016 年人工修订的级别准确率为 72.49%，首要污染物准确率为 60.07%。四个模式中 CMAQ 和 CAMx 的预报结果要优于 NAQPMS 和 WRF-Chem 的预报结果，见表 27-1～表 27-6。

表 27-1　NAQPMS-24 h 区域预报准确率　　　　　单位：%

月份 统计项	1 月	4 月	7 月	10 月	平均值
区域城市等级准确率平均 Q_{CD}	38.21	54.36	57.82	76.92	56.82
区域首要污染物准确率 Q_{SW}	74.19	18.21	27.54	46.90	41.71

表 27-2　CMAQ-24 h 区域预报准确率　　　　　单位：%

月份 统计项	1 月	4 月	7 月	10 月	平均值
区域城市等级准确率平均 Q_{CD}	66.50	72.82	60.05	61.79	65.29
区域首要污染物准确率 Q_{SW}	70.72	32.56	40.45	31.02	43.69

表 27-3　CAMx-24 h 区域预报准确率　　　　　单位：%

月份 统计项	1 月	4 月	7 月	10 月	平均值
区域城市等级准确率平均 Q_{CD}	56.08	71.54	65.51	68.24	65.34
区域首要污染物准确率 Q_{SW}	74.44	31.79	41.44	38.71	46.60

表 27-4   WRF-Chem-24 h 区域预报准确率   单位：%

月份 统计项	1 月	4 月	7 月	10 月	平均值
区域城市等级准确率平均 Q_{CD}	46.90	46.41	61.29	76.18	57.70
区域首要污染物准确率 Q_{SW}	64.27	12.31	32.01	49.63	39.56

表 27-5   人工修订-24 h 区域预报准确率   单位：%

月份 统计项	1 月	4 月	7 月	10 月	平均值
区域城市等级准确率平均 Q_{CD}	77.42	81.79	64.28	90.32	78.45
区域首要污染物准确率 Q_{SW}	79.40	38.72	63.52	39.70	55.34

表 27-6   江苏省常规业务人工/模式预报评估结果表

	评估时段：2016 年 1 月 1 日— 12 月 31 日	预报总天数： 366	区域污染次数： 8	区域污染 总天数：27
	评估指标	24 h	48 h	72 h
人工修订	区域城市等级准确率平均 Q_{CD}	72.49%	—	—
	区域首要污染物准确率 Q_{SW}	60.07%	—	—
NAQPMS	区域城市等级准确率平均 Q_{CD}	56.26%	—	—
	区域首要污染物准确率 Q_{SW}	43.32%	—	—
CMAQ	区域城市等级准确率平均 Q_{CD}	66.16%	—	—
	区域首要污染物准确率 Q_{SW}	49.08%	—	—
CAMx	区域城市等级准确率平均 Q_{CD}	64.08%	—	—
	区域首要污染物准确率 Q_{SW}	50.65%	—	—
WRF-Chem	区域城市等级准确率平均 Q_{CD}	54.52%	—	—
	区域首要污染物准确率 Q_{SW}	37.56%	—	—

6   污染过程预报评估结果

2016 年江苏共发生 8 次省域重污染过程，均为 $PM_{2.5}$ 污染过程，大部分发生在 1 月和 12 月。在 2016 年的重污染预报工作中，起始时间预报准确 7 次，晚报 1 次，有 2 次的污染程度预报不准确，区域污染预报空间覆盖率偏低。江苏省预报员对于重污染过程的持续时间和开始时间的预报能力较强，对污染强度的变化和峰值情况的预报能力尚有不足。在大多数情况下，预报员都低估了污染的程度，这是区域污染预报空间覆盖率低的主要原因。需要不断改进数值模式，提高模式对重污染过程的预报能力，并且进一步评估模式，让预报员更了解模式在不同条件下的可信度，见表 27-7 和表 27-8。

表 27-7　重污染过程评估

序号	持续时间			开始时间			污染范围			污染程度			结论
	预报	实况	评估	预报	实况	评估	预报	实况	评估	预报	实况	评估	
1	4天	4天	准确	1.1	1.1	准确	全省13市	全省13市	准确	①轻中—中重②1.4 中重	②轻中—中重②1.4 重	基本准确	准确
2	4天	4天	准确	1.7	1.7	准确	苏北	苏北	准确	①轻中—中重②1.10 中重	②轻中—中重②1.10 中重	准确	准确
3	4天	4天	准确	2.2	2.2	准确	苏北	苏北	准确	①轻中—中重②2.5 中重	②轻中—中重②2.5 中重	准确	准确
4	3天	3天	准确	3.2	3.2	准确	苏中	苏中	基本准确	①良轻—轻中②3.4 中重	①良轻—中重②3.4 中重	不准确	不准确
5	2天	3天	准确	11.13	11.12	基本准确	苏北、苏中	苏北、苏中	基本准确	①轻②11.14 轻重	①良轻—轻重②11.14 轻重	基本准确	基本准确
6	2天	2天	准确	12.7	12.7	准确	苏北	苏北、苏中	基本准确	①良轻—轻中②12.8 中重	①良轻—中重②12.8 中重	基本准确	基本准确
7	4天	4天	准确	12.15	12.15	准确	苏北	苏北	准确	①轻中—中重②12.18 中重	轻中—中重②12.18 中重	准确	准确
8	3天	3天	准确	12.29	12.29	准确	苏北	苏北	基本准确	①良轻—轻中②12.31 轻中	①良轻—中重②12.31 中重	不准确	不准确

表 27-8　2016 年区域污染过程评估汇总表

评估时段：2016 年 1 月 1 日—12 月 31 日	预报总天数：366	区域污染次数：8	区域污染总天数：27
评估指标	24 h	48 h	72 h
区域污染过程准确率 Q_G	87.5%	—	—
区域污染过程晚报率 Q_{GW}	12.5%	—	—
区域污染过程早报率 Q_{GZ}	0%	—	—
区域污染过程漏报率 Q_L	0%	—	—
区域污染过程预报持续时间覆盖率 Q_{SF}	96.3%	—	—
区域污染过程预报空间范围覆盖率 Q_{KF}	62.9%	—	—
区域整体等级准确率 Q_{ZD}	75.0%	—	—

（张璐、余进海）

第28章　浙江省2016年预报评估

1　概况

浙江省地处中国东南沿海长江三角洲南翼，东临东海，南接福建，西与江西、安徽相连，北与上海、江苏接壤。境内最大的河流钱塘江，因江流曲折，称之江，又称浙江，省以江名，简称"浙"，省会杭州。浙江省东西和南北的直线距离均为450 km左右，陆域面积10.18万 km^2，为全国的1.06%，是中国面积最小的省份之一。全省有杭州市、宁波市等2个副省级城市，温州、湖州、嘉兴、绍兴、金华、衢州、舟山、台州、丽水等9个地级市。

浙江地形复杂，山地和丘陵面积占全省总面积的70.4%，平原和盆地占23.2%，河流和湖泊占6.4%，有"七山一水二分田"之说。地势由西南向东北倾斜，大致可分为浙北平原、浙西丘陵、浙东丘陵、中部金衢盆地、浙南山地、东南沿海平原及滨海岛屿等六个地形区。

浙江地处亚热带中部，属季风性湿润气候，四季分明，光照充足，雨量充沛，是我国自然条件最优越的地区之一。

2　空气污染概况

浙江省位于长三角东南面，处于相对重污染次数偏少的地区，以2016年为例，全年只发生一次连片3个城市达重度污染的区域污染过程，具体见表28-1。

浙江省区域污染过程主要分 $PM_{2.5}$、O_3 污染两种。以 $PM_{2.5}$ 为主的污染过程，发生区域以浙北地区为主，如杭州、湖州、绍兴等，冬季为高发期，整个污染过程一般持续2～3天。区域污染以两种天气状况为主，一是受北方弱冷空气影响，有明显污染输送，污染带自北向南移动至浙中地区，受盆地地形影响，污染难以消散，浙中南污染持续较长时间；二是由浙中北均压场控制，扩散条件较差，本地积累引发区域污染。以 O_3 为主的区域污染，污染范围以浙北地区为主，其中湖州、嘉兴、杭州、绍兴较为突出，O_3

污染过程与颗粒物不同，受前体物浓度及 O_3 生成条件影响，易发生在 4—7 月、9—10 月，在高压中心控制，晴好天气，少云，紫外线指数较高，温度较高的情况下，易出现 O_3 区域污染。

表 28-1　2016 年设区市重污染以上过程以及对应 48 h 预报情况

日期	城市	AQI	首要污染物	污染等级	预报情况（48 h）
2016-01-03（周日）	绍兴	206	$PM_{2.5}$	重度污染	无
2016-01-04（周一）	杭州	222	$PM_{2.5}$	重度污染	无
2016-01-04（周一）	绍兴	204	$PM_{2.5}$	重度污染	无
2016-01-18（周一）	杭州	206	$PM_{2.5}$	重度污染	80～100，$PM_{2.5}$
2016-01-18（周一）	湖州	216	$PM_{2.5}$	重度污染	无
2016-01-18（周一）	绍兴	203	$PM_{2.5}$	重度污染	无
2016-02-08（周一）	衢州	222	$PM_{2.5}$	重度污染	无
2016-03-06（周日）	杭州	216	$PM_{2.5}$	重度污染	101～120，$PM_{2.5}$

3　模式发展和使用情况

3.1　日常预报

浙江省大气多模式预报系统于 2014 年 8 月开始用于浙江省空气质量预报预警工作。在浙江省环境监测中心与全省各地市环境监测部门每日上午进行例行的空气质量预报预警会商工作中，使用包括浙江省空气质量数值预报系统的数值预报产品在内的多方面的信息和资料通过网络视频进行集体分析，评估浙江省空气质量未来 3 天的变化趋势，并在此基础上形成未来 3 天空气质量的预报结果，内容包括空气质量级别、首要污染物、预报 AQI 指数范围。

浙江省大气质量多模式预报系统运行在统一的计算平台和运行环境中，以 WRF/Chem、Models-3/CMAQ、CAMx 为核心模式构成 WRF-Chem、WRF-CMAQ、MM5-CMAQ、MM5-CAMx 预报组合，并基于四套模式组合的预报结果建立集成预报技术，整合不同模式的预报性能优势；在预报系统中同时建立在线过程分析技术和 O_3 与 $PM_{2.5}$ 来源的在线识别技术，实现对污染过程影响的分析和污染来源的量化。

在区域空气质量模式本地化的基础上，采用模块化设计、编程技术和网络技术实现全省预报场的自动下载、初始数据的自动预处理、空气质量模式的自动运行、预报的结果的后处理及产品的自动生成等功能。

多模式预报系统的构成框架见图28-1。

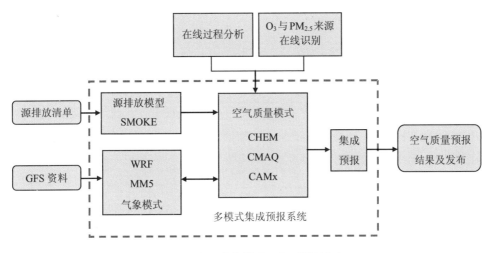

图 28-1　浙江省多模式预报系统的框架

3.2　重大活动保障

浙江省多模式预报系统基于大气重污染应急及空气质量保障污染控制决策及评估需求，针对 $PM_{2.5}$ 和 O_3 集成多种溯源技术手段，可实现气团来源概率分布预测、受体点潜在浓度贡献、追溯潜在源贡献特征、实现不同减排情景快速评估功能，提升时效性及可操作性，对 PSAT、OSAT 的区域及源的细化，提升针对性。

3.2.1　LPDM 快速溯源预报系统

快速溯源模型 LPDM 模式，是一种基于拉格朗日观点的中小尺度粒子扩散模式。假设在受体点释放一定量的粒子，随着粒子的后向扩散计算，可推出粒子可能的来源，以及粒子在每一个三维网格驻留的时间。基于高分辨率的气象数据，可以详细（网格尺度）计算污染来源地区，结合排放清单可以进一步给出各个网格各种污染源排放对所关注地区的贡献，同时，还可以快速给出不同应急减排措施下的减排效果，为有针对性的污染应急控制提供科学支撑。

3.2.2　重污染及重大活动支持系统

重大活动期间根据空气质量保障的需求，设立不同的减排情景，如不减排、仅浙江地区减排（不同的减排力度）、长三角区域联动减排等，根据设立的不同减排情景，通过预测模型模拟各种应用场景，调整排放清单中相关污染源的排放，生成对应的保障减排方案清单，将该清单输入到空气质量模式中，模拟保障措施实施后，对空气质量改善的影响，评估采取的应急措施是否能够实现预期目标，为保障决策提供技术支持。

4 评估指标

按照第 7 章有关区域层级划分的界定，浙江省区域预报评估属于省级层级。定义浙江省区域污染过程为 11 个城市超过 3 个城市达到轻度或以上污染，并有 3 个城市处于连片污染状态，且以污染自然日为最小评估单位，仅对 24 h 预报进行统计。评估指标定义选用区域城市等级准确率平均 Q_{CD}（式 8.1）作为常规业务评估指标。区域污染过程则以区域污染过程准确率 Q_G（式 8.3），区域污染过程漏报率 Q_L（式 8.6），区域污染过程预报持续时间覆盖率 Q_{SF}（式 8.7），区域污染过程预报空间范围覆盖率 Q_{KF}（式 8.8）和区域整体等级准确率 Q_{ZD}（式 8.9）作为评估指标，以上评估指标的定义与本书第 8 章的相关内容一致。

5 业务预报评估结果

选取 2016 年 1 月、4 月、7 月、10 月进行 24 h 区域预报的评估。对应上述月份的区域空气质量等级准确率 Q_{CD} 分别为 80.60%，88.79%，91.50%，93.55%，其中冬季 1 月份最低为 80.60%，秋季最高 93.55%。

由于 2016 年区域预报未针对每个分区进行单独的首要污染物预报，一般性描述以某种污染物为主，故不统计区域首要污染物预报准确率。

针对浙北、浙中西、浙南、浙东沿海地区 4 个区域的 24 h 级别准确率见表 28-2。从季节区分，秋季 10 月级别准确率最高，冬天 1 月级别准确率最低。从区域分析，浙南级别准确率相对较高达 96.77%，浙北及浙东沿海地区相对偏低，均为 92.69%。由于浙南地区相对清洁，不会受到冬季颗粒物污染输送或夏季臭氧高温污染影响，通常保持良，而浙北及浙东沿海地区，冬季易受均压场本地积累或冷空气过境外来输送影响，出现颗粒物较大幅度的变化，夏季由于副高控制，也易出现臭氧超标情况，区域预报难度较高。

对浙江省区域预报春夏秋冬分季节统计级别准确率见表 28-3，可以看出秋季 10 月准确率达 100%，1 月准确率为 90%，相对其他 3 个季节偏低，冬季的颗粒物区域污染过程，预报员还不能精准预报。统计冬季颗粒物重污染过程，主要以北方冷空气及本地均压场控制为主，从浙北平原顺势南下影响浙中西区域，再受浙中盆地地形影响，扩散较慢，形成整个区域污染。

表 28-2　浙江省区域预报 24 h 级别准确率 Q_{CD}

区域 ＼ 月份	1 月	4 月	7 月	10 月	平均值
浙北	87.10%	93.33%	96.77%	93.55%	92.69%
浙中西	87.10%	93.33%	96.77%	100.00%	94.30%
浙南	90.32%	100.00%	96.77%	100.00%	96.77%
浙东沿海地区	87.10%	93.33%	93.55%	96.77%	92.69%

表 28-3　浙江省区域 1 月、4 月、7 月、10 月级别准确率统计

月份 ＼ 统计目标	准确率	基本准确率	不准确率
1 月	90%	3%	6%
4 月	96.67%	3.33%	0.00%
7 月	96.77%	3.23%	0.00%
10 月	100.00%	0.00%	0.00%

6　污染过程预报评估结果

6.1　污染过程预报评估

2016 年浙江省共发生 9 次区域污染，其中 3 次过程预报的评估结论为准确，4 次过程预报的评估结论为基本准确，2 次过程预报不准确，准确率达到了 77.78%，见表 28-4。持续时间、开始时间、污染范围、污染程度 4 个评估指标中，准确率最低的指标为污染程度，准确率为 22.22%，基本准确率为 66.67%；准确率最高的指标为开始时间、污染范围，准确率达到 55.56%；持续时间准确率为 44.44%，见表 28-5。全省共有 2 名预报员，对于污染过程的影响范围和起始时间的预报能力较强，对污染强度的变化预报能力偏弱。

表 28-4　区域污染过程评估

序号	持续时间			开始时间			污染范围			污染程度			结论
	预报	实况	评估	预报	实况	评估	预报	实况	评估	预报	实况	评估	
1	7	6	准确	12月30日	12月30日	准确	浙北、浙中西、浙东沿海	浙北、浙中西、浙东沿海	准确	轻中—轻中重—轻中重	轻中—轻中重—轻中—中重	基本准确	准确
2	3	3	准确	1月7日	1月7日	准确	浙北、浙中西	浙北、浙中西	准确	良轻—轻中	轻—轻中	准确	准确
3	5	7	不准确	1月14日	1月13日	基本准确	浙北	浙北、浙东沿海	基本准确	良轻—轻中重—轻中—良轻	轻—轻中—中重—良轻	基本准确	基本准确
4	5	5	基本准确	2月3日	2月2日	基本准确	浙北、浙中西	浙北、浙中西	准确	良轻—轻中—良轻	轻—轻	基本准确	基本准确
5	6	7	基本准确	12月4日	12月4日	准确	浙北、浙中西、浙东沿海	浙北、浙中西、浙东沿海、浙南	基本准确	良轻中—轻—轻中—良轻	轻—轻中	基本准确	基本准确
6	4	4	准确	4月28日	4月28日	准确	浙北、浙中西	浙北、浙中西	准确	良轻—轻中—良轻	轻—轻	基本准确	准确
7	6	8	不准确	7月25日	7月23日	不准确	浙北、浙中西、浙东沿海	浙北、浙中西、浙东沿海	准确	良轻—轻中—良轻中	良轻—轻中—轻	准确	不准确
8	3	3	准确	8月23日	8月23日	准确	浙北、浙中西	浙北	基本准确	良轻—良轻	轻—轻中	基本准确	基本准确
9	2	4	不准确	8月30日	8月28日	不准确	浙北、浙中西、浙东沿海	浙北局部	不准确	良，局部轻	轻	不准确	不准确

表 28-5　区域污染过程预报各指标准确率统计

	准确率	基本准确率	不准确率
持续时间	44.44%	22.22%	33.33%
开始时间	55.56%	22.22%	22.22%
污染范围	55.56%	33.33%	11.11%
污染程度	22.22%	66.67%	11.11%
结论	33.33%	44.44%	22.22%

6.2　区域细颗粒物污染过程预报评估结果

2016 年浙江省共发生 5 次 $PM_{2.5}$ 区域污染过程，程度为轻度污染、轻度至中度污染两种，区域污染总天数为 28 天，由于未进行过区域污染过程预报，以下结果取自省环境监测站每日区域预报与实况比对后的计算结论，仅选取 24 h 预报做评估。区域污染起始时间准确率为 60%，预报时间覆盖率为 86%，预报空间覆盖率为 71.63%，见表 28-6。

表 28-6　PM$_{2.5}$区域污染过程预报评估

评估时段：2015 年 12 月 30 日—2016 年 12 月 31 日	预报总天数：26	区域污染次数：5	区域污染总天数：28
评估指标	24 h		
区域污染过程准确率 Q_G	60%		
区域污染过程晚报率 Q_{GZ}	40%		
区域污染过程早报率 Q_{GZ}	0%		
区域污染漏报率 Q_L	0%		
区域污染预报时间覆盖率 Q_{SF}	86%		
区域污染预报空间覆盖率 Q_{KF}	71.63%		

6.3　区域臭氧污染过程预报评估结果

2016 年浙江省共发生 4 次 O$_3$区域污染过程，程度为轻度污染、轻度至中度污染两种，区域污染总天数为 19 天。区域污染起始时间准确率为 50%，起始时间晚报率为 50%，漏报率为 0%，预报时间覆盖率为 78.95%，预报空间覆盖率为 59.13%，见表 28-7。

表 28-7　O$_3$区域污染过程预报评估

评估时段：2015 年 12 月 30 日—2016 年 12 月 31 日	预报总天数：15	区域污染次数：4	区域污染总天数：19
评估指标	24 h		
区域污染过程准确率 Q_G	50%		
区域污染过程晚报率 Q_{GZ}	50%		
区域污染过程早报率 Q_{GZ}	0%		
区域污染漏报率 Q_L	0%		
区域污染预报时间覆盖率 Q_{SF}	78.95%		
区域污染预报空间覆盖率 Q_{KF}	59.13%		

（徐圣辰、王晓元、田旭东）

第29章　安徽省2016年预报评估

1　概况

安徽地处长江、淮河中下游，长江三角洲腹地，居中靠东、沿江通海，东连江苏、浙江，西接湖北、河南，南邻江西，北靠山东，东西宽约 450 km，南北长约 570 km，土地面积 13.94 万 km²，占全国的 1.45%，居第 22 位。地跨长江、淮河、新安江三大流域，世称江淮大地。安徽省共设 16 个设区市，目前全省空气质量预报预警将全省划为 3 个区域，淮北、宿州、亳州、阜阳、蚌埠和淮南 6 个市为淮河以北区域，合肥、六安和滁州 3 个市为江淮之间区域，马鞍山、芜湖、铜陵、安庆、宣城、池州和黄山 7 个市为沿江江南区域。

安徽兼跨中国大陆南北两大板块，位置接近欧亚大陆板块与北太平洋板块的衔接之处，南北差异明显，矿产种类较多。地貌类型比较齐全，既有山地、丘陵，又有台地、平原。长江、淮河横贯安徽东西，形成平原、丘陵、山地相间排列的格局。北部平原坦荡，中间丘陵起伏，黄山、九华山逶迤于南缘，大别山脉雄峙于西部，形成安徽省地势西高东低、南高北低的特点。

安徽省位于欧亚大陆东部和太平洋西岸，虽属内陆省份，但距海较近，受季风气候影响非常明显，另外其处在亚热带向暖温带的过渡区域，气候表现出明显的过渡性。全省大致以淮河为界，北部为暖温带半湿润季风气候，南部为亚热带湿润季风气候，秋冬季节的冷空气经常南移至江淮之间区域后移动速度和强度会锐减，甚至会滞留在安徽中部区域，其中，强冷空气会南移至安徽南部，弱冷空气可能仅达淮北区域，所以以冷空气的污染清除效应随着冷空气强弱的变化差异很大，这些复杂因素都为安徽省空气质量预报带来很大的不确定性。

2　空气污染概况

2016 年全省平均优良天数比例为 74.3%，轻度污染、中度污染和重度以上污染天数比例分别为 18.9%、4.7% 和 2.1%。16 个市累计出现重污染天气 119 天，其中 116 天为重度污染，3 天为严重污染（亳州、池州和安庆各 1 天）。安徽省出现重污染过程的主要原因包括大气污染物排放总量居高不下、持续不利气象条件致使污染物快速累积、北方冷空气南下带来的区域性污染输送叠加以及特殊时段污染物排放等因素。

2.1 时间分布情况

全省空气污染物浓度有明显的季节变化特征，PM_{10} 和 $PM_{2.5}$ 平均浓度夏季最低，其次为春秋季，冬季浓度最高，其中，$PM_{2.5}$ 为重污染天气的主要污染物。O_3 浓度夏季最高，冬季最低。全省污染天数中首要污染物为 $PM_{2.5}$ 的占比为 77.0%，首要污染物为 O_3 的占比为 19.8%。

2.2 空间分布情况

淮河以北和江淮之间区域的城市污染平均天数高于沿长江江南区域，皖北和沿长江污染相对较重，其中皖北城市与河南南部、山东南部和徐州污染水平相当，而黄山作为旅游风景区，全年共出现 10 天污染天，显著低于其他城市。

3 模式发展和使用情况

为实现对环境空气质量的预报预警和污染来源解析诊断，安徽省环境监测中心站于 2014 年年底开始筹备建设空气质量监测预警与决策支持平台。目前，安徽省空气质量预报系统集数值预报系统、统计模型预报、多模式集合预报于一体，用于发布当日及未来 5 天的安徽及周边区域空气质量状况并服务于环境管理决策。其中，数值预报系统采用了 4 种空气质量模型（NAQPMS、CMAQ、CAMx、WRF-Chem）。数值模式计算时首先由 GFS 数据驱动 WRF 生成气象场，SMOKE 编译制作三维网格化排放源清单，气象场和源清单作为输入数据驱动 4 种数值预报模式，进行空气质量预报。主要预报产品列表见表 29-1。

表 29-1　预报系统主要产品列表

业务模式	产品名称	时空分辨率	预报时效
WRF	全要素气象场预报产品	逐小时，27、9、3 km	08 时预报未来 5 天
	6 种气象要素站点预报产品（风速、风向、气温、相对湿度、气压和降水量）	逐小时，68 个站点	
	6 种气象要素整场预报产品（风速、风向、气温、相对湿度、气压和降水量）	逐小时，27、9、3 km	

业务模式	产品名称	时空分辨率	预报时效
CMAQ	6 种污染物站点预报产品（SO₂、NO₂、PM₁₀、PM₂.₅、CO、O₃）	逐小时，68 个站点	
	6 种污染物整场预报产品（SO₂、NO₂、PM₁₀、PM₂.₅、CO、O₃）	逐小时，27、9、3 km	
CAMx	6 种污染物站点预报产品（SO₂、NO₂、PM₁₀、PM₂.₅、CO、O₃）	逐小时，68 个站点	
	6 种污染物整场预报产品（SO₂、NO₂、PM₁₀、PM₂.₅、CO、O₃）	逐小时，27、9、3 km	08 时预报未来 5 天
WRF-Chem	6 种污染物站点预报产品（SO₂、NO₂、PM₁₀、PM₂.₅、CO、O₃）	逐小时，68 个站点	
	6 种污染物整场预报产品（SO₂、NO₂、PM₁₀、PM₂.₅、CO、O₃）	逐小时，27、9、3 km	
NAQPMS	6 种污染物站点预报产品（SO₂、NO₂、PM₁₀、PM₂.₅、CO、O₃）	逐小时，68 个站点	
	6 种污染物整场预报产品（SO₂、NO₂、PM₁₀、PM₂.₅、CO、O₃）	逐小时，27、9、3 km	

目前，安徽省预报预警系统统一管理省域空气质量预报员、省环境气象预报员和各市预报员，实现所有气象资料、空气质量数据和预报数据产品等预报资源的实时共享，利用系统业务化平台生成区域和城市预报产品。安徽省重污染天气预报预警中心和省环境气象中心紧密合作，联合建立了《安徽省环境空气质量分区域预报工作流程》《安徽省重污染天气预警预报工作流程》和《安徽省环境空气质量预报预警会商工作流程》等工作流程，为预报员日常工作提供了操作规范和指南，在联合预报工作组织建设和预报预警业务工作机制建设等方面都取得了重要进展。每日的空气质量预报信息通过生态环境厅官网、省气象局官网等途径同步对外发布。

4 评估指标

按照淮河以北、江淮之间和沿长江江南三个区域，进行空气质量分区域预报评估。

（1）安徽省区域预报评估属于省级评估内容，评估指标选用第 8 章定义的主要参数等作为省域评估指标，如区域城市等级准确率平均 Q_{CD}（式 8.1）、区域首要污染物准确率 Q_{SW}（式 8.2）、区域污染过程早报率 Q_{GZ}（式 8.4）、区域污染过程晚报率 Q_{GW}（式 8.5）、区域污染过程漏报率 Q_L（式 8.6）、区域污染过程预报持续时间覆盖率 Q_{SF}

（式 8.7）、区域污染过程预报空间范围覆盖率 Q_{KF}（式 8.8）、区域整体等级准确率 Q_{ZD}（式 8.9）。

（2）按照不同等级空气质量天数比例分权重综合评估。为了消除不同空气质量天数比例差距过大造成的预报难易度差异，可以定义每个城市（或预报员）的得分 d 来评价 AQI 范围预报或者等级预报准确率的大小，计算如下：

$$预报水平得分 \, d = \left(\sum_{i=1}^{n} b_i \right) / n - p \times c / a$$

式中：i 为评价对象的实况空气质量级别数（优 1–严重污染 6）；n 为评价对象空气质量级别总数；b_i 为空气质量 i 级别下预报准确天数/i 级别的实况天数；c 为缺报天数；有效预报天数 a=评价周期天数–缺报天数；p 为惩罚系数，这里全部暂定为 1，可以按照推荐表 29-2。

表 29-2　惩罚系数推荐表

评价周期内缺报次数	1～2	3～4	5～7	大于 7 次
p	1	2	5	10

5　业务预报评估结果

5.1　模式预报结果实时评估

对 CMAQ、CAMx、NAQPMS 和 WRF-Chem 等数值模式预报的小时、日均值结果（未来 5 天）在站点、城市尺度上进行评估，评价指标包含相关系数、平均误差、标准化分数偏差和标准化平均误差等。

目前，安徽省预报预警系统可以实现对不同时段（任意小时或者天数）、不同污染程度的评估对比，展现方式包括 GIS 空间展示，见图 29-1，时间序列展示，见图 29-2，可以直观地对比不同时间、不同污染程度下各个模式的预报成效，以供预报员对比分析参考。

为了更加直观地对比不同数值模式、统计预报和集合预报的预报表现，系统暂时定义平均相对偏差 P，P 大小直接反映评价时段内该种模式预报的准确度，目前系统对 16 个城市、未来 5 天、6 种预报模式进行统一对比并突出显示最佳模式。其中，平均相对偏差值（P）=（模型预报值 1–监测值 1）/监测 1×100%+（模型预报值 2–监测值 2）/监测 2×100%+…+（模型预报值 n–监测值 n）/监测 n×100%）/n，n 为评价周期内预报次

数。例如，2016 年 CMAQ、CAMx、NAQPMS、WRF-Chem、统计预报和集合预报对
PM$_{10}$ 的 24 h 预报平均相对偏差分别为 23.8%、20.4%、19.6%、40.5%、−24.4% 和 7.8%，
集合预报对 PM$_{10}$ 的预报表现最佳，未来 5 天预报偏差均保持在 25% 以内。

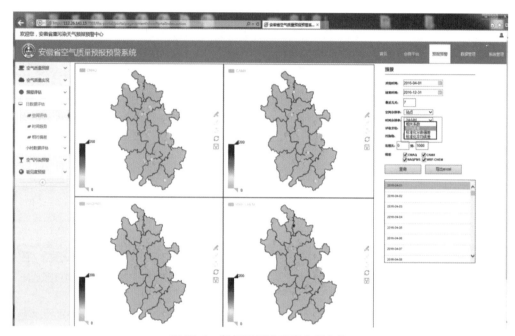

图 29-1　数值预报准确率空间变化

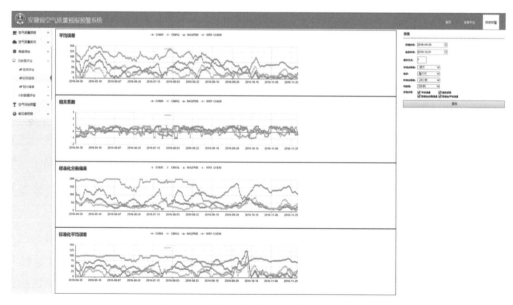

图 29-2　数值预报准确率时间序列变化

5.2　数值预报评估结果

数值预报评估以运行效果较好的 NAQPMS 模型为例，评估时间采用数值模型运行较为稳定的时段：2016 年 6 月—2017 年 5 月，预报时效为未来 5 天，统计结果详见表 29-3。从表中可以看出，目前全年数值预报模型 24～120 h 预报等级准确率平均在 64.0%～68.0% 之间，首要污染物的预报准确率全年平均在 60.0% 左右。

（1）数值预报效果整体表现良好。24 h/48 h 预报结果表现较其他时效表现好，预报等级偏高率和偏低率基本在 10%～30% 范围内。随着预报时长的延长，预报准确率呈现逐渐下降的趋势。

（2）春季（3—5 月）和冬季（12 月—次年 2 月）的预报准确率比夏季（6—8 月）和秋季（6—8 月）高，说明 NAQPMS 模型对颗粒物的预报效果较好，对臭氧的预报效果较弱，这与模式中臭氧形成机制不完善有关。

（3）首要污染物预测结果准确率季节差异较大，秋季最高在 83% 左右，春季最低在 30% 左右，主要是由于春季沙尘较多，业务系统中 NAQPMS 模式未加入沙尘模块，因此 PM_{10} 为首要污染物的预报准确率较低。

（4）空气质量数值模型预报与观测差异的原因：①缺少详细的本地化污染源清单；②数值模式对气象场的预报存在偏差；③模式中污染物模拟的机制不完善等。

5.3　人工预报评估结果

2016 年 3 月—2017 年 5 月，全省 24 h/48 h 空气质量预报等级准确率平均分别为 86.4% 和 81.1%，24 h 预报的准确率比 48 h 的等级预报准确率高 5.3 个百分点；24 h/48 h 预报偏高率分别为 9.2% 和 12.5%，预报偏低相对较为严重，见表 29-4 和表 29-5。首要污染物的 24 h/48 h 预报准确率平均分别为 73.6% 和 70.8%，人工预报准确率全省总体上表现良好。其中等级预报准确率自北方区域向南逐渐升高，沿长江江南区域比淮河以北区域高 4.7 个百分点，这可能与淮河以北区域空气质量变化显著、预报难度较大有关。首要污染物的预报准确率基本也在 70.0% 以上，其中江淮之间的预报准确率相对较低，主要与颗粒物、臭氧和二氧化氮等首要污染物多变有关。

表29-3　2016年6月—2017年5月 NAQPMS 预报结果统计

评估指标	春季（3—5月）					夏季（6—8月）					秋季（9—11月）					冬季（12月—次年2月）					全年				
	24 h	48 h	72 h	96 h	120 h	24 h	48 h	72 h	96 h	120 h	24 h	48 h	72 h	96 h	120 h	24 h	48 h	72 h	96 h	120 h	24 h	48 h	72 h	96 h	120 h
有效城次	1 440	1 440	1 440	1 440	1 440	1 472	1 472	1 472	1 472	1 472	1 456	1 456	1 456	1 456	1 456	1 456	1 456	1 456	1 456	1 456	5 824	5 824	5 824	5 824	5 824
等级准确城次	1 048	1 028	1 041	1 064	1 041	1 035	998	969	935	969	869	856	826	853	855	1 045	994	958	945	907	3 995	3 861	3 780	3 780	3 756
级别偏高次数	177	212	213	220	235	278	308	352	399	365	341	325	303	322	310	355	403	437	446	457	1 153	1 258	1 316	1 404	1 386
级别偏低次数	215	200	186	156	164	159	166	152	138	138	246	275	328	281	291	55	58	61	66	92	676	705	728	641	681
首要污染物准确次数	727	710	797	994	903	937	648	908	1 096	949	559	566	647	823	1 130	612	706	942	751	816	2 835	2 630	3 294	3 664	3 798
等级准确率	72.8%	71.4%	72.3%	73.9%	72.3%	70.3%	67.8%	65.8%	63.5%	65.8%	59.7%	58.8%	56.7%	58.6%	58.7%	71.8%	68.3%	65.8%	64.9%	62.3%	68.6%	66.3%	64.9%	64.9%	64.5%
级别偏高率	12.3%	14.7%	14.8%	15.3%	16.3%	18.9%	20.9%	23.9%	27.1%	24.8%	23.4%	22.3%	20.8%	22.1%	21.3%	24.4%	27.7%	30.0%	30.6%	31.4%	19.8%	21.6%	22.6%	24.1%	23.8%
级别偏低率	14.9%	13.9%	12.9%	10.8%	11.4%	10.8%	11.3%	10.3%	9.4%	9.4%	16.9%	18.9%	22.5%	19.3%	20.0%	3.8%	4.0%	4.2%	4.5%	6.3%	11.6%	12.1%	12.5%	11.0%	11.7%
首要污染物准确率	32.6%	34.7%	32.8%	31.3%	31.3%	52.9%	54.5%	50.4%	49.3%	47.8%	85.0%	84.6%	83.9%	83.8%	83.0%	59.2%	56.4%	56.3%	54.9%	53.4%	60.3%	60.3%	58.6%	57.7%	56.7%

表 29-4　24 h 预报准确率评估　　　　　　　　　　单位：%

区域 \ 项目	区域城市等级准确率平均 Q_{CD}	区域首要污染物准确率 Q_{SW}	AQI 范围准确率
淮河以北	83.3	72.3	51.9
江淮之间	86.5	68.4	54.7
沿江江南	88.0	75.3	60.6
全省	86.4	73.6	57.0

表 29-5　48 h 预报准确率评估　　　　　　　　　　单位：%

区域 \ 项目	区域城市等级准确率平均 Q_{CD}	区域首要污染物准确率 Q_{SW}	AQI 范围准确率
淮河以北	77.6	70.8	46.2
江淮之间	81.0	64.9	47.6
沿江江南	83.5	72.4	53.5
全省	81.1	70.8	49.6

参考中国环境监测总站的要求，定义城市日 AQI 的值范围，AQI＜200，范围值跨度≤30；AQI＞200，范围值跨度≤50；准确率为城市日 AQI 在预报范围内的天数与总预报天数的比值。全省 24 h/48 h AQI 范围准确率分别为 57.0%和 49.6%，其中沿长江江南区域的 AQI 范围 24 h 预报准确率可以超过 60%，处于全省较高水平。空气质量为优良状态的 24/48 h 预报准确率均超过 90%，污染天气的 24 h/48 h 预报准确率分别为 58.7%和 48.9%，见表 29-6，污染天气的预报准确率明显下降，准确预报难度较大。与春、夏、秋季相比，冬季季节的预报准确率相对较低，尤其是冬季 48 h 预报的等级准确率和 AQI 范围准确率分别低至 70.3%和 34.5%，冬季重污染天气的准确预报难度较大，见表 29-7。

表 29-6　2016 年 6 月—2017 年 5 月人工预报分级别评估表

| 月份 | 实况 | | | 预报准确率 | | | | | |
| | 有效城次 | 优良城次 | 污染城次 | 等级 | | 优良 | | 污染 | |
				24 h	48 h	24 h	48 h	24 h	48 h
2016.06	479	451	28	92.1%	88.5%	93.3%	90.5%	71.4%	60.7%
2016.07	478	459	19	92.5%	91.8%	94.5%	94.3%	42.1%	31.6%

月份	实况			预报准确率					
	有效城次	优良城次	污染城次	等级		优良		污染	
				24 h	48 h	24 h	48 h	24 h	48 h
2016.08	494	421	73	87.5%	83.2%	95.7%	94.2%	39.8%	19.1%
2016.09	478	362	116	85.8%	83.1%	93.9%	91.7%	60.3%	56.5%
2016.10	478	453	25	90.4%	89.1%	95.1%	94.0%	0.0%	0.0%
2016.11	479	337	142	83.9%	77.6%	93.8%	90.2%	60.6%	47.2%
2016.12	494	179	315	76.5%	67.2%	86.0%	79.3%	71.0%	60.3%
2017.01	494	234	260	85.2%	70.9%	90.6%	82.1%	80.4%	60.8%
2017.02	448	169	279	81.5%	73.0%	89.3%	82.8%	76.7%	67.2%
2017.03	496	347	149	87.7%	82.6%	96.8%	92.4%	66.4%	62.4%
2017.04	478	360	118	90.2%	88.1%	98.1%	97.5%	66.1%	59.3%
2017.05	495	263	232	83.6%	78.2%	96.2%	93.2%	69.4%	61.2%
全年平均	5 791	4 035	1 756	86.4%	81.1%	93.6%	90.2%	58.7%	48.9%

表 29-7 2016 年 6 月—2017 年 5 月人工预报分季节评估表

评价指标	春季（3—5 月）		夏季（6—8 月）		秋季（9—11 月）		冬季（12 月—次年 2 月）		全年	
	24 h	48 h	24 h	48 h	24 h	48 h	24 h	48 h	24 h	48 h
污染等级	87.1%	82.9%	90.6%	87.8%	86.6%	83.4%	81.1%	70.3%	86.4%	81.1%
AQI 范围准确率	59.2%	50.9%	66.0%	60.0%	58.2%	53.0%	44.7%	34.5%	57.0%	49.6%
首要污染物	64.3%	61.6%	71.8%	68.5%	72.5%	68.4%	85.7%	84.7%	73.6%	70.8%
级别偏低率	10.6%	13.4%	5.5%	7.0%	9.0%	10.8%	11.5%	18.9%	9.2%	12.5%
级别偏高率	2.0%	3.7%	3.9%	5.2%	4.4%	5.9%	7.5%	10.8%	4.4%	6.4%

5.4 综合评估人工预报结果

为了消除不同空气质量天数比例差距过大造成的预报难易度差异，针对安徽省空气质量的南北差异，可以按照不同等级空气质量天数比例分权重综合评估人工预报的结果，定义每个城市（或预报员）的得分 d 来评价等级预报准确率或者 AQI 范围预报的大小（算法前文已述）。例如，按照是否预报正确直接得分 D 的评价方法，等级预报准确率黄山市最高为 0.957，但是由于黄山市的轻度和中度污染均没有成功预报，综合评估方案（得分 d）认为其预报表现有待改善，见表 29-8，这在一定程度上可以弥补难以直接比较不同区域空气质量预报准确率的不足。

表 29-8　按照改善方案的评价结果

AQI 范围准确率评价				等级准确率评价			
城市	得分 d	城市	得分 D	城市	得分 d	城市	得分 D
亳州市	0.235	蚌埠市	0.455	黄山市	0.468	蚌埠市	0.801
马鞍山市	0.272	马鞍山市	0.493	芜湖市	0.491	宿州市	0.801
蚌埠市	0.283	宿州市	0.502	马鞍山市	0.510	芜湖市	0.817
宿州市	0.309	合肥市	0.515	宿州市	0.511	合肥市	0.829
淮北市	0.319	淮北市	0.522	安庆市	0.535	亳州市	0.836
合肥市	0.323	亳州市	0.545	合肥市	0.547	阜阳市	0.839
安庆市	0.323	芜湖市	0.548	池州市	0.569	淮北市	0.841
池州市	0.333	阜阳市	0.555	六安市	0.576	马鞍山市	0.841
芜湖市	0.352	滁州市	0.573	蚌埠市	0.580	安庆市	0.856
阜阳市	0.398	安庆市	0.587	淮北市	0.608	六安市	0.887
淮南市	0.402	池州市	0.589	阜阳市	0.630	铜陵市	0.890
六安市	0.411	六安市	0.599	淮南市	0.653	池州市	0.893
铜陵市	0.420	铜陵市	0.601	滁州市	0.658	滁州市	0.894
滁州市	0.420	宣城市	0.609	亳州市	0.664	淮南市	0.907
黄山市	0.423	淮南市	0.642	铜陵市	0.705	宣城市	0.914
宣城市	0.457	黄山市	0.887	宣城市	0.748	黄山市	0.957

注：p 暂定为 1，得分 D 为评价周期内准确天数/预报有效天数。

6　污染过程预报评估结果

2016 年，安徽省域内发生连续 3 天或 72 h、重度污染及以上连片城市大于 3 个的重污染过程 10 次，主要发生在 1 月和 12 月。其中，除 2 次对部分区域的预报偏重一级外，其余重污染过程均预报正确或者基本正确，见表 29-9。持续时间、开始时间、污染范围、污染程度等关键预报参数均表现良好，总体表现出对连续重污染过程的良好预报能力，对全省空气质量预警提供了强有力的技术支撑。但是对准确把握区域内污染峰值的具体落区、时刻、重污染过程发生和结束的关键时间节点的预报能力尚有不足，重污染过程的早报率超过 10%，这是下一步预报预警能力建设的重点内容和方向，见表 29-10。

表 29-9　2016 年安徽省区域重污染过程评估

重污染过程	淮河以北			江淮之间			沿江江南		
	实况	人工预报		实况	人工预报		实况	人工预报	
		级别范围	偏差		级别范围	偏差		级别范围	偏差
1 月 1—4 日	中—重	中—重	正确	中—重	中—重	正确	中—重	中—重	正确
1 月 8—10 日	重为主	重为主	正确	重为主	重为主	正确	中—重	重为主	基本正确
1 月 16—18 日	中—重	中—重	正确	中—重	中—重	正确	重为主	中—重	基本正确
2 月 3—5 日	轻—中	中—重	偏重1 级	中—重	中—重	正确	轻—中	轻—中	正确
3 月 3—7 日	中—重	重为主	基本正确	中—重	中—重	正确	轻—中	中为主	基本正确
11 月 13—15 日	重为主	重为主	正确	轻—中	中为主	基本正确	轻—中	轻—中	正确
12 月 5—8 日	重为主	重为主	正确	轻—中	轻—中	正确	轻—中，局重	轻—中	正确
12 月 15—22 日	中—重	重为主	基本正确	轻—中	中—重	偏重1 级	轻—中	轻—中	正确
12 月 27—31 日	中—重	中—重	正确	轻—中	轻—中	正确	轻—中	轻—中	正确

表 29-10　2016 年区域重污染过程未来 24 h/48 h 预报评估统计

评估时段：2016 年	预报次数：366	重污染过程次数：21	重污染过程天数：38
评估指标	24 h	48 h	72 h
区域城市等级准确率平均 Q_{CD}	86.4%	81.1%	—
区域污染过程晚报率 Q_{GW}	5.5%	8.7%	—
区域污染过程早报率 Q_{GZ}	14.1%	12.7%	—
区域污染过程漏报率 Q_L	13.6%	18.9%	—
区域污染过程预报持续时间覆盖率 Q_{SF}	65.7%	60.7%	—
区域污染过程预报空间范围覆盖率 Q_{KF}	70.6%	74.3%	—

（耿天召、赵旭辉）

第30章　湖南省2016年预报评估

1　概况

　　湖南地处中国中南部、长江中游南部，省境绝大部分在洞庭湖以南，故称湖南；湘江贯穿省境南北，故简称湘。地处东经108°47′～114°15′，北纬24°38′～30°08′，东以幕阜、武功诸山系与江西交界；西以云贵高原东缘连贵州；西北以武陵山脉毗邻重庆；南枕南岭与广东、广西相邻，北以滨湖平原与湖北接壤。

　　湖南地处云贵高原向江南丘陵和南岭山脉向江汉平原过渡的地带。在全国总地势、地貌轮廓中，属自西向东呈梯级降低的云贵高原东延部分和东南山丘转折线南端。东面有山脉与江西相隔，自北东西南呈雁行排列走向，海拔大都在1 000 m以上。南面主要是五岭山脉（南岭山脉），北东南西走向，山体大体为东西向，海拔也在1 000 m以上。西面有北东—南西走向的雪峰武陵山脉，北段海拔 500～1 500 m，南段海拔 1 000～1 500 m。湘中大部分为断续红岩盆地、灰岩盆地及丘陵、阶地，海拔在 500 m 以下。北部是湖南省地势最低、最平坦的洞庭湖平原，海拔大都在 50 m 以下，是省内地面最低点。因此，湖南省的地貌轮廓是东、南、西三面环山，中部丘岗起伏，北部湖盆平原展开，沃野千里，形成了朝东北开口的不对称马蹄形地形。

　　湖南为大陆性亚热带季风湿润气候，气候具有三个特点：第一，光、热、水资源丰富，三者的高值又基本同步。第二，气候年内变化较大。冬寒冷而夏酷热，春温多变，秋温陡降，春夏多雨，秋冬干旱。气候的年际变化也较大。第三，气候垂直变化最明显的地带为三面环山的山地，尤以湘西与湘南山地更为显著。湖南各气象站资料统计表明，各地年平均气温一般为16～19℃，冬季最冷月（1月）平均温度都在4℃以上，日平均气温在0℃以下的天数平均每年不到10天。春、秋两季平均气温大多在16～19℃之间，秋温略高于春温。夏季平均气温大多在26～29℃之间，衡阳一带可高达30℃左右。湖南热量充足，大部分地区日平均气温稳定0℃以上；10℃以上可持续238～256天；15℃以上可持续180～208天；无霜期253～311天。

2 空气污染概况

2.1 空气质量污染变化评价

2016 年，14 个城市环境空气的综合污染指数在 4.02～5.25 之间，平均 4.71，较上年下降 8.1%，表明全省城市环境空气污染总体有所改善。影响城市环境空气质量的主要污染物均为细颗粒物。14 个城市环境空气综合污染指数构成情况和统计情况见图 30-1。

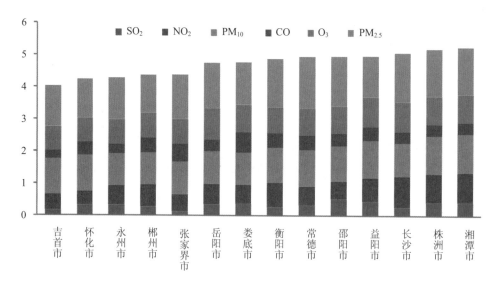

图 30-1 2016 年 14 个城市环境空气综合污染指数计算结果

2.2 日空气质量达标评价

2016 年，全省 14 个城市平均优良天数的比例 81.3%，轻度污染天数比例 15.8%，中度污染天数比例 2.3%，重度及以上污染天数比例 0.6%。影响 14 个城市空气质量的主要污染物是细颗粒物、臭氧和可吸入颗粒物。6 项污染物的超标天数中以细颗粒物为首要污染物的天数占 64.0%，以可吸入颗粒物为首要污染物的天数占 21.5%，以臭氧为首要污染物的天数占 13.3%，以二氧化氮为首要污染物的天数占 1.1%，以二氧化硫为首要污染物的天数占 0.1%，详见表 30-1。

表 30-1　2016 年 14 个城市环境空气质量状况统计表

| 城市 | 空气质量类别分布天数/天 | | | | | | 首要污染物分布天数/天 | | | | | | 优良天数比例/% |
	优	良	轻度污染	中度污染	重度污染	严重污染	SO_2	NO_2	PM_{10}	CO	O_3	$PM_{2.5}$	2016 年
长沙	74	192	80	17	3	0	0	14	25	0	91	169	72.7
株洲	67	217	63	15	4	0	1	3	74	0	85	141	77.6
湘潭	83	203	65	13	2	0	0	6	84	0	66	135	78.1
衡阳	93	188	70	9	5	1	0	0	28	0	60	187	76.8
邵阳	88	195	64	14	4	1	0	0	27	0	71	188	77.3
岳阳	67	217	80	1	1	0	0	0	24	0	122	154	77.6
常德	84	183	80	14	5	0	0	0	30	0	67	187	73.0
张家界	95	212	47	10	2	0	0	0	55	8	72	143	83.9
益阳	59	247	56	3	1	0	0	2	94	0	121	100	83.6
郴州	122	205	36	2	1	0	0	1	75	0	57	125	89.3
永州	114	199	49	4	0	0	0	0	57	0	45	157	85.5
怀化	95	228	37	6	0	0	0	0	152	0	35	88	88.3
娄底	102	210	50	3	0	1	0	0	30	7	87	151	85.2
吉首	95	227	33	5	1	0	0	0	127	0	34	117	89.2
全省	1 238	2 923	810	116	29	3	1	26	882	15	1 013	2 042	81.3

2.3　污染物浓度情况

　　2016 年，全省的城市环境空气质量较上年总体有所上升。其中，全省城市环境空气中 SO_2 的年均浓度为 20 μg/m³，比上年下降了 16.7%；NO_2 的年均浓度为 26 μg/m³，比上年下降了 3.7%；PM_{10} 的年均浓度为 76 μg/m³，较上年下降了 8.4%；CO 日均值第 95 百分位浓度为 1.6 mg/m³，较上年下降了 15.8%；O_3 日均值第 90 百分位浓度为 136 μg/m³，较上年上升了 1.5%；$PM_{2.5}$ 的年均浓度为 48 μg/m³，较上年下降了 9.4%。14 个城市的 SO_2、NO_2、CO 和 O_3 浓度均达到国家二级标准；14 个城市的 $PM_{2.5}$ 年均浓度均超过国家二级标准；除郴州和永州外，其余 12 个城市的 PM_{10} 年均浓度均超过国家二级标准。

3 模式发展和使用情况

湖南环境空气质量预报工作于 2013 年 10 月起步，省环境监测中心进行了相关筹备并内部进行预报后，于 2014 年 1 月开始正式向公众发布株潭环境空气预报；2014 年 7 月开始开展一周 7 天空气质量潜势预报；2015 年 6 月扩展到 14 个市级城市环境空气质量预报；2015 年 10 月正式发布全省区域未来 2～5 天空气质量预报信息。为了配合湖南省的空气质量预报工作的发展要求，2014 年开始逐步搭建了空气质量预测预报模式系统，集成了 WRF 中尺度气象预报模式、SMOKE 排放模式、CMAQ 数值预报模式、WRF-Chem 数值预报模型以及统计预报模式，实现了数值预报结果展示、统计预报结果展示、预报与监测数据核对分析等功能；其中一期以 CMAQ 模型预报为主，模型预报 24 h、48 h 为主，覆盖面积以长沙、株洲和湘潭为主。2017 年年初，湖南省环境监测中心站进一步启动了预报系统二期建设，二期系统集合了环境气象网络专线数据管理、多模式集合预报系统、动力统计模型、污染资料准实时同化、污染来源追因与去向追踪等模块。目前数值预报系统的模拟计算区域已经扩大湖南全省 14 个城市，系统现采用的预报模型主要分为统计模型和数值模型，统计模型主要包括多元回归模型、神经网络模型；数值模型主要包括 NAQPMS、CMAQ、CAMx 以及 WRF-Chem。模式可预报未来 7 天 AQI 范围、等级和首要污染物。

4 评估指标

目前，湖南省环境空气质量预报评估指标主要为预报等级准确率和首要污染物准确率。具体评估标准见表 30-2～表 30-4。

表 30-2　湖南省人工订正预报效果评估指标

指标	判断说明
空气质量等级准确判断	不采取跨等级预报，需要确定具体是哪一个等级，并将预报偏轻及偏重分别进行统计
首要污染物准确判断	预测首要污染物和实测首要污染物完全一样或包含为其中一项，则预报准确

注：准确率判断与首要污染物准确率判断为平行关系，互不影响。

表 30-3　湖南省数值模式预报日均 AQI 评估标准

日均 AQI 评估（S 为实测 AQI 值，Y 为 24 h/48 h/72 h AQI 预报值）				
条件	范围	等级	评价	颜色
实测与预报污染等级相同	S 在 $Y\pm15$ 以内	一级	非常准确	绿色
	S 在 $Y\pm15$ 以外	二级	不准确	橙色
实测与预报污染等级相差一级	S 在 $Y\pm15$ 以内	三级	不准确	橙色
首要污染物评估				
实测与预报首要污染物相同			准确	蓝色
实测与预报首要污染物不同			不准确	灰色
空报漏报率统计				
当预报为中度污染及以上，而实测没有出现中度及以上污染时			空报	

注：AQI 预报等级评估与首要污染物评估无关，两者互不影响。

表 30-4　省域污染评估标准

区域性污染层级类别	范围界定条件（示例）
省域污染	省内 3 个及以上连片地级以上城市出现中度以上污染

5　评估结果

5.1　等级评估结果

5.1.1　人工订正预报评估结果

2016 年全省人工订正预报评估结果见表 30-5，2016 年每季度人工订正预报评估结果见图 30-2，每月人工订正预报评估结果见图 30-3。2016 年全年湖南省 24 h 人工预报准确率为 73.0%，其中秋季预报准确率最高，为 77.7%，春季相对最低，为 69.2%。以月份统计，7 月预报准确率最高，达到 80.1%，而 3 月相对较低，只有 67.2%。

表 30-5 湖南省 2016 年人工预报准确率

人工评估时段：2016 年 1 月 1 日—12 月 31 日	预报总天数：365
评估指标	24 h
区域空气质量等级准确率 G	73.0%

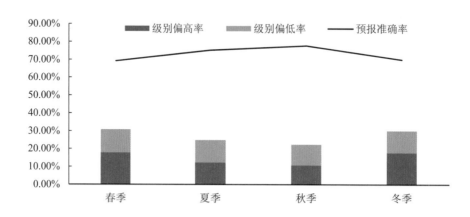

图 30-2 湖南省 2016 年每季度人工预报准确率

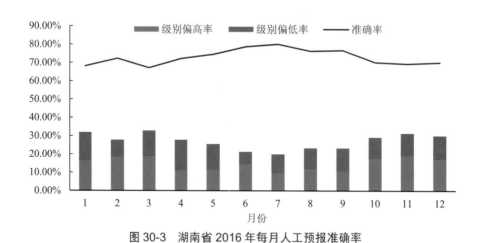

图 30-3 湖南省 2016 年每月人工预报准确率

5.1.2 模式预报评估结果

2016 年全省模式预报评估结果见表 30-6，2016 年每季度模式预报评估结果见图 30-4，每月模式预报评估结果见图 30-5。2016 年全年湖南省 24 h 模式预报准确率为 71.0%，48 h 模式预报准确率为 69.5%，72 h 模式预报准确率为 55.7%。

表 30-6　湖南省 2016 年模式预报准确率

CMAQ 评估时段：2016 年 1 月 1 日—12 月 31 日	预报总天数：328	区域污染次数：3	区域污染总天数：20
评估指标	24 h	48 h	72 h
区域空气质量等级准确率 G	71.0%	69.5%	55.7%

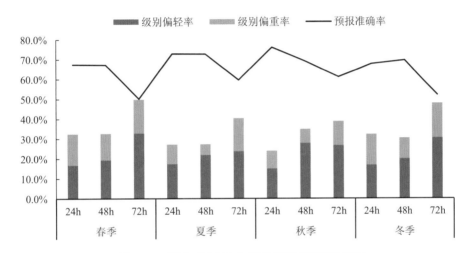

图 30-4　湖南省 2016 年每季度模式预报准确率

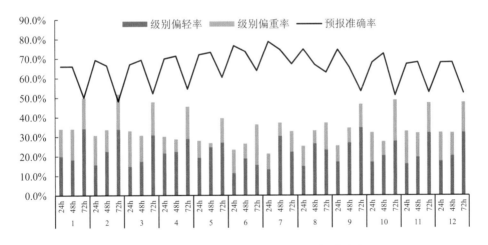

图 30-5　湖南省 2016 年每月模式预报准确率

5.2　首要污染物预报评估结果

首要污染物预报评估结果见表 30-7。

表 30-7 湖南省 2016 年首要污染物种类预报评估结果

污染物种类	PM$_{2.5}$	PM$_{10}$	O$_3$
模型预报准确率	63%	67%	71%
人工预报准确率	65%	70%	67%

为了进一步说清首要污染物评估结果，下面分人工预报与模式预报分开进行说明。

5.2.1 人工预报评估结果

首要污染物人工预报评估结果见表 30-8，每季度评估结果见表 30-9。

表 30-8 湖南省 2016 年首要污染物评估结果

人工评估时段：2016 年 1 月 1 日—12 月 31 日	预报总天数：365
评估指标	24 h
区域首要污染物准确率 P	76.5%

表 30-9 湖南省 2016 年各季度首要污染物评估结果

评价指标	春季	夏季	秋季	冬季
首要污染物准确率	80.2%	75.8%	74.0%	75.4%

5.2.2 模式预报评估结果

首要污染物模式预报评估结果见表 30-10，每季度评估结果见表 30-11。

表 30-10 湖南省 2016 年首要污染物评估结果

CMAQ 评估时段：2016 年 1 月 1 日—12 月 31 日	预报总天数：328	区域污染次数：3	区域污染总天数：20
评估指标	24 h	48 h	72 h
区域首要污染物准确率 P	68.7%	71.7%	74.2%

表 30-11 湖南省 2016 年各季度首要污染物评估结果

评价指标	春季			夏季			秋季			冬季		
	24 h	48 h	72 h	24 h	48 h	72 h	24 h	48 h	72 h	24 h	48 h	72 h
首要污染物准确率	63.0%	56.1%	77.5%	71.8%	81.5%	70.1%	63.6%	71.3%	77.8%	76.4%	78.0%	71.3%

5.3　重污染过程预报

2016 年全年 CMAQ 模式对重污染过程的时间、空间、程度和持续时间的预报准确率见表 30-12 和表 30-13。

表 30-12　重污染过程预报基本情况

评估指标	时间	空间	程度	持续时间
模式预报准确率	0.6%	10.1%	9.7%	0%

表 30-13　模式重污染过程评估情况

序号	过程实际持续时间	过程预报持续时间	实际污染程度	预测污染程度	评估结论
1	2016 年 1 月 1 日—1 月 19 日	1 天	重度污染	轻度污染	有较大偏差
2	2016 年 5 月 13 日—5 月 15 日	3 天	重度污染	重度污染	准确
3	2016 年 12 月 8 日	1 天	重度污染	重度污染	准确

模型统计结果与实际出现差异较大的偏差是因为：

（1）由于模型使用全球背景场为国外模型下载，与实际有偏差，所以最终运行结果受影响。

（2）由于使用不同的气象参数化方案，所以结果不准。

（3）由于地形数据等不够精细也对预报结果有影响。

（4）化学物种方案的选取也对有预报有较大的影响。

（5）模式的版本也有关系（2014 版），考虑到稳定性我们未使用当前最新版本，之前的版本比后来更新的使用的化学物理机理都要落后。

（刘妍妍、周国治）

第31章 广西壮族自治区2016年预报评估

1 概况

广西壮族自治区简称桂，地处祖国南疆，位于东经104°26′～112°04′，北纬20°54′～26°24′之间，北回归线横贯全区中部。广西大陆海岸线长约1 500 km，与越南社会主义共和国边界线长约637 km。广西土地总面积23.76万km²，占全国土地总面积的2.5%，在全国各省（自治区、直辖市）中排第九位。广西地势由西北向东南倾斜。四周多被山地、高原环绕，呈盆地状。盆地边缘多缺口，桂东北、桂东、桂南沿江一带有大片谷地，桂南濒临热带海洋，北接南岭山地，属于中、南亚热带季风气候区，气候温暖、热量丰富，降水丰沛、干湿分明，日照冬少夏多，沿海、山地风能资源丰富。

全区14个地市大气扩散条件自然禀赋各异，桂北部存在湘桂走廊区域传输通道，比较容易受到北方污染传输的影响；桂中部属于盆地，工业相对发达，大气承载容量较低，一旦气象条件不利，很容易导致区域大气污染，桂南部靠近沿海，大气扩散条件较好，空气质量相对较好。

2 空气污染概况

2015—2016年，广西空气质量总体良好，2016年的空气质量优良率93.5%，同比增加5.0个百分点，环境空气质量综合指数为3.75，同比降低0.31个指数；SO_2、PM_{10}、$PM_{2.5}$、CO、O_3 5项污染物浓度同比分别下降16.7%、8.2%、9.8%、22.2%、1.6%，NO_2持平；2016年全广西年均值除$PM_{2.5}$未达标外，其他5项污染物均达标，$PM_{2.5}$年均值未达标城市有9个。

2017年1—5月，全区空气质量有所下滑，优良率85.3%，同比下降了7.2个百分点。大气污染物NO_2和O_3同比升高4.3%和13.6%，颗粒物浓度明显反弹，PM_{10}浓度均值为66 μg/m³，同比上升8.2%；$PM_{2.5}$浓度均值为46 μg/m³，同比上升12.2%，重污染天数明显增加，大气污染防治形势严峻。

广西环境空气污染特征规律为：秋冬季大气污染较重，春夏季空气质量较好，季节变化明显；两年来重度污染天气主要集中在桂林、柳州及来宾等桂中北部城市，污染呈现北高南低的特征。

广西大气污染主要以轻度污染为主，2015—2017 年 5 月，14 个城市共出现空气污染（AQI＞100）的天数统计见表31-1。2016 年广西出现大气污染各级别天数均比 2015 年有大幅下降，2017 年 1—5 月中度及以上污染天数已经赶超 2016 年全年的中度污染以上天数。近三年空气质量呈现先变好后转差的趋势。

表 31-1　2015—2017 年 5 月 14 个城市出现大气污染（AQI＞100）的天数统计

年度	轻度污染天数	中度污染天数	重度污染天数	严重污染天数	合计
2015 年	437	114	31	1	583
2016 年	286	34	10	1	331
2017 年 1—5 月	251	38	19	2	310

广西环境空气首要污染物以 $PM_{2.5}$ 为主，统计 2015—2016 年全区 14 个城市空气污染首要污染物数据，轻度污染以上（AQI＞100）的天数中，以 $PM_{2.5}$ 为首要污染物的天数占比接近 87%，中度污染以上（AQI＞150）的天数中，以 $PM_{2.5}$ 为首要污染物的天数占比接近 100%。

3　模式发展和使用情况

广西空气质量预报预警系统，配备有 WRF-CMAQ、WRF-Chem 两套数值预报模型及神经网络统、多元回归两套统计预报模型，系统还接收中国环境监测总站下发的指导产品。数值模型采用三重嵌套网格，空间分辨率分别为中东部 27 km×27 km，华南区域 9 km×9 km，广西区域 3 km×3 km，模拟空间范围由地面到大气层 20 km 高度，对污染物的排放、平流输送、扩散、气象液相及非均匀反应、干沉降以及湿沉降等物理过程进行模拟。

数值预报模型采用 2012 年全国污染源清单作为驱动，可以提供多种数值预报产品供空气质量预报员参考，包括空气质量新标准 6 项污染物（SO_2、NO_2、CO、O_3、PM_{10}、$PM_{2.5}$）的未来 72 h 空间分布图、廓线图，并提供降水、相对湿度、温度、气压、风场及边界层高度等气象产品，污染物前后向轨迹分析产品。

4　评估指标

4.1　区域预报评估指标

按照第 7 章有关区域层级划分的界定，广西区域预报评估属于省级层级。评估指标选用区域城市等级准确率平均 Q_{CD}（式 8.1）和区域首要污染物准确率 Q_{SW}（式 8.2），并根据城市空气质量级别偏高率 C_{GH}（式 12.8）和城市空气质量偏低率 C_{GL}（式 12.9）评估区域空气质量等级预报偏高和偏低率。

4.2　区域污染过程预报评估指标

区域污染过程定义：由于广西整体空气质量较好，中度以上污染较少，故规定：至少有连片 3 个城市的实况 AQI 日均值大于 100 的污染过程。

区域污染过程预报评估指标选用区域污染过程早报率 Q_{GZ}（式 8.4）、区域污染过程晚报率 Q_{GW}（式 8.5）、区域污染过程漏报率 Q_L（式 8.6）、区域污染过程预报持续时间覆盖率 Q_{SF}（式 8.7）和区域污染过程预报空间范围覆盖率 Q_{KF}（式 8.8）。

5　业务预报评估结果

5.1　统计预报模型评估

本次统计预报模型评估以神经网络统计模型为例，评估时间采用的是 2016 年 3 月—2017 年 2 月预报模型 24 h、48 h 和 72 h 的预报结果，统计结果详见表 31-2。从表中可以看出，全年神经网络 24 h、48 h 和 72 h 预报平均准确率分别为 53.8%、47.7% 和 50.2%，其中，秋季（9—11 月）24 h 预报准确率最高（65.7%），夏季（6—8 月）72 h 预报准确率最低（39.3%）。

表 31-2　神经网络统计模型 2016 年 3 月—2017 年 2 月预报结果统计

评估指标	春季（3—5 月）			夏季（6—8 月）			秋季（9—11 月）			冬季（12 月—次年 2 月）			全年		
	24 h	48 h	72 h	24 h	48 h	72 h	24 h	48 h	72 h	24 h	48 h	72 h	24 h	48 h	72 h
区域等级准确率平均 Q_{CD}	58.1%	57.2%	56.9%	42.7%	40.7%	39.3%	65.7%	57.7%	53.9%	46.1%	46.0%	50%	53.8%	47.7%	50.2%

评估指标	春季（3—5月）			夏季（6—8月）			秋季（9—11月）			冬季（12月—次年2月）			全年		
	24 h	48 h	72 h	24 h	48 h	72 h	24 h	48 h	72 h	24 h	48 h	72 h	24 h	48 h	72 h
区域首要污染物准确率 Q_{SW}	34.3%	32.7%	31.5%	8.3%	6.8%	5.8%	33.7%	32.3%	30.6%	53.5%	58.5%	50.4%	31.4%	29.2%	28.4%
级别偏高率 C_{GH}	28.2%	29.9%	30.6%	50%	52.2%	53.8%	20.0%	21.5%	27.3%	24.3%	19.3%	19.2%	30.8%	29.0%	33.4%
级别偏低率 C_{GL}	13.7%	12.9%	12.5%	7.3%	7.1%	6.9%	14.3%	20.8%	18.8%	29.6%	34.7%	30.8%	15.4%	23.3%	16.4%

神经网络统计模型全年预报结果的特征主要有：

（1）夏季（6—8月）预报结果偏高，夏季广西大气扩散条件有利，全区空气质量 AQI 值是全年的最低值，统计模型没有调整相关参数，模拟结果偏高；

（2）夏季（6—8月）首要污染物预测结果准确率最低，冬季（12月—次年2月）首要污染物预测结果最好。这可能是夏季首要污染物以 O_3 为主，统计模型对 O_3 预报不敏感，而冬季首要污染物以 $PM_{2.5}$ 为主，模拟效果较好。

（3）模式 24 h 预报整体效果较好，但是仍然达不到 70%的要求，模型还有很大的改善空间。

5.2　数值预报模型评估

本次数值预报模型评估以 WRF-CMAQ 模型为例，评估时间采用的是 2016 年 3 月—2017 年 2 月预报模型 24 h、48 h 和 72 h 的预报结果，统计结果详见表 31-3。

表 31-3　WRF-CMAQ 数值模型 2016 年 3 月—2017 年 2 月预报结果统计

评价指标	春季（3—5月）			夏季（6—8月）			秋季（9—11月）			冬季（12月—次年2月）			全年		
	24 h	48 h	72 h	24 h	48 h	72 h	24 h	48 h	72 h	24 h	48 h	72 h	24 h	48 h	72 h
区域等级准确率平均 Q_{CD}	45.3%	49.4%	48.9%	76.0%	74.3%	71.6%	43.3%	52.8%	51.5%	39.2%	40.2%	39.5%	51.4%	54.0%	53.5%
区域首要污染物准确率 Q_{SW}	1.6%	1.8%	1.7%	4.6%	6.9%	8.1%	2.3%	7.0%	7.0%	3.9%	10.7%	11.6%	3.0%	6.2%	6.7%
级别偏高率 C_{GH}	2.0%	3.2%	3.0%	4.8%	9.2%	12.4%	0.4%	1.6%	2.6%	2.9%	5.5%	9.8%	2.5%	4.6%	6.7%
级别偏低率 C_{GL}	62.7%	47.4%	48.1%	19.2%	16.5%	16.0%	56.3%	45.6%	45.9%	57.9%	54.3%	50.7%	46.2%	41.4%	39.8%

从表中可以看出，全年数值预报模型 24 h、48 h 和 72 h 预报平均准确率分别为 51.4%、54.0%和 53.5%，其中，夏季（6—8 月）24 h 预报准确率最高（76.0%），冬季（12 月—次年 2 月）72 h 预报准确率最低（39.5%）。

数值预报模型全年预报结果的特征主要有：

（1）数值预报结果整体预报偏低，春季（3—5 月）和冬季（12 月—次年 2 月）预报结果偏低率都比正确率要高，说明数值预报系统存在明显的系统偏差；

（2）首要污染物预测结果准确率整体较低，数值模式模拟的首要污染物主要以 O$_3$ 为主，显然与广西大气污染是以 PM$_{2.5}$ 为首要污染物相矛盾，模拟效果较差。

（3）模式模拟效果整体较差，特别是重污染天气模拟结果都是偏低 2 个等级（2016 年 12 月 17—18 日广西的重度污染模拟结果还是优到良；2017 年 1 月 1—4 日的广西重污染模拟结果还是优到良，局部出现轻度污染），数值模拟结果的偏差已经严重干扰到实际预报的研判和订正。

（4）在没有广西本地化的大气污染源清单的驱动情况下，基于全国的污染源清单的数值模式的相关参数亟须调整和优化，模型还有很大的改善空间。

5.3　人工预报结果评估

广西 2016 年 5 月—2017 年 4 月空气质量预报人工订正结果统计详见表 31-4 和表 31-5，评估分析如下：

（1）全年预报准确率较高。2016 年 5 月—2017 年 4 月等级预报准确率达 88%以上，整体结果较好。由全年预报准确率来看，从季节统计看，预报准确率由高至低依次为夏季、秋季、春季和冬季；从月份统计看，6 月份预报准确率最高，2 月份最低；从预报时效看，24 h 的预报准确率＞48 h 预报准确率＞72 h 预报准确率。

（2）级别预报结果趋向偏低，首要污染物预报准确率尚可。级别预报偏差率基本控制在 10%以内，受广西污染过程次数少，污染过程预报经验不足的影响，预报员预报结果趋向偏低。相对而言，冬季污染预报的偏低率稍大；首要污染物预报准确率由高至低依次为冬季、秋季、夏季和春季；冬季首要污染物主要为 PM$_{2.5}$，夏季首要污染物主要为 O$_3$，而春季是广西冬夏两季的过渡季，臭氧和颗粒物作为首要污染物出现的城市频次较多，预报员对臭氧的预报经验较少，常预测不到臭氧出现的情况，导致预报准确率相对较低。

（3）污染过程预报准确率偏低，气象条件导致的污染过程预测较准，局地污染排放过程难以把握。预报员能准确把握大气扩散条件好坏，对于气象条件不利导致的大气污染过程，污染过程较好预测，但是对于局地突发的点状污染排放，如来宾等市秸秆焚烧突然引起污染物浓度飙升，预报员难以把握准确的发生时间，导致预报准确率降低。

（4）一人一天主班的轮班制度不利于污染过程的把握。2016 年全年广西由于只有 3 名预报员，采用的一人一天主班的轮班制度，频繁轮班使得主班预报员容易忽略对污染转折时间、持续时间和整个变化过程的跟进，导致整体预报准确率较低。整体上预报员对污染过程预报经验少，由于广西出现污染的有效城次较少，一旦预报员对一两次污染过程转折时间把握不准，预报准确率就会很低。

表 31-4　2016 年 5 月—2017 年 4 月全区空气质量预报人工订正预报结果

月份	预报								
	等级			优良			污染		
	24 h	48 h	72 h	24 h	48 h	72 h	24 h	48 h	72 h
2016 年 5 月	91.0%	87.6%	87.8%	91.8%	88.7%	88.9%	55.6%	33.3%	33.3%
2016 年 6 月	95.2%	94.8%	96.9%	95.2%	94.8%	96.9%	—	—	—
2016 年 7 月	93.3%	97.0%	94.0%	93.5%	97.2%	94.2%	0.0%	0.0%	0.0%
2016 年 8 月	91.5%	89.4%	86.2%	92.2%	90.3%	87.9%	69.2%	61.5%	30.8%
2016 年 9 月	91.4%	88.3%	86.2%	93.1%	90.6%	89.6%	65.4%	53.8%	34.6%
2016 年 10 月	93.3%	93.8%	94.7%	93.8%	94.2%	95.1%	0.0%	0.0%	0.0%
2016 年 11 月	91.9%	88.6%	88.6%	93.0%	90.3%	90.8%	66.7%	50.0%	38.9%
2016 年 12 月	86.4%	83.2%	84.8%	91.6%	89.4%	93.8%	71.9%	65.8%	59.6%
2017 年 1 月	85.7%	75.3%	78.6%	89.9%	79.8%	90.6%	79.0%	68.3%	59.3%
2017 年 2 月	81.7%	79.0%	76.9%	84.2%	85.1%	85.4%	70.5%	52.6%	39.7%
2017 年 3 月	92.9%	92.9%	92.4%	94.9%	95.6%	95.6%	60.0%	48.0%	40.0%
2017 年 4 月	92.4%	89.3%	89.8%	92.9%	90.0%	91.0%	66.7%	55.6%	33.3%
平均准确率	90.6%	88.3%	88.1%	92.2%	90.5%	91.7%	55.0%	44.4%	33.6%

表 31-5　2016 年 5 月—2017 年 4 月全区空气质量预报人工订正分季节预报结果

评价指标	春季（3—5 月）			夏季（6—8 月）			秋季（9—11 月）			冬季（12 月—次年 2 月）			全年		
	24 h	48 h	72 h	24 h	48 h	72 h	24 h	48 h	72 h	24 h	48 h	72 h	24 h	48 h	72 h
等级准确率平均 Q_{CD}	92.1%	89.9%	90.0%	93.3%	93.7%	92.4%	92.2%	90.2%	89.8%	84.6%	79.2%	80.1%	90.6%	88.3%	88.1%
首要污染物准确率 Q_{SW}	79.3%	74.8%	74.4%	82.6%	82.6%	80.7%	89.2%	78.4%	82.6%	93.9%	90.6%	94.2%	86.3%	81.6%	83.0%

评价指标	春季（3—5月）			夏季（6—8月）			秋季（9—11月）			冬季（12月—次年2月）			全年		
	24 h	48 h	72 h	24 h	48 h	72 h	24 h	48 h	72 h	24 h	48 h	72 h	24 h	48 h	72 h
级别偏高率 C_{GH}	4.3%	4.7%	3.5%	2.9%	1.9%	3.0%	3.0%	4.1%	5.0%	5.3%	5.0%	4.4%	3.9%	3.9%	5.6%
级别偏低率 C_{GL}	4.7%	6.2%	5.3%	4.4%	4.5%	6.5%	5.4%	6.8%	12.8%	9.8%	14.4%	7.1%	6.1%	8.0%	7.9%

6 污染过程预报评估结果

6.1 污染过程预报评估

2016年，广西出现了21次污染过程。其中，4月、6月、7月和10月广西无定义上的污染过程。总体上污染过程出现在冬季（12月—次年2月）和春季的3月份。由于模式捕抓污染过程能力较差，本次只针对人工污染过程预报评估，结果见表31-6，污染过程预报对区域污染预报持续时间覆盖率和区域污染预报空间覆盖率把握较准确。

表31-6 污染过程预报评估

评估时段：2016年1月1日—12月31日	预报总天数：366	区域污染次数：21	区域污染总天数：53
评估指标	24 h	48 h	72 h
区域污染过程晚报率 Q_{GW}	23.8%	28.6%	33.3%
区域污染过程早报率 Q_{GZ}	14.3%	9.5%	9.5%
区域污染过程漏报率 Q_L	19.0%	23.8%	23.8%
区域污染预报持续时间覆盖率 Q_{SF}	67.9%	64.2%	62.1%
区域污染预报空间覆盖率 Q_{KF}	69.2%	65.4%	63.5%
区域污染等级准确率 Q_{ZD}	43.4%	41.5%	37.7%

6.2 区域细颗粒物污染过程预报评估结果

区域细颗粒物污染过程预报评估结果详见表31-7。

表 31-7 2016 年度污染过程预报统计结果

序号	实际开始时间	预报开始时间	实际持续时间	预报持续时间	实际污染程度	预报污染程度	实际污染空间	预报污染空间	评估结论
1	1月2日	1月3日	3	2	轻—中—重	轻—中	桂北、桂中、桂东	桂北、桂中、桂西	预报污染过程基本正确，开始时间滞后一天、预报污染程度偏轻一级、污染空间范围偏小
2	1月20日	1月21日	1	1	轻	轻	桂北、桂中	桂中	预报污染过程开始时间滞后，但预报此次过程持续时间、污染空间范围、污染程度均准确
3	2月7日	2月7日	4	4	轻—中—重	轻—中—重	全区	全区	预报污染过程开始时间、持续时间、空间范围、污染程度准确
4	2月18日	2月16日	4	3	轻—中	轻	全区	全区	预报污染过程开始时间前置了两天、空间范围、持续时间、污染程度偏轻
5	2月28日	2月28日	1	1	轻	轻	桂北、桂中、桂南	桂中	预报污染过程开始时间、持续时间和污染程度准确、但是预报空间范围偏小
6	3月1日	3月1日	5	7	轻—中	轻	桂北、桂中、桂东、桂南	桂西、桂中	预报污染过程开始时间准确、持续时间偏长、污染程度偏轻
7	3月15日	—	1	—	轻	—	桂北、桂中	—	此次污染过程没有预报出来
8	3月20日	—	1	—	轻	—	桂北、桂中、桂西	—	此次污染过程没有预报出来
9	3月28日	3月29日	5	3	轻—中	轻	全区	桂北、桂中、桂东	预报污染过程开始时间滞后、持续时间偏短、污染空间范围偏小、污染程度偏轻
10	5月13日	—	1	—	轻	—	桂北、桂中、桂东	—	此次污染过程没有预报出来

序号	实际开始时间	预报开始时间	实际持续时间	预报持续时间	实际污染程度	预报污染程度	实际污染空间	预报污染空间	评估结论
11	8月30日	8月31日	2	1	轻	轻	桂北、桂中、桂东	桂北	预报污染过程程度正确，但预报开始时间滞后，持续时间偏短、污染空间范围偏小
12	9月3日	—	1	—	轻	—	桂北、桂中	—	此次污染过程没有预报出来
13	9月6日	9月5日	2	4	轻	轻	桂北、桂中	桂北、桂中、桂西	预报污染过程程度正确，但是预报时间前置，空间范围偏大、持续时间偏长
14	9月21日	9月21日	3	2	轻	轻	桂北、桂中、桂东	桂北、桂中、桂南	预报污染过程开始时间准确、持续时间偏短、污染程度准确
15	11月5日	11月5日	3	3	轻	轻	桂北、桂中、桂南、桂东	桂北、桂中、桂东	预报污染过程开始时间、持续时间、污染程度准确，但是预报空间范围偏小
16	11月18日	11月18日	1	1	轻	轻	桂北、桂中	桂北	预报污染过程开始时间、持续时间、和污染程度准确，但是预报空间范围不准确
17	12月3日	12月3日	3	3	轻	轻	桂北、桂中、桂东	桂北、桂中、桂西	预报污染过程开始时间、持续时间和污染程度准确，但是预报空间范围偏小
18	12月8日	12月8日	5	6	轻中	轻中	全区	全区	预报污染过程持续时间偏长，空间范围和污染程度准确
19	12月17日	12月16日	4	2	轻—中—重	轻	全区	全区	预报污染过程空间范围准确，但是预报开始时间前置、持续时间偏短、污染程度偏轻
20	12月24日	12月25日	2	1	轻中	轻	全区	全区	预报污染过程空间范围准确，但是预报开始时间后置、持续时间偏短、污染程度偏轻
21	12月31日	12月31日	1	1	轻中	轻	全区	全区	预报污染过程开始时间、空间范围和持续时间准确，但是预报污染程度偏轻

（潘润西、付洁、和凌红）

第32章　海南省2016年预报评估

1　概况

海南省位于中国最南端,北以琼州海峡与广东省划界,西临北部湾与越南相对,东濒南海与台湾省相望,东南和南边在南海中与菲律宾、文莱和马来西亚为邻。管辖范围包括海南岛和西沙群岛、南沙群岛、中沙群岛的岛礁及其海域,全省陆地总面积 3.5 万 km²,海域面积约 200 万 km²,其中海南本岛面积 3.39 万 km²。

海南岛地处热带北缘,属热带季风气候,长夏无冬,雨量充沛,地势四周低平,中间高耸,以五指山、鹦哥岭为隆起核心,向外围逐级下降。山地、丘陵、台地、平原构成环形层状地貌,梯级结构明显。比较大的河流大都发源于中部山区,组成辐射状水系,南渡江、昌化江、万泉河为海南岛三大河流。

2　空气污染概况

2.1　空气质量现状

海南省空气质量总体优良,以 2016 年为例,优良天数比例为 99.4%。其中优级天数比例为 80.4%、良级天数比例为 19.0%,轻度污染天数比例为 0.56%,中度污染天数比例为 0.02%,重度污染天数比例为 0.02%,无严重污染天数。全省 18 个市县(不包括三沙市)中五指山、白沙、昌江、乐东和保亭 5 个市县优良天数比例为 100%;其余 13 个市县优良天数比例介于 97.8%(东方市)～99.7%(澄迈县、临高县、琼中县、陵水县),见图 32-1。

2016 年,全省 SO_2、NO_2、PM_{10}、$PM_{2.5}$ 年平均浓度分别为 5 μg/m³、9 μg/m³、31 μg/m³、18 μg/m³,O_3 特定百分位数浓度为 105 μg/m³,CO 特定百分位数浓度为 1.1 mg/m³。按《环境空气质量标准》(GB 3095—2012)评价,全省各项污染物指标均达标,且远优于国家二级标准,见图 32-2;其中 SO_2、NO_2、CO、PM_{10} 4 项指标均符合国家一级标准,

PM$_{2.5}$ 和 O$_3$ 接近国家一级标准。全省 18 个市县（不包括三沙市）环境空气中 CO 特定百分位浓度和 SO$_2$、NO$_2$、PM$_{10}$ 年均浓度值均符合国家一级标准；2 个市县 PM$_{2.5}$ 年均浓度值符合国家一级标准，16 个市县年均浓度值符合国家二级标准；9 个市县 O$_3$ 特定百分位浓度符合国家一级标准，9 个市县符合二级标准。

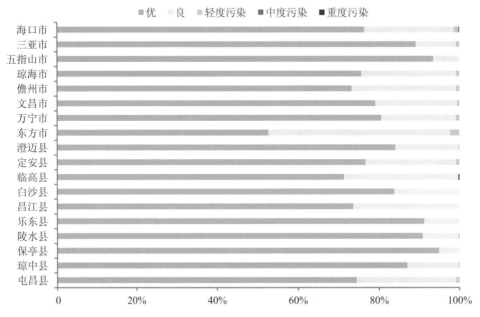

图 32-1　2016 年全省各市县环境空气质量各级别天数比例

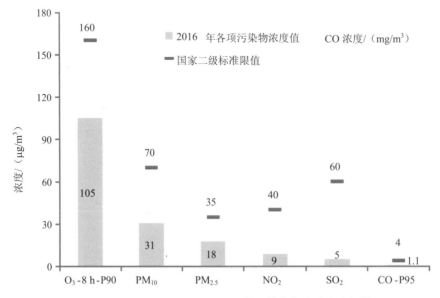

图 32-2　PM$_{10}$、PM$_{2.5}$、NO$_2$、SO$_2$ 等污染物年均浓度达标情况

与 2015 年相比，全省环境空气中主要污染物浓度有所下降，优良天数比例上升了 1.5%，PM_{10}、$PM_{2.5}$、O_3 浓度分别下降 11.4%、10.0%和 11.0%；SO_2、NO_2 和 CO 浓度同比持平，继续处于较低浓度水平。

2.2 2016 年海南省空气质量主要特征

2016 年，海南省首要污染物仍以 O_3、PM_{10}、$PM_{2.5}$ 为主，三项污染物为首要污染物的占比分别为 71.6%、12.5%、15.9%，O_3 为首要污染物的天数占比已超过 70%。在超标天中，主要受 O_3 和 $PM_{2.5}$ 影响，其中 O_3 占比达 86.1%，O_3 已成为影响海南省空气质量达标率的最主要污染物；$PM_{2.5}$ 占比为 13.9%，18 个市县 $PM_{2.5}$ 超标日均为 2 月 8 日（大年初一），其主要受烟花爆竹燃放影响，见图 32-3。

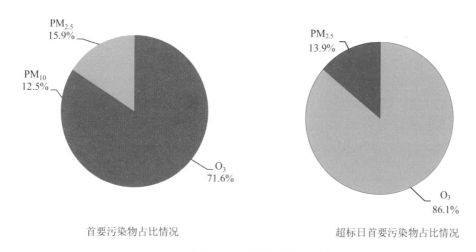

图 32-3 首要污染物占比图

海南省中部地区（五指山市、保亭县、白沙县、琼中县、屯昌县）污染物浓度较低，超标天数较少；南部地区（三亚市、陵水县、乐东县）空气质量次之；北部（海口市、澄迈县、临高县、定安县）和西部（儋州市、昌江县、东方市）沿海城市空气质量略差，这与海南省西部地区工业企业分布较多有关，北部地区则易受外来输送影响。

3 模式发展和使用情况

海南省环境监测中心站环境空气质量预警预报系统分两期建设，一期为统计预报系统建设，已于 2015 年搭建完成，经历了模式本地化调整和测试，2016 年 1 月 21 日完成调试并开始发布预报信息；二期为数值预报系统建设，采用 NAQPMS、CMAQ、CAMx 多模式集合预报系统，目前已初步完成搭建，正准备系统验收工作。

海南省环境空气质量预警预报系统（统计预报）以空气质量多模式集合预报系统软件为核心，综合运用数据库技术、并行计算技术、WebGIS 技术、高效网络传输技术以及多元线性回归方程法、天气形势分类法、人工神经网格法通过列表法等建立拟合方程或统计模型，实现对海南省 18 个市县（不包括三沙市）环境空气质量未来 3 天的高精度预报。预警预报系统（统计预报）由空气质量、气象要素、排放清单、预测预报、统计分析、审核发布、系统管理等组成。

4 预报效果评估

海南省根据产业结构、人口及局地污染特征将全省辖区分成五个预报区，覆盖海口市、三亚市、五指山市、琼海市、儋州市、东方市、文昌市、万宁市、澄迈县、临高县、屯昌县、白沙县、陵水县、琼中县、保亭县、昌江县、乐东县、定安县 18 个市县。对结果的评估也主要根据 2016 年 1 月 21 日—12 月 31 日 18 个市县实际监测情况和预测情况进行比较分析。

4.1 级别预报准确率评估

海南省环境空气质量预警预报系统（统计预报）采用的模式包括多元回归模型、决策树模型、趋势外推模型、神经网络模型、天气分析预报，分别预报 24 h、48 h、72 h 空气质量状况，根据自动评估模块，统计各模型级别预报准确率，见表 32-1。

表 32-1　级别预报准确率

模型	指标	24 h	48 h	72 h
多元回归模型	区域污染过程漏报率 Q_L	0.9%	1.6%	3.4%
	区域城市等级准确率平均 Q_{CD}	98.4%	97.2%	95.4%
决策树模型	区域污染过程漏报率 Q_L	4.6%	4.9%	4.9%
	区域城市等级准确率平均 Q_{CD}	63.7%	60.1%	57.7%
趋势外推模型	区域污染过程漏报率 Q_L	8.2%	11.7%	12.7%
	区域城市等级准确率平均 Q_{CD}	87.2%	85.5%	79.0%
神经网络模型	区域污染过程漏报率 Q_L	4.2%	6.4%	4.4%
	区域城市等级准确率平均 Q_{CD}	63.9%	74.1%	50.7%
天气分析预报	区域污染过程漏报率 Q_L	4.2%	4.6%	4.6%
	区域城市等级准确率平均 Q_{CD}	66.2%	60.1%	55.8%

4.2　首要污染物预报准确性

根据海南省大气污染特征，首要污染物以 O_3、PM_{10}、$PM_{2.5}$ 为主，多元回归模型、决策树模型、趋势外推模型、神经网络模型、天气分析预报模型 24 h 预报中首要污染物也基本为 O_3、PM_{10}、$PM_{2.5}$ 三种污染物，但其准确率较低。对各种模型首要污染物 24 h 预报准确性进行统计，准确率分别为：29.4%、23.3%、37.8%、19.0%、17.9%。

4.3　人工订正预报准确性

人工订正结果结合了预报员的经验，通过对近期污染状况和天气形势的分析，可以提高空气质量预报的准确率。海南省环境空气质量预警预报系统（统计预报）级别预报准确性相对较高，首要污染物预报准确性普遍较低，经过人工修订，提高了首要污染物预报准确性，见表32-2。

表32-2　人工订正预报准确性

指标	24 h	48 h	72 h
区域城市等级准确率平均 Q_{CD}	98.4%	—	—
区域首要污染物准确率 Q_{SW}	50.3%	—	—

4.4　过程预报准确性

2016 年海南省 18 个市县仅海口、临高 2 个市县 2 月 8 日（大年初一）受烟花爆竹燃放影响 $PM_{2.5}$ 超标，空气质量分别出现中度、重度污染，儋州、琼海、文昌 3 个市县空气质量出现轻度污染，其他时间内无重污染过程发生。重污染过程评估见表32-3。

表32-3　重污染过程评估表

序号	持续时间			开始时间			污染范围			污染程度			结论
	预报	实况	评估	预报	实况	评估	预报	实况	评估	预报	实况	评估	
1	1	1	基本准确	2.8	2.8	准确	临高县、文昌市	海口市、琼海市、儋州市、临高县、文昌市	基本准确	重—严重	轻—重	基本准确	基本准确

（孟鑫鑫、徐文帅）

第33章 云南省2016年预报评估

1 概况

1.1 地理位置及行政区划

云南省简称云（别称滇），地处我国西南边陲，位于北纬 21°8′32″～29°15′8″和东经 97°31′39″～106°11′47″之间，北回归线横贯该省南部。全境东西最大横距 964.9 km，南北最大纵距 900 km，平均海拔 2 000 m 左右，最高海拔 6 740 m，最低海拔 76.4 m。云南省东部与贵州省、广西壮族自治区为邻，北部同四川省相连，西北隅紧依西藏自治区，西部同缅甸接壤，南同老挝、越南毗连。从整个位置看，北依广袤的亚洲大陆，南连位于辽阔的太平洋和印度洋的东南半岛，处在东南季风和西南季风控制之下，又受西藏高原区的影响。云南省气候有北热带、南亚热带、中亚热带、北亚热带、暖温带、中温带和高原气候区等 7 个温度带气候类型。云南气候兼具低纬气候、季风气候、山原气候的特点。

云南省共辖有 8 个地级市、8 个自治州（合计 16 个地级行政区划单位）、16 个市辖区、14 个县级市、70 个县、29 个民族自治县（合计 129 个县级行政区划单位），省会为昆明。

1.2 地势地貌

云南属山地高原地形，山地高原约占全省总面积的 94%。地形以元江谷地和云岭山脉南端宽谷为界，分为东西两大地形区，东部为滇东、滇中高原，是云贵高原的组成部分，平均海拔 2 000 m 左右；西部高山峡谷相间，地势险峻，山岭和峡谷相对高差超过 1 000 m。地势西北高、东南低，自北向南呈阶梯状逐级下降。北部是青藏高原南延部分，海拔一般在 3 000～4 000 m；南部为横断山脉，山地海拔不到 3 000 m，地势向南和西南缓降；西南部边境海拔在 800～1 000 m，河谷逐渐宽广。全省海拔高低相差很大，梅里雪山主峰卡瓦格博峰与河口县境内南溪河和元江的汇合处，两地海拔高差近 6 000 m。在云南辽阔的山地和高原上，镶嵌着大小不一、形态各异的山间盆地，俗称"坝子"，有的成群成带分布；有的孤立分散；有的呈一定方向排列，成为城镇所在地及农业生产的主要基地。全省有 1 km² 以上小坝子 1 440 多个，其中 100 km² 以上的坝子 49 个，面积最大的陆良坝子，面积达 772 km²。

1.3 气候气象

云南地处低纬度高原，冬季受干燥的大陆季风影响，夏季盛行湿润海洋季风，气候基本属亚热带高原季风型。由于地形复杂、地势垂直高差大等原因，立体气候特点显著，气候类型多样，滇西北属寒带气候，长冬无夏，春秋较短；滇中、滇东属温带气候，四季如春，遇雨成冬；滇南、滇西南属亚热带、热带气候，有的低热河谷在北回归线以南，终年如夏，遇雨成秋。

全省年平均温度由北向南逐渐增高，气温随地势高低呈垂直变化。南北温差19℃左右，年温差小、日温差大的特点明显。7 月最热，月均温度 19～22℃，1 月最冷，月均温度 6～8℃；年温差 10～12℃，日温差可达 12～20℃。全省无霜期长，南部边境全年无霜，偏南的文山、红河、普洱、临沧、德宏等无霜期为 300～330 天；中部的昆明、玉溪、楚雄等地约 250 天；比较寒冷的昭通、丽江也达 210～220 天。全省光照充足，每年为 90～150 kcal/cm²，仅次于西藏、青海和内蒙古。"十二五"期间云南省气温、降雨量、日照时数变化见表 33-1。

表 33-1　"十二五"期间云南省全省气象资料统计

项目名称	2011 年	2012 年	2013 年	2014 年	2015 年
年均气温/℃	16.7	17.3	17.2	17.5	17.5
年均降雨量/mm	850	921	1 001	982	1 107
日照时数/h	2 036	2 178	2 179	2 248	2 110

云南省临近热带海洋，又位于青藏高原的东南部，处于西南暖湿气流和东南暖湿气流的共同影响之下，由于地形和气候的影响，具有水汽充足、降水量丰富的特点。全省多年平均降水量为 1 278.8 mm，折合水量 4 900 亿 m³。降水量地区分布十分复杂，西部、西南部和东南部年降水量较大；中部和北部的干热河谷（坝子）地区的降水量较少。从全省范围看，降水量分布规律为：山区降水量多，河谷、坝区降水量少；迎风坡降水量大，背风坡降水量小。年降水量的垂直变化主要是受复杂地形的影响，在高山区的局部范围内，年降水量随海拔增高而增大。

云南省降水量季节变化十分明显，降水季节分配不均是冬春、夏初极易出现干旱和夏秋易出现洪涝的主要原因。全省大部分地区降水量主要集中在汛期（5—10 月），一般占全年的 85%以上。各地降水量的集中程度不一，集中度最小的是滇西、滇南等丰水地区，最大的是宾川坝区等干旱地区。

1.4 云南省社会经济概况

截至 2015 年年末全省常住人口为 4 741.8 万人，比上年末增加 27.9 万人。全省城镇化率 43.33%。2015 年全省生产总值（GDP）达 13 717.88 亿元。2015 年全年在规模以上工业主要能源消费量中，原煤消费量 7 512.95 万 t；洗精煤消费量 1 267.71 万 t；焦炭消费量 853.48 万 t；天然气消费量 6.27 亿 m^3；电力消费量 950.13 亿 kW·h。

2 空气污染概况

2015 年，云南省 16 个州市政府所在地中，除保山、文山之外的 14 个城市空气质量均符合二级标准，保山和文山 2 个城市细颗粒物年均浓度超过二级标准；2016 年，蒙自细颗粒物年均浓度和 95 百分位数超过二级标准，其他污染物年均值及百分位数均能达到或优于二级标准。

2015 年，16 个城市达标天数比例在 93.1%～100% 之间，平均为 97.3%，其中丽江和香格里拉两个城市为 100%，景洪为 93.1%。16 个城市累计超标共 158 天，其中，重度污染有 1 天，中度污染 7 天，轻度污染 150 天。超标天数中，首要污染物为细颗粒物的占 63.9%；为臭氧的占 32.9%。2016 年，16 个城市优良天数比例在 92.4%～100% 之间，丽江、香格里拉和楚雄 3 个城市优良天数比例为 100%，蒙自优良天数比例为 92.4%，全省平均优良天数比例为 98.3%。全省出现轻度及以上污染天数累计 101 天，其中，轻度污染 98 天，中度污染 3 天。超标天数中，首要污染物为细颗粒物的占 77.2%；为臭氧的占 18.8%。云南省以细颗粒物、臭氧为主要污染因子的区域型、复合型态势逐渐显现。

"十二五"期间，全省环境空气质量总体较好。云南省分阶段实施了新修订的《环境空气质量标准》（GB 3095—2012），其中昆明 2013 年实施新标准，曲靖、玉溪 2014 年实施新标准，2015 年其余 13 个城市也实施了新标准。新标准实施后，调整了环境空气功能分区、污染物项目及限值，增设了细颗粒物平均浓度限值和 O_3-8 h 平均浓度限值，收紧了可吸入颗粒物等污染物的浓度限值，收严了监测数据统计的有效性规定，更新了 SO_2、NO_2、O_3、颗粒物等污染物项目的分析方法，增加了自动监测分析方法。标准的收严使得空气质量在老的评价体系下达标但在新的评价体系不达标的情况较为普遍，这也使得自 2013 年起云南省环境空气质量达标率有所下降，但达标率下降主要是由于评价标准的收严，而非大气污染的加重造成的。2010—2016 年，全省环境空气质量达标天数比例见图 33-1。

"十二五"期间，云南省 16 个城市三项可比污染物中 SO_2 年均浓度有明显下降，其中昆明、昭通、大理、蒙自 4 个城市 SO_2 年均值有下降趋势尤为显著；NO_2 年均浓度稳定，其中曲靖 NO_2 年均值有明显的下降趋势，芒市呈明显上升趋势，其他城市 NO_2 年均浓度的稳定；可吸入颗粒物平均浓度略有下降，其中曲靖可吸入颗粒物年均值有明显的下降趋势，景洪呈明显上升趋势，其他城市可吸入颗粒物年均浓度稳定。

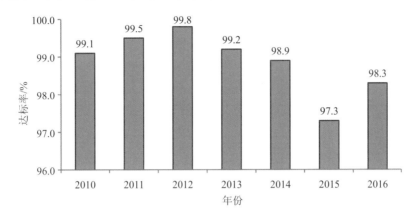

图 33-1　2010—2016 年全省环境空气质量达标天数比例

3　模式发展和使用情况

2014 年起，云南省环境监测中心站根据国家《大气污染防治行动计划》《云南省大气污染防治实施方案》和环保部工作部署中关于环境空气质量预报预警能力建设要求，在省级环保专项资金的支持下，着手开展云南省省级环境空气质量预报预警平台能力建设工作，目前已初步具备全省区域和州市级城市环境空气质量的预报预警能力。

云南省省级环境空气质量预报预警平台（以下简称平台）建设工作由云南省环境监测中心站综合室具体承担，未设置环境空气质量预报预警专职部门，无独立机构名称，从事环境空气质量日常预报预警工作的人员为 4 人，专业背景涵盖环境科学、环境工程和气象学等。

2014 年年底，云南省环境监测中心站编制了《云南省省级环境空气质量预报预警平台建设（一期）工作方案》，2015 年 4 月起，云南省环境监测中心站与昆明理工大学联合开发了云南省环境空气质量动态统计预报系统，2015 年 8 月开始内部预报工作，并于 2015 年 10 月 1 日正式对外发布云南省城市和省域环境空气质量预报。2015 年 9 月在原有统计预报的基础之上完成了平台（一期）建设的招标工作，一期平台建设包含了两个数值模式（WRF-Chem 和 NAQPMS）以及两个统计模式（多元线性回归和神经网络方法）。在一期平台建设的基础之上，为进一步提高预报预警能力和预报准确率，云南省环境监测中心站于 2016 年 12 月完成了平台（二期）的建设工作，在一期的基础之上增加 CMAQ 和 CMAx 两个数值模式，研发了基于 2015 年的本地化污染源清单及动态更新工具，开发了多模式集合预报方法，以进一步提高模式预报准确率。

目前利用已建成的平台，分层次、分级别、分内容配置给云南省 16 个地级市环境监测部门、气象部门、高校账号权限，用户可使用分配账号登录平台查看相关预报内容、实况内容、进行预报会商、预报结果填报等工作。此外，云南省环保厅和云南省气象局签订了合作框架协议，由云南省环保厅监测处牵头，与云南省气象部门建立了合作机制，日常通过邮件、电话等方式交换环境数据、气象数据以及预报意见等内容，在预报可能出现多州市空气质量污染时，采取现场会商的方式，邀请省内环保和气象专家及时交换意见，研判污染过程。

云南省省级环境空气质量预报内容包含云南省 16 个州市政府所在地以及五大区域未来两天的 AQI、空气质量等级和首要污染物。主要在"全国环境空气质量预报信息发布系统"、"云南省环境保护厅"、"云南省环境监测中心站"、"云南空气质量" APP 等官方发布渠道发布空气质量预报预警信息，2016 年内还实现了与气象部门合作，预警信息通过云南省电视台天气预报栏目及时发布。平台建成后，在中国—南亚博览会、"两会"期间等重大活动时期开展了环境空气质量保障工作。

目前，多数值模式系统包括国内主流运用的 NAQPMS、CMAQ、CAMx 和 WRF-Chem等模式，各模式独立运行，统一区域设置、网格划分和分辨率，使用云南省高精度的污染源排放清单进行模拟计算。初始气象资料采用网络免费资源 NCEP（1°×1°）6 h / 次的分析资料，为更好地服务于环境管理需求，数值模式系统采用四层嵌套方案，第 1 层区域为西南地区，水平分辨率为 27 km，第 2 层嵌套为云南省行政辖区，水平分辨率为9 km，第 3 层嵌套为重点城市群，水平分辨率为 3 km，第 4 层嵌套为县级城市区域，水平分辨率为 1 km，模式计算垂直范围从地面到 20 km 高度，垂直分层为 20 层，在网格划分的时候追随地形。通过气象站点实测数据对气象场进行同化。可实现未来 24 h、48 h、72 h 可用的云南省各市（州）、县（市、区）空气质量预报，以及未来 7 天可供参考的污染趋势预测，预报输出结果的时间分辨率不低于 1 h。

4　评估指标

区域污染是具有一定持续时间的影响范围较大的连片污染情况。云南省对于区域污染过程的界定按照污染出现时间、持续时间、影响范围以及影响程度等指标将污染过程划分为短临污染过程、轻度污染过程、中度污染过程、中重度污染过程。

按照行政区划，将云南省分为五大区域，分别为滇中、滇东北、滇东南、滇西北和滇西南。其中，滇中区域包含昆明市、楚雄州和玉溪市；滇东北区域包含昭通市和曲靖市；滇东南区域包含红河州和文山州；滇西北区域包含大理州、丽江市、迪庆州和怒江州；滇西南包含保山市、德宏州、临沧市、普洱市和西双版纳州。

云南省区域污染定义中，须为省内 1 个区域内全部城市、2 个以上区域 75%的城市（需有 3 个连片城市）或 3 个以上区域城市（至少 3 个连片城市）出现污染，污染出现时间相差不超过 3 h，并且持续时间超过 3 h 的污染情况。根据污染出现和持续的时间，区域污染的持续时间分为短临污染过程和其他污染过程，其中短临污染过程指省内 1 个区域内全部城市、2 个以上区域 75%的城市（需有 3 个连片城市）或 3 个以上区域城市（至少 3 个连片城市）出现污染，污染出现时间相差不超过 3 h，污染持续时间超过 3 h，并且不超过 24 h，污染可为轻度污染、中度污染、重度污染和严重污染等不同级别污染程度。区域污染的其他情况表现为省内 1 个区域内全部城市、2 个以上区域 75%的城市（需有 3 个连片城市）或 3 个以上区域城市（至少 3 个连片城市）出现污染，污染出现时间相差不超过 3 h，并且持续时间超过 24 h 的污染情况，其中各区域包含城市的污染程度可从轻度污染到严重污染等不同污染级别。

评价指标是指由表征评价对象各方面特性及其相互联系的多个指标所构成的具有内在结构的有机整体。评估指标包含评价时段内级别预报准确率和首要污染物的预报准确率，区域污染过程评估指标参照本书第 8 章。每天记录每个预报员可统计的（如今天的可统计指标仅为前天的 24 h 预报结果）评价分数并做好记录工作，计算某预报员一段时间内综合得分时参加计算。预报时段：预报当天定义为"第一天"，空气质量预报中的"未来 24 h"预报，是指北京时间第二天 0：00～第三天 0：00 的预报结果。类似地，"未来 48 h"预报是指北京时间第三天 0：00～第四天 0：00 的预报结果，然后以此类推。

5　评估结果

在针对区域预报评估时，对上述五大区域，即滇中区域、滇东北区域、滇东南区域、滇西北区域和滇西南区域未来 24 h 和 48 h 预报结果进行评估。评估结果见表 33-2。

表 33-2　云南省 2016 年环境空气质量预报评价结果

评价对象	评价指标	神经网络		多元回归		WRF-Chem		人工订正	
		24 h	48 h	24 h	48 h	24 h	48 h	24 h	48 h
滇中区域	Q_{CD}	72%	51%	78%	63%	61%	46%	82%	76%
	Q_{SW}	45%	41%	51%	43%	41%	32%	71%	65%
滇东北区域	Q_{CD}	68%	55%	72%	61%	66%	68%	78%	71%
	Q_{SW}	48%	41%	55%	45%	43%	31%	73%	66%
滇东南区域	Q_{CD}	62%	48%	65%	46%	55%	39%	88%	76%
	Q_{SW}	44%	41%	46%	42%	41%	38%	79%	76%

评价对象	评价指标	神经网络		多元回归		WRF-Chem		人工订正	
		24 h	48 h	24 h	48 h	24 h	48 h	24 h	48 h
滇西北区域	Q_{CD}	68%	55%	65%	61%	71%	67%	81%	76%
	Q_{SW}	41%	45%	51%	45%	53%	51%	80%	71%
滇西南区域	Q_{CD}	61%	49%	71%	62%	63%	54%	76%	68%
	Q_{SW}	52%	48%	51%	43%	46%	42%	72%	66%

从评价结果可以看出，模式对区域评价最终计算得到的准确率并不是太理想，3 个模式对滇东北及滇西北的把握较其他区域好，原因可能是因为滇西北地区环境空气质量相对较好，级别变化幅度不是太大，而滇东北地区首要污染物长期为 PM_{10}、$PM_{2.5}$ 或 O_3 等。数值模式和对各区域的预报准确率逊色于其他模式和人工订正结果。在对云南省滇东南区域的红河州进行预测时，人工预报的结果表现较好，红河州污染大多属于工业型污染，在盛行西南风时，下风向个旧、开远、鸡街等工业重镇排放污染物对上风向监测点位所在城市（蒙自）影响较小，但是当在预测风向转为偏北风时，监测点位所在城市区域将会受到较大影响，届时出现包含 SO_2、NO_2、CO 等不同于常规污染情形下只出现 $PM_{2.5}$ 或 PM_{10} 或 O_3 的污染情况。模式在对此种情况下污染情形的应对方面显得很乏力，基本对于此种情形没有较好把握，预报员根据对蒙自地区未来气象条件的判断，在此种情形下的预报准确率达到 95%。

2016 年云南省境内 16 个州市政府所在地城市未发生过重度污染，但依据评价的要素对 2016 年 16 个城市所发生污染状况进行了分析，共发生省域范围污染 7 次，污染程度为轻度到中度污染。对 7 次污染过程的预报结果评价见表 33-3。

表 33-3　云南省 2016 年污染过程预报评价结果

评估时段	2016 年 1 月 1 日—2016 年 12 月 31 日	统计总天数/天	365	区域污染次数/次	7	区域污染总天数/天	55
评估指标		预报时效		24 h		48 h	
区域整体等级准确率 Q_{ZD}				89.1%		76.4%	
区域首要污染物准确率 Q_{SW}				92.0%		81.8%	
区域污染过程晚报率 Q_{GW}				0%		14.3%	
区域污染过程早报率 Q_{GZ}				14.3%		14.3%	
区域污染过程漏报率 Q_L				0%		14.3%	
区域污染过程预报持续时间覆盖率 Q_{SF}				81.8%		72.7%	
区域污染过程预报空间范围覆盖率 Q_{KF}				85.3%		82.6%	

（向峰、邱飞）

第34章 甘肃省2016年预报评估

1 概况

甘肃位于祖国地理中心，介于北纬 32°11′~42°57′，东经 92°13′~108°46′，地貌复杂多样，山地、高原、平川、河谷、沙漠、戈壁，类型齐全，交错分布，地势自西北向东南倾斜。甘肃地形呈狭长状，东西长 1 655 km，南北宽 530 km，复杂的地貌形态，大致可分为各具特色的六大地形区域。①河西走廊：斜卧于祁连山以北，北山以南，东起乌鞘岭，西迄甘新交界，是块自东向西、由南而北倾斜的狭长地带。海拔在 1 000~1 500 m 之间。长超过 1 000 km，宽由几千里到百余千米不等。这里地势平坦，机耕条件好，光热充足，水资源丰富，是著名的戈壁绿洲，有着发展农业的广阔前景，是甘肃主要的商品粮基地。②祁连山地：在河西走廊以南，长超过 1 000 km，大部分海拔在 3 500 m 以上，终年积雪，冰川逶迤，是河西走廊的天然固体水库，荒漠、草场、森林、冰雪等植被垂直分布明显。③河西走廊以北地带：这块东西长超过 1 000 km，海拔在 1 000~3 600 m 的地带，这里靠近腾格里沙漠和巴丹吉林沙漠，风高沙大，山岩裸露，荒漠连片，具有"大漠孤烟直，长河落日圆"的塞外风光。④陇中黄土高原：位于甘肃省中部和东部，东起甘陕省界，西至乌鞘岭畔。这里曾经孕育了华夏民族的祖先，建立过炎黄子孙的家园，亿万年地壳变迁和历代战乱，灾害侵蚀，使它支离破碎，尤以定西中部地区成了祖国最贫瘠的地方之一，但蕴含着无尽的宝藏，有丰富的石油、煤炭资源。⑤甘南高原：它是"世界屋脊"——青藏高原东部边缘一隅，地势高耸，平均海拔超过 3 000 m，是个典型的高原区。这里草滩宽广，水草丰美，牛肥马壮，是甘肃省主要畜牧业基地之一。⑥陇南山地：这里重峦叠嶂，山高谷深，植被丰厚，到处清流不息。这一区域大致包括渭水以南、临潭、迭部一线以东的山区，为秦岭的西延部分。

甘肃各地气候类型多样，从南向北包括了亚热带季风气候、温带季风气候、温带大陆性（干旱）气候和高原高寒气候等四大气候类型。年平均气温 0~15℃，大部分地区气候干燥，年平均降水量在 40~750 mm 之间，干旱、半干旱区占总面积的 75%。主要气象灾害有干旱、暴雨洪涝、冰雹、大风、沙尘暴和霜冻等。

2 空气污染概况

甘肃地理地貌特征和气候特征导致各区域环境空气质量的差异，河西走廊一带由于北邻巴丹吉林沙漠和腾格里沙漠，气候干燥，降水量较少，容易受沙尘天气影响；省会城市兰州由于两山夹一河的特殊地形，以及工业和汽车保有量相对较多，使得污染物容易累积不易扩散；甘南以草原为主，是甘肃省主要畜牧业基地之一，海拔较高，常年气温较低，空气污染物主要来源于取暖而燃烧的煤炭和草料；陇南和天水山高谷深，植被丰厚，降雨量较多，污染来源少，环境空气量相对其他地方较好。所以，目前，全省环境空气质量形势预报中将甘肃省 14 个市州分为五大区域，分别是河西地区（嘉峪关、酒泉、张掖、金昌、武威）、中部地区（白银、兰州、定西）、西南地区（临夏、甘南）、东南地区（陇南、天水）、陇东地区（平凉、庆阳）。

3 模式发展和使用情况

自 2016 年 10 月开始，甘肃省已建成空气质量预报系统，数值预报系统采用 3 个模式：CMAQ 模式、CAMx 模式和 WRF-Chem 模式，预报结果在每日 8 时之前输入预报平台。时间分辨率为未来 3 天按小时预报以及未来 4～7 天按日预报，空间分辨率设置三层嵌套，第一区域选取中国，水平分辨率为 27 km；第二区域选取甘肃及周边，水平分辨率为 9 km；第三区域选取甘肃，水平分辨率为 3 km。另外，模式中加入了资料同化，包含变分和集合卡尔曼滤波相结合的混合同化方法（非插值方法），同化污染物包括 6 项污染物：$PM_{2.5}$、PM_{10}、O_3、NO_2、SO_2、CO，同化过去 24 h，时间分辨率为 1 h。

空气质量预报系统除了数值预报系统还包括多种统计预报，分别采用随机森林、多元回归、神经网络、支持向量机等方法进行统计预报。

目前甘肃省还未建立沙尘预报模式，从 2016 年 6 月开始沙尘天气的预报由预报员通过分析气象条件进行预报，且每周一对未来 7 天全省做形势预报时尤其关注沙尘天气过程，并于沙尘发生前一天发送重污染天气过程预报。

由于篇幅原因，在此针对预报准确、漏报、空报过程分别列出某次沙尘影响下空气质量的预报与实测对比，见表 34-1。

表 34-1　沙尘过程影响下空气质量预报与实测的对比

预报评估	预报			实测		
	影响城市	发生时间	影响程度	受影响城市	发生时间	影响程度
预报准确	酒泉 嘉峪关 张掖 金昌 武威 白银 兰州	2016 年 6 月 25 日	重度到严重	酒泉	6 月 24 日	严重
					6 月 25 日	严重
				嘉峪关	6 月 24 日	严重
					6 月 25 日	重度
				张掖	6 月 25 日	严重
				金昌	6 月 25 日	中度
				武威	6 月 25 日	重度
漏报	—	—	—	酒泉	2017 年 1 月 29 日	中度
空报	酒泉 嘉峪关 张掖 金昌 武威	2017 年 3 月 16 日	轻到中度	—	—	—

统计 2016 年 6 月—2017 年 6 月沙尘影响下的空气污染过程共 39 次，漏报 6 次，空报 6 次，准确预报 27 次，统计结果见表 34-2。

表 34-2　2016 年 6 月—2017 年 6 月甘肃省沙尘影响下的空气质量预报统计结果

准确率	漏报率	空报率
69.2%	15.4%	15.4%

（杨丽丽、王莉娜、杨燕萍、陶会杰）

第 35 章　新疆维吾尔自治区 2016 年预报评估

1　概况

1.1　地理环境

新疆维吾尔自治区位于欧亚大陆中部，中华人民共和国西北部，地处 $73°40'E \sim 96°23'E$，$34°25'N \sim 49°10'N$ 之间。东西最长处 2 000 km，南北最宽处 1 650 km，总面积 166.49 万 km^2，占中国国土总面积的 1/6，是中国陆地面积最大的省级行政区。新疆位于欧亚大陆腹心，作为中亚地区的典型干旱区呈现出其独特的风格与特色，"三山夹两盆"的地形分隔以及世界第二大流动沙漠塔里木盆地的存在，使新疆城市在地域分布、气候环境等格局上呈现出绿洲特点，深受自然环境局限和人为活动强度干扰，表现出强烈的自身特色。

新疆幅员广阔，北为阿尔泰山，南为昆仑山系，天山山脉横亘中部，南部是塔里木盆地，北部是准噶尔盆地。南北跨越 15 个纬度，东西相间 23 个经度。其特点是四周高山环抱，天山横贯中部，山脉与盆地相间排列，形成了"三山夹两盆"的地貌格局。这种独特地貌格局，将新疆划分为环境迥然不同的 3 个区域：北疆、东疆、南疆。

1.2　生态覆盖

新疆水域面积 5 500 km^2，其中博斯腾湖水域面积 992 km^2，是中国最大的内陆淡水湖。区内山脉融雪形成众多河流，片片绿洲分布于盆地边缘和干旱河谷平原区，现有绿洲面积 14.3 万 km^2，占国土总面积的 8.7%，其中天然绿洲面积 8.1 万 km^2，占绿洲总面积的 56.6%，具有典型的绿洲生态特点。

新疆南、北疆绿洲城市分布见表 35-1。

表 35-1　新疆城市区域分布情况

区域	地理环境特点	城市构成	城市人口数量/万人
北疆	天山北坡	乌鲁木齐市、阜康市、五家渠市、昌吉市、石河子市、奎屯市、克拉玛依市、乌苏市	455.72
	伊犁河谷	伊宁市	50.39
	阿勒泰山区	阿勒泰市	23.48
	博塔盆地	塔城市、博乐市	43.74
东疆	东疆盆地	吐鲁番市、哈密市	74.14
南疆	塔克拉玛干沙漠周边	和田市、喀什市、阿图什市、阿克苏市、库尔勒市	209.07

1.3　气象条件

新疆幅员广阔，地处中纬度大陆中心，终年在大陆气团的控制下，气候十分干燥，同时又处于西风带下，受温带天气系统、极地冰洋系统、副热带天气系统的影响，气候具有极强的大陆性，盆地气候效应明显。由于境内地形高差悬殊，横亘中部的天山显著的屏障作用，使天山南北气候差异明显，从而导致新疆境内各地自然环境本底水平差异显著。气候总体特征为干旱少雨，冬季严寒漫长，夏季炎热短促，春秋气温变化剧烈，日照充足且温差大，多大风、冰雹、洪水、浮尘和沙尘暴等灾害性天气。

1.3.1　大气环流

新疆纬向环流处于盛行西风带中，高层（大致是海拔 4~24 km）大气里盛行西风气流。在海拔 4 km 以下的中低层大气里，既有经过大西洋、欧洲、中亚来的西风，也有北冰洋来的寒风，还有从东部回流过来空气。

新疆是冷空气入侵我国的重要门户，冷空气主要由西方、西北方、北方和东北方侵入中国，其中，西方路径的冷空气大致沿北纬 45°线向东移动，首先到达新疆，然后继续东移影响内地。西方路径入侵的冷空气，其势力以"强—中强"者居多。

1.3.2　风速

在大气环流和地形的综合影响下，新疆地面风速分布变得极为复杂和极不均匀。由于山体严重地影响了空气的自由流动，南疆的北西南三个方向都有高山阻隔，于是北、西、南方向的外来空气就难得进入塔里木盆地的低层，盆地的蔽塞性使塔里木、吐鲁番、准噶尔等各个盆地的平均风速都小于 2 m/s。新疆风速分布特点是：北疆大，南疆小；

北疆东部、西部和南疆东部大，准噶尔盆地和塔里木盆地腹部小；高山大、中、低山区小；风速较大区域呈孤岛分布。新疆多数地区年变化规律是以春季为最大，夏季次之，冬季最小。以月份计，4 月、5 月风速最大，12 月和 1 月最小。

1.3.3 沙尘

新疆的山体西高东低，南高北低，西来低层气流很难直入塔里木盆地，多从西部几个缺口入境，而新疆东南部则降水更少，因为自西向东移动的气流到达哈密地区后，受东部祁连山所阻分成两股，一股沿河西走廊进入甘肃境内，一股经库鲁克塔格低山区倒灌进入塔里木盆地。进入塔里木盆地的气流到达盆地西南角，地势阻塞不能前进，迫使气流做上升运动把地面大量沙尘卷扬在空中，使这一带的浮尘、风沙日数增多。

新疆地面的地形起伏大，摩擦力大，冷空气多来自西北，所以北疆等地的大风多为西北风。南疆的冷空气容易从东北方进入，故多东北风。

新疆地处我国西北边陲，相对我国内地即位于西风带上游，处于我国天气系统的上游，对内地天气变化有十分重要的征兆性、指示性和指标性。发端于新疆的沙尘暴席卷更大范围的沙尘，可被气流抬升到 500～9 000 m 的高空，在西风环流带的影响下，自西向东广泛地影响到新疆以东的中国内地以及东亚、北太平洋地区，对生态安全构成威胁。

2 空气污染概况

新疆地处中亚干旱区腹心，城市沙尘天气频发，北疆地区以扬尘和沙尘暴为主，1～7 天；南疆和东疆地区沙尘天气频发，和田、喀什等地浮尘天气长达 200 天，对当地空气质量影响较大。天山北坡经济带由于工业化进程加快，冬季区域大气污染也较严重。

新疆不同区域空气质量有明显差别，季节特征也较为显著。

北疆北部地区 4 城市空气质量整体较好，空气质量变化不大，基本上为优良、轻度污染为主，近年伊宁市冬季污染有所加重，以轻中度污染为主；天山北坡城市 4—10 月空气质量较好，也较为稳定，多以优良、轻度污染为主，而冬季空气质量较差，多为中度以上污染天气，空气质量变化受气象因素影响较大，变化规律较难掌握；天山北坡经济带乌鲁木齐、阜康、昌吉、石河子、奎屯、乌苏等城市群空气污染出现同步变化，冬季大气污染出现频次增多。2007—2014 年，乌鲁木齐市超标 74～117 天，阜康市超标 47～94 天，五家渠市超标 17～52 天，昌吉市超标 11～45 天，石河子市 16～35 天，奎屯 22～87 天，区域大气污染已经显现。尤其是冬季 12 月—次年 1 月天山北坡城市群污染高达 30～74 天，API 指数呈现同步变化，区域污染已经显现，大气污染物浓度居高不下，处于一种严重污染状态，与国内城市 3～4 天相比，污染持续时间长。

东疆地区受春季受空气活动增强以及积雪融化而地表植被覆盖率较低影响，多发沙尘天气，空气质量以良、轻度污染为主，夏秋两季空气质量较好，多为优良，冬季受采暖影响污染较重，以轻、中度污染为主。

南疆地区污染较重，春季受沙尘影响以中、重度污染为主，夏秋两季空气质量稍好，以良、轻度污染为主，冬季为煤烟与沙尘混合型污染，以轻、中度污染为主。南疆地区以浮尘为主，25～66 天，扬尘 4～30 天，沙尘暴 2～5 次；以和田市为例，浮尘 107～224 天，扬尘 15～36 天，沙尘暴 5～15 天。沙尘天气多发生时 PM_{10} 浓度在 2.06～9.39 mg/m³，TSP 最大值为 4.66～12.7 mg/m³，沙尘天气引发的浮尘天气往往持续数日不消，持续时间 1～5 天，对当地环境空气质量影响较大，见图 35-1。

图 35-1　新疆城市工业化进程和沙尘天气造成的污染状况

新疆干旱区绿洲城市生态环境脆弱，冬季污染严重，潜在环境风险高，需要借用数值模拟技术实现对新疆 19 个城市环境污染预警预报。在未来的几年内，需要将大气污染物模拟预报扩展到 $PM_{2.5}$、VOCs、O_3 等指标，以适应新疆跨越式发展中石油化工、煤化工项目的建设形势，更好地应对 VOCs、O_3 特征大气污染物的污染防治需求。

3　模式发展和使用情况

2016 年 10 月起，新疆区域空气质量预警预报平台上线使用，提供全疆 17 个城市（和田、喀什、吐鲁番、伊宁、阿克苏、哈密、克拉玛依、库尔勒、阿勒泰、塔城、博乐、阿图什、石河子、昌吉、五家渠、阜康、乌鲁木齐）未来 3 天逐小时 AQI 指数、6 项污染物浓度预报以及未来 7 天逐日空气质量趋势预报，包括 AQI 数值、等级、首要污染物及其浓度，其中乌昌石区域 5 城市（石河子、昌吉、五家渠、阜康、乌鲁木齐）使用较新的源清单，并且对预报系统进行了多次调优，预报准确率较其他城市较高。预报系统使用了 WRF-Chem、CAMx、CMAQ 三种模式以及统计预报方法，其中 WRF-Chem 模式预报结果较优，人工预报参考较多，以下仅对系统该模式预报结果进行评估，预报系统提供 2016 年 11 月 24 日起 17 城市预报结果导出，见图 35-2。

图 35-2　"乌-昌-石"区域示意图

4　评估结果

新疆区域空气质量预警预报平台提供 2016 年 11 月 24 日起 17 城市预报结果导出，仅对 2016 年 11 月 25 日—12 月 31 日未来三天细颗粒物预报结果进行评估。

新疆区域空气质量等级预报分北疆北部、天山北坡、东疆及南疆 4 个地区。

天山北坡地区细颗粒物 24 h、48 h、72 h 预报的平均偏差分别为 47 μg/m^3、50 μg/m^3 和 55 μg/m^3，平均偏差率分别为 34.8%、38.0%、42.5%；北疆北部地区细颗粒物 24 h、48 h、72 h 预报的平均偏差分别为 15 μg/m^3、21 μg/m^3 和 21 μg/m^3，平均偏差率分别为 26.0%、41.6%、40.7%；东疆地区细颗粒物 24 h、48 h、72 h 预报的平均偏差分别为 28 μg/m^3、29 μg/m^3 和 32 μg/m^3，平均偏差率分别为 23.7%、25.6%、29.3%；南疆地区细颗粒物 24 h、48 h、72 h 预报的平均偏差分别为 41 μg/m^3、45 μg/m^3 和 48 μg/m^3，平均偏差率分别为 30.7%、33.7%、34.1%。

四个地区细颗粒物预报偏差随预报时效的增加而增大，天山北坡地区偏差最大、偏差率也最高，南疆地区略低于天山北坡，北疆北部地区偏差最小，但由于实际浓度较低，导致偏差率较高，东疆地区偏差率最低，偏差值较大，见表 35-2。

表 35-2　新疆区域空气质量颗粒物预报结果评估

区域	偏差/（μg/m³）			偏差率/%		
时效	24 h	48 h	72 h	24 h	48 h	72 h
天山北坡	47	50	55	34.8	38.0	42.5
北疆北部	15	21	21	26.0	41.6	40.7
东疆	28	29	32	23.7	25.6	29.3
南疆	41	45	48	30.7	33.7	34.1

5　沙尘预报评估结果

鉴于新疆境内沙漠广布，尤其与沙漠密切关联的塔里木盆地周围地区，因具备极为丰富的沙源，加之脆弱的生态环境、干旱多风的气候特征，使其成为全球沙尘暴高频区之一，也是我国沙尘暴天气策源地之一，加强沙尘天气污染预报较为必要。

5.1　预报系统成效评估

2016 年 11 月 25 日—12 月 31 日，北疆北部、天山北坡及东疆地区均未发生沙尘引起的污染，南疆地区沙尘污染 3 天，系统仅报出 1 天，2 天未报出，等级偏轻 1 级。

5.2　人工订正结果评估

2016 年全年，北疆北部及天山北坡地区发生的沙尘天气均未造成污染；东疆地区发生 61 天沙尘引起的污染天气，人工订正预报准确率为 58.9%，偏轻率为 33.9%，偏重率为 7.2%；南疆地区发生 221 天沙尘引起的污染天气，人工订正预报准确率为 71.1%，偏轻率为 18.2%，偏重率为 10.7%。

东疆地区发生 6 次区域性沙尘天气和 16 次局地性沙尘天气，造成污染共 61 天，其中达到中度及以上的污染天气 37 天，人工订正预报准确率为 58.9%，偏轻率为 33.9%，偏重率为 7.2%，详见表 35-3。

南疆地区受沙尘天气影响严重，沙尘天气引起 221 天污染天气，其中 209 天为中度及以上污染，人工订正预报准确率为 71.1%，偏轻率为 18.2%，偏重率为 10.7%，详见表 35-4。

表 35-3　东疆沙尘天气预报实例

序号	沙尘类别	发生时间	影响城市	区域级别	预报级别	预报准确率/%
1	局地	2 月 11 日	吐鲁番	重	中—重	100
3	局地	2 月 21 日	哈密	轻	轻	100
7	局地	3 月 25 日	哈密	中	良	0
9	局地	4 月 14 日	哈密	轻	良—轻	100
18	局地	10 月 3 日	吐鲁番	重	良—轻	0
19	局地	10 月 15 日	吐鲁番	重	良—轻	0
21	局地	10 月 27 日	吐鲁番	轻	良—轻	100
22	局地	11 月 16 日	吐鲁番	轻	轻—中	100
11	局地	5 月 1 日	吐鲁番	轻	良—轻	100
12	局地	5 月 11 日	吐鲁番	重	中—重	100
13	局地	5 月 17 日	哈密	轻	良—轻	100
14	局地	5 月 19 日	吐鲁番	重	轻	0
15	局地	6 月 13 日	吐鲁番	重	良—轻	0
10	局地	4 月 24—25 日	吐鲁番	重	良、中—重	50 偏轻
17	局地	7 月 31 日—8 月 2 日	吐鲁番	重、轻、重	轻—中、良—轻、轻—重	75 偏轻
20	局地	10 月 19—21 日	吐鲁番	轻、重、轻	中—重、轻—中、轻—中	25 偏重
2	区域	2 月 14—18 日	吐鲁番哈密	轻、重、重、重、中	良—轻、良—轻、良—轻轻—中、良—中	50 偏轻
4	区域	2 月 27—29 日	吐鲁番哈密	中、中、中	良—轻、轻—中、轻—中	75 偏轻
5	区域	3 月 3—9 日	吐鲁番哈密	严重、严重、严重、重、重、中、重	轻—中、轻—中、轻—中重—严重、重—严重重—严重、重—严重	50 偏轻
6	区域	3 月 16—20 日	吐鲁番哈密	中、中、轻、中	良、轻—中、轻—中轻—中	100
8	区域	4 月 10 日	吐鲁番哈密	重	轻—中	0 偏轻
16	区域	6 月 24—25 日	吐鲁番哈密	严重、重	轻—中、良—轻	0 偏轻

表 35-4　南疆沙尘天气预报实例

序号	沙尘类别	发生时间	影响城市	区域级别	预报级别	预报准确率/%
1	区域	1月21—30日	阿图什、喀什、和田、库尔勒	轻、重、重、轻、轻、中、中、中、中、轻	良—轻（喀什 中—重）、良—轻（喀什 中—重）轻—中（喀什、和田 重）、轻（喀什、和田 中—重）、轻、轻—中、轻—中、轻—中、轻—中、轻—中	80 偏轻
2	区域	2月11—29日	库尔勒、阿克苏、阿图什、喀什、和田	中、严重、严重、严重、严重、严重、严重、严重、严重、严重、严重、重、重、重、中、中	轻—中、轻（喀什、阿图什 中—重）、中—重、重—严重、重—严重、中—重、中—重、中—重、中—重、重—严重、重—严重、重—严重、重—严重、重—严重、中—重、中—重、中—重、轻（喀什 重）	80 偏轻
3	区域	3月1—19日	库尔勒、阿克苏、阿图什、喀什、和田	轻、轻、中、严重、严重、严重、严重、严重、严重、严重、严重、严重、严重、严重、严重、严重	轻（喀什 重）、轻—中、轻—中（喀什、和田 重）、轻—中、（和田、库尔勒 重）轻—中（喀什、库尔勒 重）、轻—中、轻—中、轻—中、轻—中、重—严重、重—严重、重—严重、重—严重、重—严重、重—严重	50 偏轻
4	局地	3月20—31日	库尔勒、喀什	轻、轻、中、中、轻、轻、轻、中、中、中	重—严重、良—轻、良—轻、轻—中、轻—中、轻—中、良—轻、良—轻（喀什 中）、良—轻（喀什 中）、轻—中（喀什、库尔勒 重）	50 偏重
5	区域	4月2—4日	阿图什、和田、喀什	严重、严重、重	轻—中、轻—中（喀什、和田 重）、中—重（和田 重）	75 偏轻
6	局地	4月5—11日	喀什、和田	轻、中、中、轻、中、轻	中—重、中—重、轻—中（喀什、和田 重）、轻—中、轻—中（喀什、和田、阿图什 重）、轻—中（和田 重）	70 偏重
7	区域	4月12—22日	阿克苏、阿图什、喀什、和田	严重、重、重、轻、重、严重、严重、重、严重、重	轻—中（和田 重）、轻—中（和田 重）、良—轻（和田 重）、良—轻（喀什、和田 重）、良—轻（喀什、和田 重）、轻—中、中—重、中—重、中—重、中—重	60 偏轻

序号	沙尘类别	发生时间	影响城市	区域级别	预报级别	预报准确率/%
12	区域	5月1—6日	库尔勒、阿克苏、阿图什、喀什、和田	严重、严重、严重、重、轻、重	中—重、中—重、中—重、重—严重、重、中—重	80 偏轻
14	区域	5月11—14日	库尔勒、阿克苏、阿图什、喀什、和田	严重、严重、严重、重	重—严重、重—严重、重—严重、重—严重	100
15	局地	5月15—19日	库尔勒、和田	中、轻、中、轻、中	轻—中、轻—中、轻—中、重—严重、中—严重	80 偏重
16	区域	5月20—28日	阿克苏、阿图什、喀什、和田	严重、重、中、重、重、严重、严重、严重、中	中—严重、中—严重、中—严重、中—重、中—重、中—严重、中—重、中—重、重—严重	85 偏轻
18	局地	6月2—8日	阿克苏、和田	轻、中、中、中、轻、重、轻	良—轻（和田 重） 良—轻（喀什、和田 重） 良—轻（喀什、和田 重） 良—轻（喀什、和田 重） 良—轻（喀什、和田 重） 良—轻（喀什、和田 重） 良—轻（喀什、和田 重）	20 偏轻
37	区域	10月21—23日	库尔勒、阿克苏、阿图什、喀什、和田	严重、严重、重	良—轻、轻—中、中—重	30 偏轻
39	区域	10月27日—11月5日	库尔勒、阿克苏、阿图什、喀什、和田	中、中、重、重、重、重、重、重、严重、中	中—重（喀什、和田、阿克苏 严重）、轻—中（喀什、和田、阿克苏 重）、轻—中（和田、阿克苏、库尔勒 重）、轻—中（和田、阿克苏、库尔勒 重）、轻—中（喀什、和田、阿克苏、库尔勒 重）、中—重、中—重、中—重、重—严重	45 偏轻
40	局地	11月7—10日	阿克苏、喀什	中、轻、中、中	轻—中、轻—中、轻—中（和田、阿克苏、库尔勒 重）、轻—中（喀什、和田、库尔勒 重）	90 偏重

序号	沙尘类别	发生时间	影响城市	区域级别	预报级别	预报准确率/%
45	局地	11月21—26日	和田	中、中、轻、轻、轻、轻	良—轻、良—轻（和田 重）、良—轻（和田 重）、良—轻、良—轻（和田 重）、轻—中（喀什、和田、阿图什 重）	85偏重
46	局地	11月27—29日	阿克苏、喀什、和田	轻、轻、轻	轻—中、良—轻（和田 重）、良—轻（喀什、和田、阿克苏 重）	80偏重

6 区域污染预报结果评估

6.1 评估指标

（1）区域污染过程预报准确率、空报漏报率；

（2）区域日常优良预报准确率、偏高偏低率。

6.2 评估结果

6.2.1 人工订正预报评估

北疆北部、天山北坡、东疆及南疆地区2016年等级预报准确率分别为94.4%、88.2%、81.9%和78.5%，各地区每月预报准确率见图35-3。

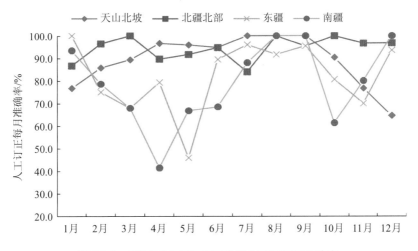

图35-3 新疆区域空气质量预报人工订正月准确率

区域污染过程分为轻中污染和重污染过程，其中轻中污染过程北疆北部预报准确率为 12.5%，漏报率 87.5%，无空报；天山北坡预报准确率 67.7%，漏报率 12.9%，空报率 19.4%；东疆预报准确率 87.2%，漏报率 9.6%，空报率 3.2%；南疆预报准确率 85.9%，漏报率 2.6%，空报率 11.5%。

北疆北部 2016 年无重污染过程，重污染过程天山北坡预报准确率 84.2%，漏报率 15.8%，无空报；东疆预报准确率 22.2%，漏报率 77.8%，无空报；南疆预报准确率 53.5%，漏报率 46.5%，无空报。

区域日常预报工作，北疆北部优良预报准确率为 96.5%，偏低率 3.5%，无偏高；天山北坡优良预报准确率为 94.6%，偏低率 0.9%，偏高率 4.5%；东疆优良预报准确率为 83.1%，偏低率 1.9%，偏高率 15.0%；南疆优良预报准确率为 84.7%，偏高率 15.3%，无偏低。

新疆 4 区域预报准确率最高的为北疆北部，其次为天山北坡、东疆，南疆最低。其中北疆北部优良预报准确率明显高于污染过程的准确率，污染漏报率较高；天山北坡优良预报准确率最高，重污染过程稍低，轻、中度污染过程最低；东疆及南疆地区的优良预报和轻、中度污染预报的准确率都较高，均大于 80%，重污染过程的预报准确率则较低，主要表现为漏报，见图 35-4。

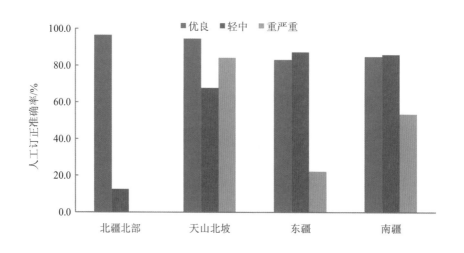

图 35-4　新疆区域空气质量预报人工订正准确率

6.2.2　模式预报评估

2016 年 11 月 25 日—12 月 31 日，由于模式 2016 年预报天数较少，仅对整体预报准确率进行评估。

北疆北部地区模式 24 h 级别预报准确率为 62.9%,偏低率 34.3%,偏高率 2.9%;48 h 预报准确率为 57.1%, 偏低率 40.0%, 偏高率 2.9%; 72 h 预报准确率为 65.7%, 偏低率 34.3%, 无偏高。

天山北坡地区模式 24 h 级别预报准确率为 28.6%,偏低率 60.0%, 偏高率 11.4%; 48 h 预报准确率为 25.7%, 偏低率 57.1%, 偏高率 17.1%; 72 h 预报准确率为 28.6%, 偏低率 57.1%, 偏高率 14.3%。

东疆地区模式 24 h 级别预报准确率为 48.6%, 偏低率 42.9%, 偏高率 8.6%; 48 h 预报准确率为 51.4%, 偏低率 45.7%, 偏高率 2.9%; 72 h 预报准确率为 45.7%, 偏低率 48.6%, 偏高率 5.7。

南疆地区模式 24 h 和 48 h 级别预报准确率均为 37.1%,偏低率 62.9%;72 h 预报准确率为 34.3%, 偏低率 65.7%, 均无偏高, 见图 35-5。

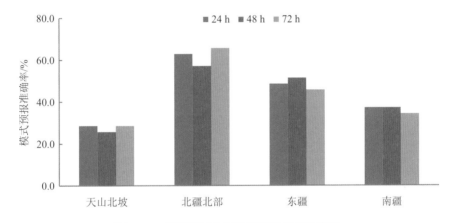

图 35-5　新疆区域空气质量预报模式准确率

（郭宇宏、邓婉月、纪元）

第七篇
城市预报成效评估实例

第 36 章 北京市 2016 年预报评估

1 概况

北京位于东经 115.7°～117.4°，北纬 39.4°～41.6°，中心位于北纬 39°54′20″，东经 116°25′29″，总面积 16 410.54 km²。位于华北平原北部，毗邻渤海湾。北京市山区面积 10 200 km²，约占总面积的 62%，平原区面积为 6 200 km²，约占总面积的 38%。北京的地形西北高，东南低。北京市平均海拔 43.5 m。北京平原的海拔高度在 20～60 m，山地一般海拔 1 000～1 500 m。北京西部为西山属太行山脉；北部和东北部为军都山属燕山山脉。最高的山峰为京西门头沟区的东灵山，海拔 2 303 m。最低的地面为通州区东南边界。两山在南口关沟相交，形成一个向东南展开的半圆形大山弯，人们称之为"北京弯"，它所围绕的小平原即为北京小平原。

北京的气候为典型的北温带半湿润大陆性季风气候，夏季高温多雨，冬季寒冷干燥，春、秋短促。全年无霜期 180～200 天，西部山区较短。2007 年平均降雨量 483.9 mm，为华北地区降雨最多的地区之一。降水季节分配很不均匀，全年降水的 80% 集中在夏季 6 月、7 月、8 月三个月，7 月、8 月有大雨。北京太阳辐射量全年平均为 112～136 kcal/cm。两个高值区分别分布在延庆盆地及密云县西北部至怀柔东部一带，年辐射量均在 135 kcal/cm 以上；低值区位于房山区的霞云岭附近，年辐射量为 112 kcal/cm。北京年平均日照时数在 2 000～2 800 h 之间。最大值在延庆县和古北口，为 2 800 h 以上，最小值分布在霞云岭，日照为 2 063 h。夏季正当雨季，日照时数减少，月日照在 230 h 左右；秋季日照时数虽没有春季多，但比夏季要多，月日照 230～245 h；冬季是一年中日照时数最少季节，月日照不足 200 h，一般在 170～190 h。

2 空气污染概况

2016 年，SO_2 年均浓度 10 μg/m³，达到国家标准；CO 24 h 平均第 95 百分位数 3.2 mg/m³，达到国家标准；O_3 日最大 8 小时滑动平均第 90 百分位数 199 μg/m³，超标

24%；NO_2 年均浓度 48 μg/m³，超过国家标准 20%；PM_{10} 年均浓度 92 μg/m³，超过国家标准 31%；$PM_{2.5}$ 年均浓度 73 μg/m³，超过国家标准 109%，见图 36-1。全年来看，$PM_{2.5}$ 是北京市超标最严重的污染物，但从夏季来看，O_3 为北京市超标最严重的污染物。与 2015 年相比，SO_2、NO_2、PM_{10} 和 $PM_{2.5}$ 的降幅分别为 28.6%、4.0%、9.8% 和 9.9%，SO_2 的降幅最为明显。

2016 年北京市空气质量达标天数 198 天，占 54%，比 2015 年增加 12 天（其中一级优增加 16 天），比 2013 年增加 22 天，达标率增加 6%；2016 年重污染共 39 天（38 天为 $PM_{2.5}$，1 天为 O_3），占 11%；比 2015 年减少 7 天，比 2013 年减少 19 天；全年空气质量超标日中，64.9% 的首要污染物为 $PM_{2.5}$，31.5% 为 O_3，3.6% 为 PM_{10}。

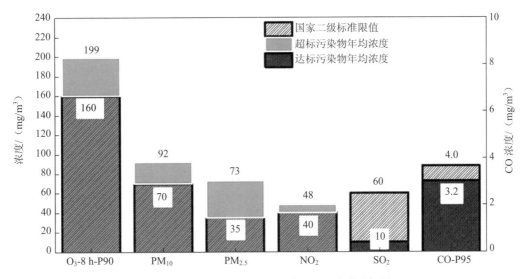

图 36-1　2016 年北京市六项污染物年均浓度达标情况

3　空气质量预报开展情况

1998 年，北京市实施了第一阶段的大气污染防治措施。与此同时，北京市环境保护监测中心开始尝试进行大气污染预报。1999 年，监测中心承担了北京市科委的科技计划课题"北京市城近郊区空气污染预测预报研究"，借助科研课题的研究开展空气质量预报工作的钻研和探索。2001 年，北京市环境保护监测中心开始预报 PM_{10} 等三项污染物的 API 指数，并向社会公开发布。

2006 年，同样是借助北京市科委课题"北京市空气质量集成预报系统研究"的开展以及多年工作的积累和沉淀，北京市基本建成了空气质量预报系统的完整体系。体系构成为主观预报手段为主，客观预报手段为辅。主观预报手段为判别预报，即预报员根据天气形势图和空气质量实况进行主观判断，客观预报手段即数值模型和统计模型。参考的天气形势图，包括韩国气象厅（KMA）预报图、日本气象厅（JMA）预报图、美国NECP 预报图以及天气在线预报图等。

2008 年，北京市以奥运会的筹办为契机，完成了空气质量预报体系的系统性升级，主要包括集合数值模型预报系统的搭建、动态统计模型系统的升级和综合预报业务平台的建设。数值模型系统是以空气质量模型为核心的预报手段，北京市的集合模型系统包括中科院大气物理所自主研发的 NAQPMS 模型、美国 EPA 推荐的 CMAQ 模型以及美国 ENVIRON 公司开发的 CAMx 模型。集合模型系统采用统一的模拟区域设置、统一的污染源排放清单，统一使用 SMOKE 模型进行排放源处理，统一由 MM5 模型或 WRF 模型驱动气象场。模型网格区域设置为四重嵌套，第一层网格覆盖中国地区，第二层网格覆盖华北地区，第三层网格覆盖京津冀地区，第四层网格覆盖北京市。由于不同的空气质量模型在北京市不同地区的预报性能各有优势，为优化数值模型的预报性能，采用算术集合平均、权重集成等统计学方法进行集合数值预报。

2013 年，北京市在全国率先开展包括 $PM_{2.5}$ 和 O_3 在内的 AQI 预报，同时完成了北京市科委的课题"基于 AQI 标准及三维立体监测的预报预警技术体系研究"。目前，北京市环境保护监测中心向社会发布未来三天的空气质量预报情况。

4　评估指标

根据业务统计结果和前面章节的建议以及北京空气质量预报的实际情况，选择城市空气质量等级预报准确率 G，城市 AQI 范围预报准确率 P_{AQI} 和首要污染物预报准确率 F 这三个指标开展评估。由于近两年北京市环境保护监测中心机房在改造升级，高性能计算机停止运行，所以暂无数值模型的评估结果，所以评估的对象为人工预报结果。

5　评估结果

表 36-1 显示了 2014 年 9 月—2017 年 8 月三年间北京市空气质量人工预报的准确率。在进行 AQI 指数预报填报时，按照业务习惯，北京市填报的 AQI 指数范围一直是 20，即在预报的 AQI 值的基础上再上下浮动 10 个指数，因此评价体系略严于其他省市。通过表 36-1 可看出如下特征：

5.1 首要污染物预报准确率 F

（1）整体预报准确率较高，全年 24 h 预报准确率达到 64.1%；

（2）分季节来看，冬季的准确率最高，24 h 预报和 48 h 预报都超过了 70%，春季的准确率最低，48 h 预报和 72 h 预报均低于 60%；

（3）分级别来看，基本上呈现 AQI 级别越高，预报准确率越高的特征，主要是由北京市的污染特征决定的，出现高级别污染时，首要污染物基本为 $PM_{2.5}$，夏季会有部分为 O_3，春季会有部分为 PM_{10}；

（4）对重污染过程预报来看，夏季准确率较差，其他季节基本为 90% 以上或者 100%。

5.2 城市空气质量等级预报准确率 G

（1）整体来看，级别预报准确率在 50% 左右，全年 24 h 预报准确率为 55.7%，48 h 预报准确率也超过 50%，72 h 预报准确率接近 50%；

（2）分季节来看，各季节的级别预报准确率较为接近，秋季略高些，24 h 预报准确率达到 58.2%。夏季 24 h 预报准确率也达到 58%，但 72 h 预报效果明显转差，仅为 43.8%，这与夏季天气系统多变也有关系；

（3）分级别来看，二级的预报准确率最高，全年 2 h 预报准确率达到 63.3%，48 h 和 72 h 预报准确率也超过 60%，一级、三级、四级的预报准确率较为接近，五级和六级的预报准确率相对较差；

（4）对重污染过程来说，五级的 24 h 预报准确率为 40.0%，六级的预报准确率为 10.5%。虽然全年预报效果不佳，但对重污染最集中的冬季和秋季来说，五级的 24 h 预报准确率分别为 54.1% 和 43.3%，预报效果尚可。

5.3 城市 AQI 范围预报准确率 P_{AQI}

（1）由于北京市业务体系中 AQI 范围填报区间较窄，所以预报的难度最大，三年平均来看，P_{AQI} 仅为 30% 左右；

（2）分季节来看，各季节的预报准确率范围较为接近，基本在 30% 左右浮动，秋季和夏季的略高；

（3）分级别来看，基本上呈现级别越高，准确率越低的特征，一级的 AQI 范围预报准确率可达到 50% 左右；

（4）对重污染预报来说，由于涉及 AQI 范围较大，所以在 20 个指数的 AQI 范围内预报准确难度较高，因此准确率较低。

表36-1　2014年9月—2017年8月北京市空气质量人工预报准确率

评价指标		春季（3—5月）			夏季（6—8月）			秋季（9—11月）			冬季（12月—次年2月）			全年		
		24 h	48 h	72 h	24 h	48 h	72 h	24 h	48 h	72 h	24 h	48 h	72 h	24 h	48 h	72 h
城市空气质量等级预报准确率 C_G	总体	52.2	50.7	51.1	58.0	54.0	43.8	58.2	53.5	50.5	55.0	50.2	51.3	55.7	50.7	46.0
	一级（优）	40.5	51.4	50.0	42.9	37.8	37.8	63.6	54.8	58.1	67.7	59.0	57.4	45.9	43.6	33.3
	二级（良）	61.7	59.1	61.5	72.3	64.1	61.3	75.9	75.2	68.7	66.7	65.9	61.1	63.3	61.3	61.5
	三级（轻度）	55.9	44.1	46.6	57.3	63.9	41.0	38.3	39.6	43.8	32.4	30.6	43.2	48.3	51.7	46.7
	四级（中度）	45.7	48.9	43.8	50.0	39.0	27.6	50.0	36.4	27.3	44.8	41.4	55.2	50.0	44.7	34.2
	五级（重度）	28.6	30.8	23.1	0.0	0.0	0.0	43.3	26.7	22.6	54.1	44.7	45.9	40.0	30.0	30.0
	六级（严重）	0.0	0.0	0.0	—	—	—	7.1	0.0	0.0	12.5	0.0	0.0	10.5	0.0	0.0
城市AQI范围预报准确率 C_{AQI}	总体	28.3	29.0	30.4	31.2	30.8	27.2	32.2	27.1	24.5	30.6	27.3	24.4	30.6	28.6	26.6
	一级（优）	54.1	51.4	50.0	40.0	29.7	35.1	45.5	42.9	27.9	50.0	45.9	42.6	47.4	42.5	38.9
	二级（良）	31.3	29.6	33.3	41.5	32.6	29.0	39.7	36.8	34.8	37.8	31.9	22.2	37.6	32.7	29.8
	三级（轻度）	22.0	25.4	25.9	25.6	34.9	24.1	21.3	16.7	20.8	13.5	22.2	18.9	20.6	24.8	22.4
	四级（中度）	15.2	23.4	18.8	20.0	25.4	25.9	36.4	13.6	4.5	13.8	20.7	27.6	21.3	20.8	19.2
	五级（重度）	14.3	7.7	23.1	0.0	0.0	0.0	13.3	6.7	12.9	24.3	7.9	13.5	12.9	5.6	12.4
	六级（严重）	0.0	0.0	0.0	—	—	—	0.0	0.0	0.0	0.0	0.0	0.0	0.0	0.0	0.0
首要污染物预报准确率 C_{PP}	总体	63.0	57.2	58.7	69.2	64.5	62.0	69.2	65.9	66.7	72.7	70.5	67.5	64.1	62.0	60.1
	一级（优）	—	—	—	—	—	—	—	—	—	—	—	—	—	—	—
	二级（良）	52.2	42.6	48.7	61.7	62.0	49.5	48.3	43.6	44.3	43.3	42.9	35.6	55.0	50.5	47.7
	三级（轻度）	71.2	62.7	62.1	75.6	69.9	74.7	85.1	83.3	81.3	94.6	94.4	91.9	86.7	83.3	81.7
	四级（中度）	87.0	80.9	77.1	90.0	78.0	77.6	100.0	100.0	100.0	96.6	96.6	96.6	97.4	97.4	94.7
	五级（重度）	100.0	92.3	92.3	80.0	60.0	60.0	96.7	100.0	100.0	100.0	100.0	100.0	100.0	100.0	100.0
	六级（严重）	100.0	100.0	100.0	—	—	—	100.0	100.0	100.0	100.0	100.0	100.0	100.0	100.0	100.0

注："—"表示未出现该级别或无首要污染物。

6　总结

受到北京市污染特征的影响，以目前的预报能力对首要污染物的预报准确率较高，但对空气质量级别和 AQI 范围的预报能力还有待提高，特别是秋冬季的 $PM_{2.5}$ 重污染过程，管理层和民众的关注度较高，需要进一步提升预报能力。另外，对夏季 O_3 重污染的预报难度也较大，需要进一步加强科技支撑，提高对 O_3 污染预报的准确率。

（李云婷、潘锦秀、王占山）

第37章 上海市2016年预报评估

1 概况

长三角区域空气质量预测预报中心所预报的范围在传统意义上处在江浙沪皖交界处的长三角城市群之上，扩展至上海、江苏、浙江、安徽和江西等五个省市，区域面积超过 50 万 km^2。区域受亚热带季风气候影响，秦岭—淮河穿过境内。核心区域由长江中下游冲积平原组成，南部地区有丘陵和山脉分布，东面是我国的东海和黄海。

2 空气污染概况

长三角夏季受副热带高压影响，高温多雨，以东南风和西南风为主；冬季受到冷空气南下影响，低温少雨，以东北风和西北风为主。在副热带高压和冷空气共同影响下，长三角夏季扩散条件总体较好，颗粒物浓度较低，污染过程以臭氧为首要污染物的居多；秋冬季节扩散条件较差，伴随着跨区域的污染输送，经常出现高污染过程，首要污染物以 $PM_{2.5}$ 为主；春天偶尔会受到沙尘影响，首要污染物可能出现 PM_{10}。

3 模式发展和使用情况

长三角区域空气质量预测预报中心成立于 2014 年，每天发布区域未来五天空气质量预报，每周区域中心、各省市监测中心、区域气象中心组织联合可视化会商。目前，区域中心的预报工作有 CMAQ、WRF-Chem、NAQPMS 等数值预报模式的支持，各省监测中心也有相应的空气质量预报系统和数值模式支持。

4 评估指标

对于长三角的城市预报的评估指标主要包括起始时间、持续时间、污染程度和覆盖范围等4个。

4.1 起始时间

长三角区域内 2 个以上的连片省、10 个以上地级市出现污染，可以判定污染过程开始。

4.2 持续时间

从区域污染过程开始，同一次过程中达到污染程度的连片省不足 2 个，或地级市不足 10 个，污染过程结束，这期间的时间为污染过程的持续时间。污染过程至少满足持续时间超过 48 h 或 2 个自然日。

4.3 污染程度

长三角区域内 2 个以上的连片省、10 个以上地级市出现轻度或以上污染，为区域污染过程；出现重度或以上污染，为区域重度污染过程。

4.4 覆盖范围

污染过程中，连片城市达到该次污染过程的污染程度所属的城市，为该次污染过程的覆盖范围；由于长三角污染过程以"移动型"为主，期间覆盖城市持续时间达到 24 h 或 1 个自然日，即属于污染过程覆盖范围。

5 业务预报评估结果

5.1 长三角分区说明

长三角区域包括上海、江苏、浙江、安徽、江西"四省一市"，结合地理形势、气候特征和污染特征等因素，在区域预报中通常将长三角分为北中南和沿海内陆片区，按片区开展预报。南北向主要分为长三角北部、长三角中部、长三角南部三大片区，其中长三角北部按照长江、淮河流域又细分为淮河以北、江淮之间两个子区，东西向分为沿海和内陆两部分，详细区域划分如表 37-1 所示。

5.2 长三角分区预报内容和形式

自 2017 年 4 月起，长三角区域预报在原有文字预报基础之上，补充了对应污染形势污染落区图绘制，一方面作为文字预报的补充内容，具体表征了长三角空气质量预报结果的空间分布，另一方面弥补了文字形式的预报结果无法定量评估的缺点。

　　根据上文定义的长三角分区，先对各分区的空气质量等级进行初步预判，在细分到长三角各城市进行预报结果调整，重点关注可能出现污染的范围。

表 37-1　长三角区域划分示意表

	内陆		沿海
长三角北部	淮河以北： 淮北、亳州、宿州、阜阳、蚌埠、淮南、徐州、宿迁、淮安		连云港
	江淮之间： 合肥、滁州、六安、扬州、泰州		盐城
长三角中部	安庆、铜陵、芜湖、马鞍山、池州、宣城、黄山、南京、镇江、常州、无锡、苏州、湖州、嘉兴、杭州、绍兴		南通、上海、宁波、舟山
长三角南部	江西省、衢州、金华、丽水		台州、温州

5.3　长三角区域预报评估

　　准确率评估是以城市为统计单位，当预报等级和实况等级相同时，认为该城市预报准确，反之则认为预报不准确。统计每日长三角级别预报准确的城市在所有城市中的占比，就可得到每日区域预报的准确率。一段时间内区域预报准确率的平均值即为该时段的长三角区域预报平均准确率。

　　图 37-1 和图 37-2 为 4 月 10 日至 6 月 11 日的 24 h 区域预报准确率时间序列和预报准确率频数分布图。从时间序列中可以看出，在 4 月期间，即落区图绘制开展初期，预报水平相对浮动较大，且准确率低于 30% 的情况主要集中在该时段。5 月以后预报水平整体有所提高。每日的预报准确率范围在 18%～84%，平均准确率为 52%。从预报准确率频数分布图可以看出，评估期间，预报准确率主要分布在 50%～70% 之间。

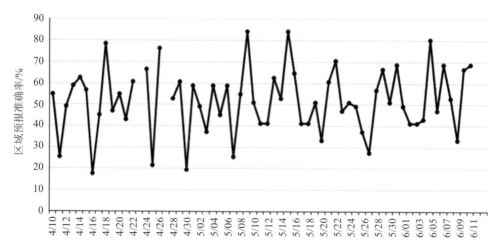

图 37-1　每日区域预报准确率时间序列

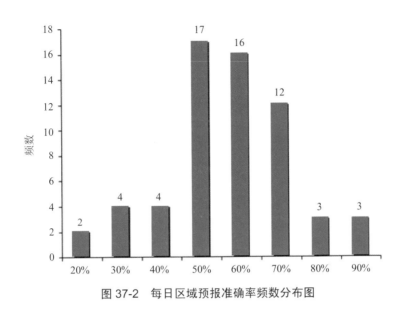

图 37-2　每日区域预报准确率频数分布图

6　污染过程预报评估结果

2016 年 11 月底，长三角经历了一次长时间的污染过程，污染范围几乎覆盖整个长三角。从实况来看，11 月 24 日起，长三角从局部出现污染，11 月 25—27 日污染范围扩大到长三角中北部，出现了 3 天轻度到中度污染，可以作为一个污染过程。从预报结果上看，24 日的预报结果为"11 月 25 日，长三角中北部受高压东移入海影响，南部受低压槽影响，北部良到轻度污染，中南部以良为主。11 月 26 日，长三角处于高压前部，中南部受东海低压槽影响，有降水，北部轻度污染为主，中部以良为主，南部优到良。11 月 27 日，长三角受弱冷空气影响，整体良到轻度污染。"对于中北部的预报，都达到了轻度污染水平，表明该次污染过程预报起始时间、覆盖范围准确。

11 月 28—29 日，污染气团逐渐向南和西南方向扩散至浙江、安徽和江西内陆，为上一次污染过程的延续，污染过程在 29 日开始面积逐渐减小，污染过程结束。11 月 27 日的预报结果为"11 月 27 日，长三角受弱冷空气影响，北部轻度到中度污染，中部轻度污染为主，南部良到轻度污染。11 月 28 日，长三角北部受高压控制，中南部位于高压底部，北部良到轻度污染，中南部以良为主。11 月 29 日，长三角处于高压底部，北部以良为主，中南部优到良。"除了预报结果中对于 29 日污染过程向西南方向扩散速度有所低估，中南部地区预报结果偏轻以外，污染过程的持续时间和污染程度也基本准确。

（黄蕊珠、赵倩彪）

第38章 天津市2016年预报评估

1 概况

1.1 自然环境情况

天津市地处北温带，位于中纬度亚欧大陆东岸、华北平原东北部、海河流域下游、环渤海地区的中心地带，北依燕山，东临渤海，主要受季风环流的支配，是东亚季风盛行的地区，属暖温带半湿润季风性气候，临近渤海湾，海洋气候对天津的影响比较明显。主要气候特征是：四季分明，春季多风，干旱少雨；夏季炎热，雨水集中；秋季气爽，冷暖适中；冬季寒冷，干燥少雪；冬半年多西北风，气温较低，降水也少；夏半年太平洋副热带暖高压加强，以偏南风为主，气温高，降水多。

天津市地貌总轮廓为西北高而东南低，海拔由北向南逐渐下降，从蓟州区北部山区至滨海地区，可分为海拔500～1 000 m的山地、50～500 m的丘陵、3～50 m的平原、0～3 m的滨海滩地等地貌，不同气候、地貌情况对污染物扩散的影响如下：

1.1.1 山地、丘陵地区污染物扩散特点

山地、丘陵地形对气流起到阻挡的作用而产生辐合，容易使污染物滞留在山谷，山体对风速的削弱作用不利于污染物的输送，易造成山区的局地污染；山地地形的存在会形成山谷风，这种局地环流使得污染物往返积累，达到较高的浓度，同样会造成当地的严重污染。

山区低层夜间常出现很强的逆温，由于受地形的阻挡，河谷和凹地的风速很小，有利于逆温的形成；夜间山坡冷却很快，冷空气沿山坡下滑，在谷地积聚，逆温发展的速度比平原快，逆温层更厚，强度更大，因此污染物扩散更加困难。

1.1.2 平原地区污染物扩散特点

平原是最简单的地形，除地表粗糙度影响近地面气体的湍流程度外，不会对空气流

动造成过多干扰，其气流多是平直状态，因此污染物的扩散主要取决于风向、风速、水平扩散系数、垂直扩散系数等气象参数，不同的气象条件决定了不同的污染特征。

平原地区地势开阔，一般情况下污染物会遵循高斯扩散模型随风扩散，其变化趋势易于掌握。但需要注意的是，城市中的高层建筑物、体形大的建筑物和构筑物都能造成气流在小范围内产生涡流，阻碍污染物质迅速扩散，而停滞在某一地段，加重污染。

1.1.3 滨海滩地污染物扩散特点

滨海滩地属于海陆交接地带，由于水面上扩散速率小，气流在开阔而平滑的水面上流动比陆地上光滑得多，因此机械湍流较弱，扩散速率较陆地低，但水面上风速较大，一定程度上改善了污染物在水面上的扩散稀释条件。当风从水面吹向陆地或由陆地吹向水面时，由于下垫面温度骤然改变，将引起下层空气的变性，形成热边界层，常常形成特殊的漫烟型空气污染过程。

由于海陆风的存在，处于局地环流之中的污染源排放的污染物随气流热抬升后，在上层流向海洋并下沉，又可能有部分被海风带回地表，这种循环积累可能达到较高的浓度。而且海陆风是日夜转换的，夜晚被陆风吹向海洋的污染物，白天有可能部分地带回陆面，这种往返现象可能会进一步加重污染现象。

1.2 城市空气污染情况

天津市污染情况季节分布特征明显：冬季天气系统相对稳定，容易出现逆温、静风等不利于污染物扩散的气象条件，加之城市供暖使大气污染物排放量加大，以 $PM_{2.5}$ 为首要污染物的大气重污染过程时有发生；除 O_3 夏季浓度较高外，其余各项污染物浓度呈现冬季高，夏季低的特点，其中 $PM_{2.5}$ 和 PM_{10} 在春季浓度也较高。

（1）天津市颗粒物污染较重，2013—2016 年虽有改善，但仍超标。2016 年 $PM_{2.5}$、PM_{10} 年均浓度分别是国家年二级标准限值的 1.97 倍和 1.47 倍，是天津市大气污染物中超标最重的两项，颗粒物为首要污染物的天数达全年有效监测天数的 62.6%。

（2）夏季 O_3 污染日趋加重，2013 年以来，呈明显的上升趋势。2016 年天津市 O_3 日最大 8 h 平均浓度第 90 百分位数浓度为 157 μg/m³，接近国家日最大 8 h 平均浓度二级标准限值（160 μg/m³），以 O_3 为首要污染物的天数为 75 天，较 2013 年增加 55 天。

（3）NO_2 污染近期有所加重，2013—2016 年，天津市 NO_2 年均浓度是国家年二级标准限值的 1.05～1.35 倍；2015 年以后，NO_2 年均浓度呈现上升趋势，2016 年成为首要污染物的天数为 37 天，较 2015 年增加 20 天。

（4）天津市冬季污染以细颗粒物为主，$PM_{2.5}$ 在 2013—2016 年冬季为首要污染物的天数占有效监测天数的近 70%；春季易出现扬尘污染，以 PM_{10} 为首要污染物的天数占比在 2013—2016 年春季逐年上升，分别为 32.6%、34.8%、37.0% 和 42.4%；夏季常出现 O_3 污染，2016 年夏季以 O_3 为首要污染物的天数占有效监测天数的 50% 以上。

1.3 空气质量预报情况

天津市从 2013 年 9 月开始开展针对《环境空气质量标准》（GB 3095—2012）的 AQI 预报，引进了 NAQPMS、CMAQ、CAMx 和 WRF-Chem 等数值模式，初步建立了环境空气质量多模式预报系统。经过长期的积累和摸索，基本形成了天津市空气质量预报方法体系，能够满足环境空气质量预报信息的国家上报和公开发布要求。

预报的技术方法流程主要包括实况分析、模式预报、趋势研判、级别和首要污染物判定、AQI 范围修正、预报结论、预报信息上报和发布等环节，即在模式预报的基础上辅以综合分析、会商研判和客观订正，最终得出相对准确可靠的预报结论。

以 2016 年 NAQPMS 模式预报结果为例，不同时效的模式 AQI 预报结果与实测结果的相关系数均低于人工预报，首要污染物准确率也均低于人工预报，见表 38-1。天津市在长期的实际应用中，发现 NAQPMS 模式在春季和夏季存在对 NO_2 浓度高估、对 PM_{10} 和 O_3 浓度低估的情况；在秋季和冬季存在对 $PM_{2.5}$ 高估的情况。

表 38-1　模式和人工预报对比

预报时效	AQI 与实测结果的相关系数		首要污染物准确率	
	模式	人工	模式	人工
24 h	0.69	0.87	44.5%	67.8%
48 h	0.64	0.71	44.0%	63.4%
72 h	0.61	0.72	44.8%	69.9%

2 日常例行预报评估

2016 年，天津市空气质量达标 226 天，其中一级优 25 天，二级良 201 天；超标 140 天，其中三级轻度污染 87 天，四级中度污染 24 天，五级重度污染 23 天，六级严重污染 6 天。以 $PM_{2.5}$、PM_{10}、O_3、NO_2 为首要污染物天数分别为 167 天、62 天、75 天、37 天，见表 38-2 和表 38-3。

2.1 预报级别评估（G）

2.1.1 模式预报评估

2016 年全年，天津市模式 24 h 预报空气质量级别准确率为 50.3%，48 h 预报空气质量级别准确率为 49.5%，72 h 预报空气质量级别准确率为 47.5%，三个时段级别准确率均高于 45%，其中 24 h 级别准确率略高于 48 h 和 72 h。

从季节分布来看，24 h 和 48 h 预报空气质量级别准确率均是秋季最高，冬季最低，春、夏季节居中；72 h 预报空气质量级别预报准确率，春季最高，冬季最低，夏、秋季次之，见图 38-1。

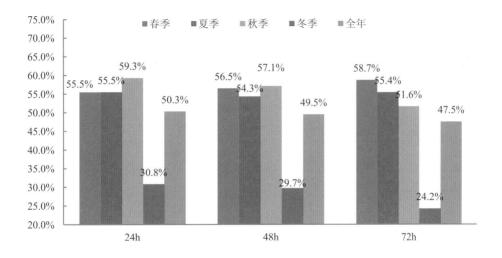

图 38-1　天津市模式级别准确率统计

2.1.2 人工预报评估

2016 年全年，天津市 24 h 空气质量级别预报准确率为 73.8%，48 h 空气质量级别预报准确率为 73.5%，72 h 空气质量级别准确率为 70.2%，三个时段级别准确率均高于 70%，其中 24 h 级别准确率略高于 48 h 和 72 h 的级别准确率。

从季节分布来看，24 h 空气质量级别预报准确率夏季最高，冬季最低，春、秋季节居中；48 h 空气质量级别预报准确率春季最高，秋、冬季最低。对于 72 h 空气质量级别预报准确率，春季最高，秋季次之，冬季最低，见图 38-2。

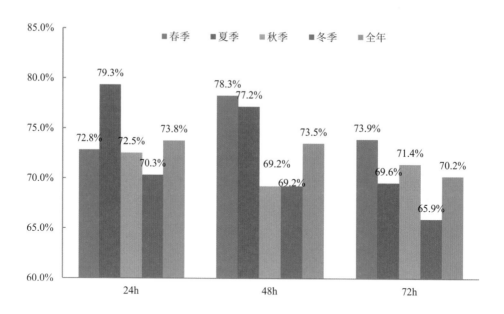

图 38-2　天津市人工级别准确率统计

2.2　AQI 指数预报范围评估（P_{AQI}）

2.2.1　模式预报评估

2016 年，天津市模式 24 h 预报 AQI 范围准确率为 39.9%，48 h 预报 AQI 准确率为 34.2%，72 h 预报 AQI 范围准确率为 33.3%。三个时段 AQI 范围准确率均高于 30%之间，其中 24 h 级别准确率高于 48 h 和 72 h 的级别准确率。

从季节分布来看，24 h 预报 AQI 范围准确率春季和秋季较高，其次为夏季，冬季最低；48 h 和 72 h 预报 AQI 范围准确率由高到低分别为春季、秋季、夏季和冬季，见图 38-3。

2.2.2　人工预报评估

2016 年，天津市模式 24 h 预报 AQI 范围准确率为 36.3%，48 h 预报 AQI 准确率为 37.2%，72 h 预报 AQI 范围准确率为 44.3%。三个时段 AQI 范围准确率均介于 35%～45%之间，其中 72 h 预报 AQI 范围准确率略高于 48 h 和 24 h，24 h 预报 AQI 范围准确率最低。

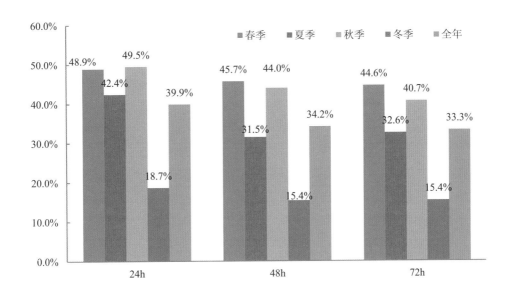

图 38-3　天津市模式 AQI 范围预报准确率统计

从季节分布来看，24 h 预报 AQI 范围准确率夏季最高，其次为秋季、春季，冬季
AQI 准确率最低；48 h 预报 AQI 范围准确率由高到低分别为夏季、春季、冬季和秋季；
72 h 预报 AQI 范围准确率由高到低分别为秋季、夏季、春季和冬季，见图 38-4。

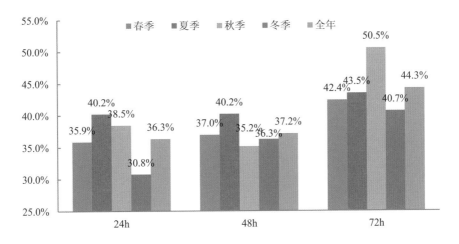

图 38-4　天津市人工 AQI 范围预报准确率统计

2.3　首要污染物预报评估（F）

2.3.1　模式预报评估

2016年，天津市模式24 h预报首要污染物准确率为44.5%，48 h预报首要污染物准确率为44.0%，72 h首要污染物预报准确率为44.8%。其中72 h预报AQI范围准确率略高于48 h和24 h，24 h预报AQI范围准确率最低。

从季节分布来看，24 h预报首要污染物准确率秋季最高，其次为冬季、春季，夏季最低；48 h预报首要污染物准确率秋季最高，其次为冬季，春季和夏季最低；72 h预报首要污染物准确率由高到低分别为秋季、冬季、夏季和春季，见图38-5。

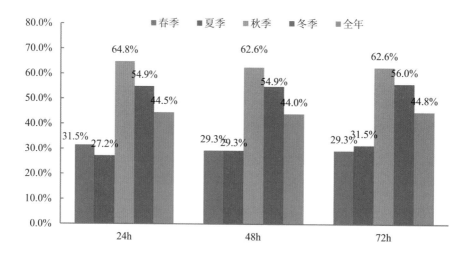

图38-5　天津市模式首要污染物准确率统计

2.3.2　人工预报评估

2016年，天津市人工24 h预报首要污染物准确率为67.8%，48 h首要污染物预报准确率为63.4%，72 h预报首要污染物准确率为69.9%。其中72 h预报首要污染准确率最高，其次为24 h预报首要污染物准确率，48 h预报首要污染物准确率最低。

从季节分布来看，24 h预报首要污染物准确率秋季最高，其次为冬季、春季，夏季最低；48 h预报首要污染物准确率由高到低依次为冬季、秋季、春季和夏季；72 h预报首要污染物准确率由高到低分别为冬季、春季、夏季和秋季，见图38-6。

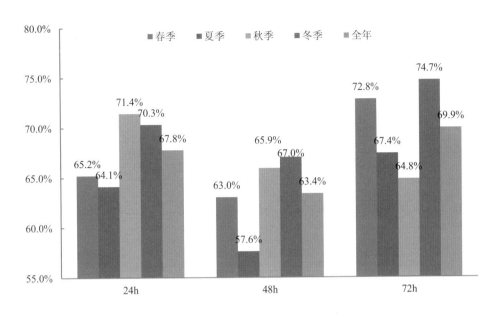

图 38-6　天津市人工首要污染物准确率统计

2.4　AQI 指数预报趋势评估（T_{AQI}）

2.4.1　模式预报评估

2016 年, 天津市模式 24 h 预报趋势准确率为 58.6%, 48 h 趋势预报准确率为 49.0%, 72 h 预报趋势准确率为 50.4%。其中 24 h 预报趋势准确率最高, 其次为 72 h 预报首要污染物准确率, 48 h 预报趋势准确率最低。

从季节分布来看, 24 h 预报趋势准确率秋季最高, 其次为冬季、春季, 夏季最低; 48 h 预报趋势准确率由高到低依次为冬季、秋季、春季和夏季; 72 h 预报趋势准确率由高到低分别为秋季、冬季、春季和夏季, 见图 38-7。

2.4.2　人工预报评估

2016 年, 天津市人工 24 h 预报趋势准确率为 51.0%, 48 h 趋势预报准确率为 49.6%, 72 h 预报趋势准确率为 51.8%。三个时段趋势准确率均在 50% 左右, 准确率相差不大, 其中 72 h 预报趋势准确率略高, 48 h 预报趋势准确率略低。

从季节分布来看, 24 h 预报趋势准确率秋季最高, 其次为冬季、春季, 夏季最低; 48 h 预报趋势准确率由高到低依次为冬季、秋季、春季和夏季; 72 h 预报趋势准确率由高到低分别为秋季、冬季、春季和夏季, 见图 38-8。

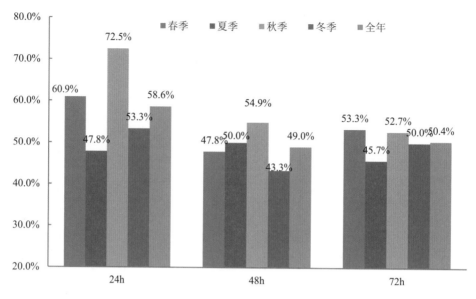

图 38-7　天津市模式预报 AQI 趋势准确率统计

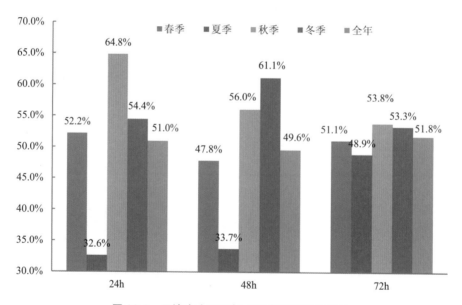

图 38-8　天津市人工预报 AQI 趋势准确率统计

2.5　预报级别偏差评估（G_+和 G_-）

2.5.1　模式预报评估

2016 年，天津市模式 24 h 预报级别偏高率为 29.8%，偏低率为 19.9%；48 h 预报级别偏高率为 28.7%，偏低率为 21.8%；72 h 预报级别偏高率为 30.9%，偏低率为 21.6%。

从季节分布来看，24 h、48 h 和 72 h 预报级别偏高率均是冬季最高，其次为秋季、夏季，春季最低；偏低率均是春季最高，其次为夏季、秋季，冬季最低。可见模式冬季高估明显，春季低估明显，见图 38-9 和图 38-10。

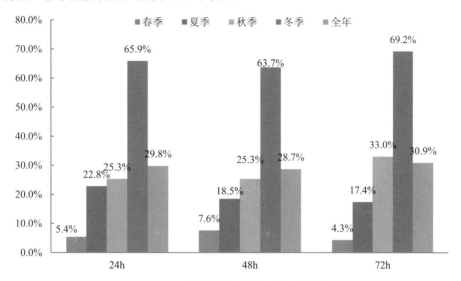

图 38-9　天津市模式预报级别偏高率统计

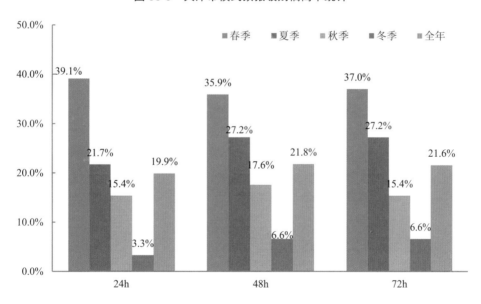

图 38-10　天津市模式预报级别偏低率统计

2.5.2　人工预报评估

2016 年，天津市人工 24 h 预报级别偏高率为 15.6%，偏低率为 10.7%；48 h 预报级别偏高率为 16.7%，偏低率为 9.8%；72 h 预报级别偏高率为 17.5%，偏低率为 9.6%。

其中 72 h 预报偏高率均高于其他两个时段，48 h 预报偏高率也高于 24 h，即未来三个时段空气质量级别预报值均比实况污染程度较重。

从季节分布来看，24 h 预报级别偏高率冬季最高，春季最低；48 h 预报级别偏高率四季分布与 24 h 的相同，由高到低依次为冬季、秋季、夏季和春季；72 h 预报级别偏高率由高到低分别为冬季、秋季、春季和夏季。24 h 预报级别偏低率春季最高，秋季次之，夏季和冬季最低；48 h 预报级别偏低率秋季最高，春季次之，夏季和冬季最低；72 h 预报级别偏低率由高到低分别为秋季、春季、冬季和夏季，见图 38-11 和图 38-12。

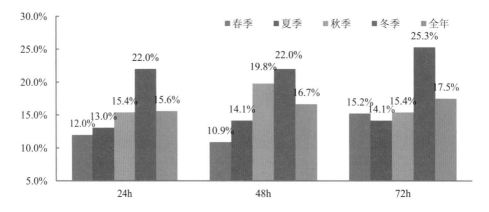

图 38-11 天津市人工预报级别偏高率统计

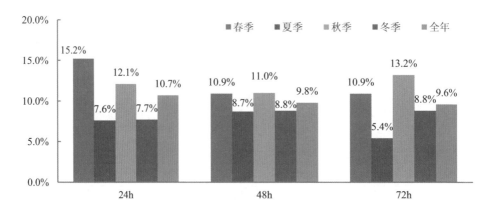

图 38-12 天津市人工预报级别偏低率统计

2.6 其他分类方式统计的评估结果

具体见表 38-4～表 38-7。

单位：%

表38-2　天津市模式预报准确率分项统计表

评价指标		春季（3—5月）			夏季（6—8月）			秋季（9—11月）			冬季（12月—次年2月）			全年		
		24 h	48 h	72 h	24 h	48 h	72 h	24 h	48 h	72 h	24 h	48 h	72 h	24 h	48 h	72 h
级别预报准确率	总体 G	55.5	56.5	58.7	55.5	54.3	55.4	59.3	57.1	51.6	30.8	29.7	24.2	50.3	49.5	47.5
	一级（优）$G_{AQI\text{-}1}$	100.0	100.0	100.0	16.7	16.7	50.0	41.7	41.7	33.3	16.7	33.3	33.3	32.0	36.0	40.0
	二级（良）$G_{AQI\text{-}2}$	75.9	74.1	77.8	72.9	76.3	72.9	71.8	69.2	64.1	18.4	20.4	20.4	60.2	60.7	59.7
	三级（轻度）$G_{AQI\text{-}3}$	28.0	36.0	32.0	26.9	15.4	19.2	56.5	56.5	39.1	61.5	23.1	23.1	40.2	33.3	28.7
	四级（中度）$G_{AQI\text{-}4}$	33.3	16.7	33.3	0.0	0.0	0.0	44.4	55.6	66.7	25.0	50.0	0.0	33.3	41.7	33.3
	五级（重度）$G_{AQI\text{-}5}$	0.0	16.7	16.7	—	—	—	57.1	28.6	42.9	50.0	50.0	40.0	39.1	34.8	34.8
	六级（严重）$G_{AQI\text{-}6}$	—	—	—	—	—	—	0.0	0.0	0.0	60.0	60.0	60.0	50.0	50.0	50.0
AQI范围预报准确率	总体 P_{AQI}	48.9	45.7	44.6	42.4	31.5	32.6	49.5	44.0	40.7	18.7	15.4	15.4	39.9	34.2	33.3
	一级（优）$P_{AQI\text{-}1}$	100.0	0.0	0.0	50.0	33.3	33.3	58.3	50.0	58.3	50.0	50.0	50.0	56.0	44.0	48.0
	二级（良）$P_{AQI\text{-}2}$	66.7	63.0	63.0	52.5	45.8	44.1	59.0	59.0	43.6	4.1	6.1	8.2	45.8	43.3	40.3
	三级（轻度）$P_{AQI\text{-}3}$	28.0	24.0	24.0	19.2	0.0	7.7	43.5	34.8	34.8	38.5	15.4	7.7	31.0	18.4	19.5
	四级（中度）$P_{AQI\text{-}4}$	16.7	16.7	0.0	0.0	0.0	0.0	22.2	33.3	33.3	12.5	25.0	12.5	16.7	25.0	16.7
	五级（重度）$P_{AQI\text{-}5}$	0.0	16.7	16.7	—	—	—	42.9	0.0	28.6	30.0	40.0	40.0	26.1	21.7	30.4
	六级（严重）$P_{AQI\text{-}6}$	—	—	—	—	—	—	0.0	0.0	0.0	60.0	0.0	20.0	50.0	0.0	16.7
首要污染物预报准确率 F		31.5	29.3	29.3	27.2	29.3	31.5	64.8	62.6	62.6	54.9	54.9	56.0	44.5	44.0	44.8
AQI 预报趋势准确率 T_{AQI}		60.9	47.8	53.3	47.8	50.0	45.7	72.5	54.9	52.7	53.3	43.3	50.0	58.6	49.0	50.4
级别预报偏差	偏高率 G_+	5.4	7.6	4.3	22.8	18.5	17.4	25.3	25.3	33.0	65.9	63.7	69.2	29.8	28.7	30.9
	偏低率 G_-	39.1	35.9	37.0	21.7	27.2	27.2	15.4	17.6	15.4	3.3	6.6	6.6	19.9	21.8	21.6

注：“—”表示实况空气质量未出现该级别。

表38-3　天津市人工预报准确率分项统计表

单位：%

评价指标		春季（3—5月）			夏季（6—8月）			秋季（9—11月）			冬季（12月—次年2月）			全年		
		24 h	48 h	72 h	24 h	48 h	72 h	24 h	48 h	72 h	24 h	48 h	72 h	24 h	48 h	72 h
级别预报准确率	总体 G	72.8	78.3	73.9	79.3	77.2	69.6	72.5	69.2	71.4	70.3	69.2	65.9	73.8	73.5	70.2
	一级（优）G_{AQI-1}	0.0	100.0	0.0	83.3	50.0	50.0	83.3	66.7	50.0	66.7	66.7	50.0	76.0	64.0	48.0
	二级（良）G_{AQI-2}	87.0	87.0	88.9	79.7	81.4	83.1	84.6	82.1	89.7	77.6	73.5	71.4	82.1	81.1	83.1
	三级（轻度）G_{AQI-3}	64.0	76.0	76.0	80.8	76.9	84.6	60.9	60.9	69.6	53.8	46.2	38.5	66.7	67.8	71.3
	四级（中度）G_{AQI-4}	16.7	50.0	33.3	0.0	0.0	0.0	44.4	44.4	55.6	50.0	75.0	75.0	37.5	54.2	54.2
	五级（重度）G_{AQI-5}	50.0	33.3	50.0	—	—	—	71.4	71.4	42.9	80.0	80.0	70.0	69.6	65.2	56.5
	六级（严重）G_{AQI-6}	—	—	—	—	—	—	0.0	0.0	0.0	60.0	60.0	80.0	50.0	50.0	66.7
AQI范围预报准确率	总体 P_{AQI}	35.9	37.0	42.4	40.2	40.2	43.5	38.5	35.2	50.5	30.8	36.3	40.7	36.3	37.2	44.3
	一级（优）P_{AQI-1}	0.0	100.0	0.0	33.3	16.7	0.0	50.0	25.0	25.0	16.7	33.3	16.7	36.0	28.0	16.0
	二级（良）P_{AQI-2}	31.5	33.3	27.8	33.9	22.0	35.6	20.5	33.3	38.5	28.6	34.7	28.6	29.4	30.3	32.3
	三级（轻度）P_{AQI-3}	32.0	28.0	44.0	30.8	38.5	38.5	8.7	17.4	39.1	0.0	15.4	30.8	20.7	26.4	39.1
	四级（中度）P_{AQI-4}	16.7	33.3	16.7	0.0	0.0	0.0	22.2	11.1	33.3	25.0	25.0	37.5	20.8	20.8	29.2
	五级（重度）P_{AQI-5}	50.0	16.7	50.0	—	—	—	28.6	42.9	28.6	40.0	50.0	60.0	39.1	39.1	47.8
	六级（严重）P_{AQI-6}	—	—	—	—	—	—	0.0	0.0	0.0	20.0	20.0	0.0	16.7	16.7	0.0
首要污染物预报准确率 F		31.5		65.2	63.0	72.8	64.1	57.6	67.4	71.4	65.9	64.8	70.3	67.0	74.7	67.8
AQI预报趋势准确率 T_{AQI}		60.9	52.2	52.2	47.8	51.1	32.6	33.7	48.9	64.8	56.0	53.8	54.4	61.1	53.3	51.0
级别预报偏差	偏高率 G_+	12.0	10.9	15.2	13.0	14.1	14.1	15.4	19.8	15.4	22.0	22.0	25.3	15.6	16.7	17.5
	偏低率 G_-	15.2	10.9	10.9	7.6	8.7	5.4	12.1	11.0	13.2	7.7	8.8	8.8	10.7	9.8	9.6

注："—"表示实况空气质量未出现该级别。

表 38-4　天津市空气质量预报级别偏高典型过程

日期	实测			人工 24 h			人工 48 h			人工 72 h			模式 24 h			模式 48 h			模式 72 h		
	AQI	首要	级别	AQI	首要	级别	AQI	首要	级别	AQI	首要	级别	AQI	首要	级别	AQI	首要	级别	AQI	首要	级别
1-21	73	$PM_{2.5}$	良	140~170	$PM_{2.5}$	轻—中	140~170	$PM_{2.5}$	轻—中	155~185	$PM_{2.5}$	中	141	$PM_{2.5}$	轻	196	$PM_{2.5}$	中	338	$PM_{2.5}$	严重
2-10	84	$PM_{2.5}$	良	150~180	$PM_{2.5}$	轻—中	170~200	$PM_{2.5}$	中	130~160	$PM_{2.5}$	轻—中	212	$PM_{2.5}$	重	240	$PM_{2.5}$	重	226	$PM_{2.5}$	重
2-11	98	$PM_{2.5}$	良	130~160	$PM_{2.5}$	轻—中	140~170	$PM_{2.5}$	轻—中	160~190	$PM_{2.5}$	中	188	$PM_{2.5}$	中	214	$PM_{2.5}$	严重	320	$PM_{2.5}$	严重
3-17	183	$PM_{2.5}$	中	305~365	$PM_{2.5}$	严重	205~265	$PM_{2.5}$	重	205~265	$PM_{2.5}$	重	176	$PM_{2.5}$	中	206	$PM_{2.5}$	重	158	$PM_{2.5}$	中
6-25	54	O_3	良	130~160	O_3	轻—中	130~160	O_3	轻—中	110~140	O_3	轻	57	NO_2	良	60	NO_2	良	54	NO_2	良
6-26	78	O_3	良	140~170	O_3	轻—中	145~175	O_3	轻—中	155~185	O_3	中	83	NO_2	良	91	NO_2	良	95	NO_2	良
6-27	59	O_3	良	130~160	O_3	轻—中	145~175	O_3	轻—中	110~140	O_3	轻	83	O_3	良	73	O_3	良	83	O_3	良
9-2	50	—	优	60~90	PM_{10}	良	60~90	$PM_{2.5}$	良	40~70	PM_{10}	优—良	69	NO_2	良	93	$PM_{2.5}$	良	60	NO_2	良
11-13	166	$PM_{2.5}$	中	210~270	$PM_{2.5}$	重	210~270	$PM_{2.5}$	重	140~170	$PM_{2.5}$	轻—中	183	$PM_{2.5}$	中	172	$PM_{2.5}$	中	168	$PM_{2.5}$	中
11-17	114	$PM_{2.5}$	轻	205~265	$PM_{2.5}$	重	205~265	$PM_{2.5}$	重	210~270	$PM_{2.5}$	重	124	$PM_{2.5}$	轻	118	$PM_{2.5}$	轻	218	$PM_{2.5}$	重

表38-5 天津市空气质量预报级别偏低典型过程

日期	实测			人工 24 h			人工 48 h			人工 72 h			模式 24 h			模式 48 h			模式 72 h		
	AQI	首要	级别	AQI	首要	级别	AQI	首要	级别	AQI	首要	级别	AQI	首要	级别	AQI	首要	级别	AQI	首要	级别
1-2	386	$PM_{2.5}$	严重	180~210	$PM_{2.5}$	中~重	210~270	$PM_{2.5}$	重	210~270	$PM_{2.5}$	重	394	$PM_{2.5}$	严重	482	$PM_{2.5}$	严重	438	$PM_{2.5}$	严重
1-9	235	$PM_{2.5}$	重	120~150	$PM_{2.5}$	轻	65~95	$PM_{2.5}$	良	65~95	$PM_{2.5}$	良	365	$PM_{2.5}$	严重	381	$PM_{2.5}$	严重	304	$PM_{2.5}$	严重
3-2	221	$PM_{2.5}$	重	95~125	$PM_{2.5}$	良~轻	110~140	$PM_{2.5}$	中	110~140	$PM_{2.5}$	中	117	$PM_{2.5}$	轻	182	$PM_{2.5}$	中	209	$PM_{2.5}$	重
3-6	220	PM_{10}	重	120~150	PM_{10}	轻	110~140	$PM_{2.5}$	轻	110~140	$PM_{2.5}$	轻	115	$PM_{2.5}$	轻	45	—	优	78	$PM_{2.5}$	良
4-7	102	PM_{10}	轻	60~90	PM_{10}	良	60~90	PM_{10}	良	60~90	PM_{10}	良	84	$PM_{2.5}$	良	74	NO_2	良	59	NO_2	良
4-9	161	PM_{10}	中	85~115	PM_{10}	良~轻	105~135	$PM_{2.5}$	轻	105~135	$PM_{2.5}$	轻	71	NO_2	良	71	NO_2	良	80	NO_2	良
5-17	109	O_3	轻	60~90	O_3	良	60~90	O_3	良	60~90	O_3	良	76	NO_2	良	81	NO_2	良	71	NO_2	良
5-18	140	O_3	轻	60~90	$PM_{2.5}$	良	60~90	PM_{10}	良	60~90	PM_{10}	良	92	NO_2	良	83	NO_2	良	81	NO_2	良
5-19	154	O_3	中	65~95	O_3	良	65~95	O_3	良	65~95	O_3	良	94	NO_2	良	90	NO_2	良	84	NO_2	良
8-16	102	O_3	轻	55~85	$PM_{2.5}$	良	70~100	$PM_{2.5}$	良	70~100	$PM_{2.5}$	良	101	NO_2	轻	122	$PM_{2.5}$	轻	145	$PM_{2.5}$	轻
8-21	134	O_3	轻	70~100	O_3	良	70~100	O_3	良	70~100	O_3	良	123	$PM_{2.5}$	轻	99	$PM_{2.5}$	良	115	$PM_{2.5}$	轻
12-4	320	$PM_{2.5}$	严重	160~220	$PM_{2.5}$	中~重	180~240	$PM_{2.5}$	中~重	180~240	$PM_{2.5}$	中~重	214	$PM_{2.5}$	重	239	$PM_{2.5}$	重	241	$PM_{2.5}$	重
12-6	163	$PM_{2.5}$	中	105~135	$PM_{2.5}$	轻	120~150	$PM_{2.5}$	轻	120~150	$PM_{2.5}$	轻	190	$PM_{2.5}$	中	182	$PM_{2.5}$	中	210	$PM_{2.5}$	重

表38-6 天津市首要污染物预报偏差典型过程（气态污染物）

日期	实测			人工 24 h			人工 48 h			人工 72 h			模式 24 h			模式 48 h			模式 72 h		
	AQI	首要	级别	AQI	首要	级别	AQI	首要	级别	AQI	首要	级别	AQI	首要	级别	AQI	首要	级别	AQI	首要	级别
1-5	57	NO_2	良	90~120	$PM_{2.5}$	良—轻	180~210	$PM_{2.5}$	中—重	250~310	$PM_{2.5}$	重—严	198	$PM_{2.5}$	中	184	$PM_{2.5}$	中	172	$PM_{2.5}$	中
1-6	65	NO_2	良	45~75	PM_{10}	优—良	60~90	$PM_{2.5}$	良	130~160	$PM_{2.5}$	轻—中	166	$PM_{2.5}$	中	151	$PM_{2.5}$	中	234	$PM_{2.5}$	重
2-25	67	NO_2	良	70~100	$PM_{2.5}$	良	70~100	$PM_{2.5}$	良	60~90	NO_2	良	135	$PM_{2.5}$	轻	82	$PM_{2.5}$	良	125	$PM_{2.5}$	轻
2-26	69	NO_2	良	100~130	$PM_{2.5}$	良	80~110	$PM_{2.5}$	良—轻	80~110	$PM_{2.5}$	良—轻	125	$PM_{2.5}$	轻	143	$PM_{2.5}$	轻	150	$PM_{2.5}$	轻
2-27	67	NO_2	良	80~110	PM_{10}	良	90~120	$PM_{2.5}$	良—轻	80~110	$PM_{2.5}$	良—轻	113	$PM_{2.5}$	轻	113	$PM_{2.5}$	轻	93	$PM_{2.5}$	良
5-8	85	O_3	良	90~120	$PM_{2.5}$	良	90~120	$PM_{2.5}$	良—轻	80~110	$PM_{2.5}$	良—轻	75	NO_2	良	68	NO_2	良	81	NO_2	良
5-10	88	O_3	良	90~120	$PM_{2.5}$	良	90~120	$PM_{2.5}$	良—轻	110~140	$PM_{2.5}$	轻	92	NO_2	良	91	NO_2	良	90	NO_2	良
8-23	83	O_3	良	80~110	$PM_{2.5}$	良	70~100	$PM_{2.5}$	良	60~90	O_3	良	77	NO_2	良	79	NO_2	良	79	NO_2	良
8-30	78	O_3	良	30~60	PM_{10}	优—良	40~70	PM_{10}	优—良	60~90	PM_{10}	良	79	NO_2	良	81	NO_2	良	45	—	优
9-11	55	O_3	良	60~90	$PM_{2.5}$	良	55~85	$PM_{2.5}$	良	60~90	$PM_{2.5}$	良	81	$PM_{2.5}$	良	66	$PM_{2.5}$	良	67	$PM_{2.5}$	良
9-12	67	O_3	良	55~85	$PM_{2.5}$	良	60~90	$PM_{2.5}$	良	60~90	$PM_{2.5}$	良	99	$PM_{2.5}$	良	98	$PM_{2.5}$	良	96	$PM_{2.5}$	良

表 38-7　天津市首要污染物预报偏差典型过程（颗粒物）

日期	实测			人工 24 h			人工 48 h			人工 72 h			模式 24 h			模式 48 h			模式 72 h		
	AQI	首要	级别	AQI	首要	级别	AQI	首要	级别	AQI	首要	级别	AQI	首要	级别	AQI	首要	级别	AQI	首要	级别
10-5	55	NO_2	良	60~90	PM_{10}	良	60~90	PM_{10}	良	80~110	PM_{10}	良—轻	83	NO_2	良	60	$PM_{2.5}$	良	70	$PM_{2.5}$	良
10-7	54	NO_2	良	40~70	$PM_{2.5}$	优—良	80~110	$PM_{2.5}$	良—轻	90~120	$PM_{2.5}$	良—轻	78	$PM_{2.5}$	良	76	NO_2	良	106	$PM_{2.5}$	轻
12-5	62	NO_2	良	70~100	$PM_{2.5}$	良	55~85	$PM_{2.5}$	良	110~140	$PM_{2.5}$	轻	94	$PM_{2.5}$	良	148	NO_2	轻	104	$PM_{2.5}$	轻
12-9	74	NO_2	良	90~120	$PM_{2.5}$	良—轻	160~220	$PM_{2.5}$	中—重	140~170	$PM_{2.5}$	轻—中	115	$PM_{2.5}$	轻	196	NO_2	中	112	$PM_{2.5}$	轻

日期	实测			人工 24 h			人工 48 h			人工 72 h			模式 24 h			模式 48 h			模式 72 h		
	AQI	首要	级别	AQI	首要	级别	AQI	首要	级别	AQI	首要	级别	AQI	首要	级别	AQI	首要	级别	AQI	首要	级别
1-29	55	PM_{10}	良	70~100	$PM_{2.5}$	良	70~100	$PM_{2.5}$	良	60~90	PM_{10}	良	57	$PM_{2.5}$	良	78	$PM_{2.5}$	良	85	$PM_{2.5}$	良
3-20	69	PM_{10}	良	90~120	$PM_{2.5}$	良—轻	120~150	$PM_{2.5}$	良—轻	80~110	$PM_{2.5}$	轻	130	$PM_{2.5}$	轻	104	$PM_{2.5}$	轻	84	$PM_{2.5}$	良
3-27	69	PM_{10}	良	80~110	$PM_{2.5}$	良	110~140	$PM_{2.5}$	轻	90~120	$PM_{2.5}$	轻	79	NO_2	良	74	NO_2	良	80	NO_2	良
4-8	82	PM_{10}	良	75~105	$PM_{2.5}$	良	85~115	$PM_{2.5}$	良—轻	80~110	$PM_{2.5}$	良—轻	73	NO_2	良	83	NO_2	良	83	NO_2	良
4-19	73	$PM_{2.5}$	良	60~90	PM_{10}	良	80~110	PM_{10}	良	80~110	$PM_{2.5}$	良—轻	94	NO_2	良	74	NO_2	良	84	NO_2	良

日期	实测			人工 24 h			人工 48 h			人工 72 h			模式 24 h			模式 48 h			模式 72 h		
	AQI	首要	级别	AQI	首要	级别	AQI	首要	级别	AQI	首要	级别	AQI	首要	级别	AQI	首要	级别	AQI	首要	级别
4-27	85	$PM_{2.5}$	良	65~95	PM_{10}	良	60~90	PM_{10}	良	70~100	PM_{10}	良	83	$PM_{2.5}$	良	114	$PM_{2.5}$	轻	93	$PM_{2.5}$	良
4-28	77	$PM_{2.5}$	良	90~120	PM_{10}	良—轻	80~110	PM_{10}	良—轻	80~110	$PM_{2.5}$	良—轻	90	$PM_{2.5}$	良	86	$PM_{2.5}$	良	131	$PM_{2.5}$	轻
5-2	77	PM_{10}	良	85~115	$PM_{2.5}$	良—轻	55~85	$PM_{2.5}$	良	80~110	PM_{10}	良—轻	39	—	优	55	NO_2	良	37	—	优
5-26	70	PM_{10}	良	75~105	O_3	良—轻	80~110	O_3	良—轻	90~120	O_3	良—轻	63	NO_2	良	53	NO_2	良	54	NO_2	良
6-14	85	$PM_{2.5}$	良	20~50	—	优	55~85	PM_{10}	良	70~100	$PM_{2.5}$	良	82	$PM_{2.5}$	良	109	$PM_{2.5}$	轻	92	$PM_{2.5}$	良
6-23	87	$PM_{2.5}$	良	105~135	O_3	轻	85~115	O_3	良—轻	60~90	$PM_{2.5}$	良—轻	106	NO_2	轻	79	NO_2	良	72	$PM_{2.5}$	良
7-4	82	$PM_{2.5}$	良	110~140	O_3	良—轻	85~115	O_3	良—轻	110~140	O_3	良—轻	77	O_3	良	92	$PM_{2.5}$	良	85	$PM_{2.5}$	良
7-8	59	$PM_{2.5}$	良	105~135	O_3	轻	110~140	O_3	轻	110~140	O_3	轻	49	—	优	60	$PM_{2.5}$	良	61	$PM_{2.5}$	良
8-14	68	PM_{10}	良	70~100	$PM_{2.5}$	良	60~90	$PM_{2.5}$	良	60~90	$PM_{2.5}$	良	89	NO_2	良	83	NO_2	良	130	$PM_{2.5}$	轻
10-4	51	PM_{10}	良	130~160	$PM_{2.5}$	轻—中	190~220	$PM_{2.5}$	中—重	140~170	$PM_{2.5}$	轻—中	59	$PM_{2.5}$	良	78	$PM_{2.5}$	良	110	$PM_{2.5}$	轻

3 重污染过程预报评估

2016 年，选出天津市发生 10 次典型的、连续的由颗粒物引起的重污染天气过程，人工预报均能有效地把握天气过程。具体到每次重污染天气过程，人工有 2 次污染过程预报级别偏低，4 次污染过程预报级别持平，4 次污染过程预报级别偏高；模式有 3 次污染过程预报级别偏低，7 次污染过程预报级别持平，无级别偏高；在重污染天气持续时间上，人工预报大部分重污染天气过程持续时间均比实际时间要长，仅有对 2016 年 3 月 1—6 日重污染天气过程持续时间低估，究其原因在于 3 月 4 日天气转型强烈，强烈的西北风携带浮尘天气南下，造成 5—6 日两天的 PM_{10} 为首要的重污染天气，即 4 日结束了以 $PM_{2.5}$ 为首要的重污染天气，接着进入 PM_{10} 为首要的浮尘天气，其他大部分重污染天气过错持续时间均比实际时间要长；模式预报有 6 次持续时间高估，3 次持续时间低估，见表 38-8、表 38-9。

表 38-8　天津市典型重污染（颗粒物）天气过程人工预报统计表

序号	过程实际 持续时间	过程预报 持续时间	实际污 染程度	预测污 染程度	评估结论	备注
1	1 月 1—2 日	1 月 1—3 日	六级	六级	级别准确，持续时间高估	准确
2	1 月 15 日	1 月 14—15 日	五级	六级	级别偏高，持续时间高估	准确
3	3 月 1—6 日	3 月 3—4 日	五级	五级	级别偏低，持续时间低估	晚报，重污染结束，紧跟浮尘天气
4	3 月 16—18 日	3 月 15—18 日	五级	六级	级别偏高，持续时间高估	准确
5	11 月 3—4 日	11 月 3—5 日	五级	五级	级别准确，持续时间高估	准确
6	11 月 18 日	11 月 16—18 日	五级	六级	级别偏高，持续时间高估	早报
7	11 月 25—26 日	11 月 25—26 日	五级	五级	级别准确，持续时间准确	准确
8	12 月 3—4 日	11 月 30—12 月 4 日	六级	五级	级别偏低，持续时间高估	早报
9	12 月 11—12 日	12 月 10—12 日	五级	六级	级别偏高，持续时间高估	准确
10	12 月 17—21 日	12 月 16—22 日	六级	六级	级别准确，持续时间高估	准确

表 38-9　天津市典型重污染（颗粒物）天气过程模式 24 h 预报统计表

序号	过程实际持续时间	过程预报持续时间	实际污染程度	预测污染程度	评估结论	备注
1	1 月 1—2 日	1 月 1—9 日	六级	六级	级别准确，持续时间高估	准确
2	1 月 15 日	1 月 13—15 日	五级	五级	级别准确，持续时间高估	早报
3	3 月 1—6 日	无重污染过程	五级	三级	级别偏低，持续时间低估	漏报，重污染结束，紧跟浮尘天气
4	3 月 16—18 日	无重污染过程	五级	四级	级别偏低，持续时间低估	漏报
5	11 月 3—4 日	11 月 4 日	五级	五级	级别准确，持续时间低估	准确
6	11 月 18 日	11 月 18—19 日	五级	五级	级别准确，持续时间高估	准确
7	11 月 25—26 日	11 月 25—26 日	五级	五级	级别准确，持续时间准确	准确
8	12 月 3—4 日	12 月 2—7 日	六级	五级	级别偏低，持续时间高估	准确
9	12 月 11—12 日	12 月 10—12 日	五级	五级	级别准确，持续时间高估	准确
10	12 月 17—21 日	12 月 16—25 日	六级	六级	级别准确，持续时间高估	准确

4　总结

4.1　级别预报偏高典型过程分析

预报中级别偏高主要出现以下三种情况：第一，冬季重污染期间，污染程度预报偏重，实况空气质量仅出现三级至四级污染水平，而预报空气质量等级达到五级至六级污染水平；第二，天气转型期间，空气质量转变时机把握不准，空气质量由重度污染转为优良时，由于对冷空气南下速度判定不准确，实况空气质量仅出现二级，而预报等级为三级至四级污染水平；第三，夏季晴好天气，对臭氧污染程度把握不准确，实况臭氧浓度仅达到二级水平，而预报臭氧浓度达到三级至四级污染水平。

4.2　级别预报偏低典型过程分析

空气质量预报等级偏低主要表现在四个方面：第一，冬季重污染期间，污染程度预报偏轻，实况空气质量出现六级严重污染水平，而预报空气质量等级仅为四级至五级污染水平；第二，冬季重污染出现时段把握不准确，对污染开始期间 $PM_{2.5}$ 累积速度预估偏低，实况空气质量为五级重度污染，预报等级仅为三级轻度污染；第三，春季沙尘预报能力仍需加强，对春季沙尘天气影响空气质量程度把握不够深刻，此类空气质量污染过程预报不准确；第四，5月、8月份臭氧预报程度偏低，该时段臭氧峰值浓度低估，实况臭氧污染浓度已达到三级至四级污染水平，实际臭氧浓度预报仅为二级水平。

4.3　首要污染物预报偏差典型过程分析

实况首要污染物为气态污染物时，预报偏差主要有两种：第一，实况空气质量为二级良，首要污染物为 NO_2，预报一般为二级良至三级轻度污染，预报首要污染物为 $PM_{2.5}$ 或 PM_{10}，该情况时常会发生在冬季空气质量较好的时段，此时 NO_2 分指数与颗粒物指数十分接近，预报时较难把握；第二，实况空气质量为二级良，首要污染物为 O_3，预报一般为二级良至三级轻度污染，预报首要污染物为 $PM_{2.5}$ 或 PM_{10}，经常发生在春末夏初和夏末秋初，一般是在空气质量较好的时期，对臭氧浓度预报的敏感性不足。

实况首要污染物为 $PM_{2.5}$ 时，预报偏差主要有两种：第一，夏季对 $PM_{2.5}$、O_3 浓度预报把握不准确，预报为二级良至三级轻度污染，预报首要污染物为 O_3，实况空气质量为二级，首要污染物为 $PM_{2.5}$，该时段首要污染物常常为 O_3，但 $PM_{2.5}$ 也会偶尔出现；第二，春季对 $PM_{2.5}$、PM_{10} 浓度预报把握不准确，预报为二级良至三级轻度污染，预报首要污染物为 PM_{10}，实况空气质量为二级，首要污染物为 $PM_{2.5}$。

实况首要污染物为 PM_{10} 时，预报偏差常常发生在春季（其他季节也偶尔出现），预报为二级良至三级轻度污染，预报首要污染物为 $PM_{2.5}$，由于未能有效预测风力较大，未能预报出本地扬尘对空气质量影响。

（李源、李鹏）

第39章 重庆市2016年预报评估

1 概况

1.1 自然环境情况

1.1.1 地理位置

重庆市位于中国西南部、长江上游地区，地处东经105°11′～110°11′，北纬28°10′～32°13′之间的青藏高原与长江中下游平原的过渡地带。辖区东西长 470 km，南北宽 450 km，总面积8.24 万 km²。地界东临湖北省和湖南省，南接贵州省，北靠四川省，东北部与陕西省相连，是长江上游经济中心、西南地区综合交通枢纽。

1.1.2 地形地貌特征

重庆市属四川盆地东部，东与秦巴山地、武陵山地相连，西向川中丘陵过渡。区内地貌类型复杂多样，西部多为低山、丘陵，往东逐渐变化为低山、中山。重庆地貌的特点是其独具特色的川东平行岭谷，背斜成山，向斜成谷，山谷相间，彼此平行，是世界上最典型的褶皱山地。

1.1.3 气象条件

重庆市属亚热带季风气候区，空气湿润，降水丰沛，日照时间短，无霜期长，具有冬暖春早、夏热秋迟的气候特点，主城区位于长江与嘉陵江交汇处，水汽来源充沛，相对湿度较高，春季气温回暖快，入春早，冷空气活动较频繁，夏季太阳辐射强，气温高，雨量较多；秋季入秋较迟，潮湿多阴雨，冬季降水稀少、日照少，秋冬季太阳辐射弱，云量较多，大气稳定度较高，混合层厚度低。

2012—2016 年重庆市年平均气温为 17.8℃；年平均降水量为 1 135.5 mm，比前 5 年年平均降水量略偏高 6.8%。降水量分布总体呈东多西少的特征；2012—2016 年重庆市年平均日照时数 1 139.1 h；2012—2016 年重庆市年平均相对湿度为 76.5%，较前 5 年降低 1.9%。

1.2 城市空气污染情况

重庆市空气质量污染具有典型的季节特征，春季和冬季以 $PM_{2.5}$ 污染为主，夏季以 O_3 污染为主。春季和冬季受区域不利气象因素影响有重污染天气过程，夏季臭氧超标则以轻度污染为主。

根据细颗粒物累积原因的不同将重庆主城区的污染类型划分为：本地静稳型、外来传输型及叠加型三种，近几年的重污染天气大多属于不利气象条件导致的静稳型污染及本地加传输的叠加型污染。而重庆市夏季高温高辐射天气持续时间较长，所以 O_3 超标现象较为突出。

近年来，重庆市国控点 SO_2、PM_{10}、$PM_{2.5}$ 浓度呈逐年下降趋势；NO_2 浓度呈逐年上升趋势；CO 浓度变化不大；O_3 浓度总体呈先降后升的趋势，见图 39-1。

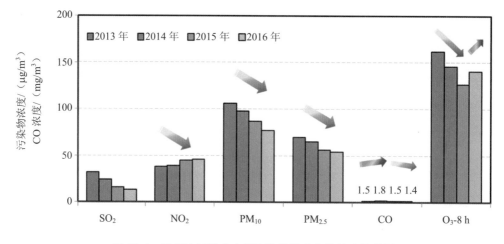

图 39-1 重庆市国控点主要污染物浓度年均浓度趋势图

1.3 空气质量预报情况

重庆市空气质量预报一期采用的是比利时 OVL 统计预报模型，采用人工神经网络算法开展重庆市主城区未来 3 天的空气质量预报。空气质量预报预警二期项目在预报模式上采用 CMAQ、NAQPMS、RegAEMS、WRF-Chem 四种数值模型进行多模式集合预报，开展未来 7 天空气质量的趋势预报水平和精细化预报，提高了重污染天气的预判能力。

目前，主要预报发布方式是每日分两次进行空气质量预报发布，一是早上 10 时以群发短信方式发布前日空气质量日报和当日环境空气质量预报结果；二是下午 16 时发布未来 3 天环境空气质量预报结果，下午的发布形式包括重庆卫视气象服务栏目每日 18：15—18：30 时段播出、市环保局官方网站、市生态环境监测中心网站、重庆环保政务官方微博等，并在 15 时前向中国环境监测总站报送未来 3 天空气质量预报信息。空气质量预报信息发布内容包括：未来 3 天城市空气质量形势，空气质量指数范围、空气质量级别及首要污染物，对人体健康的影响和建议措施等。在每天例行预报的基础上，每周一开展未来 7 天趋势预报，确定未来一周空气质量状况。

对 2016 年全年 24 h、48 h、72 h 的人工预报 AQI 与统计模型预报 AQI 进行相关性评估，见图 39-2。两者 24 h、48 h、72 h 预报结果的相关系数分别为 0.82、0.76、0.78，均通过了 α =0.05 的显著性检验，说明人工预报结果与模型预报结果呈现出显著的正相关关系，两者的 24 h 预报结果相关性最强，高于 48 h 和 72 h 预报结果。

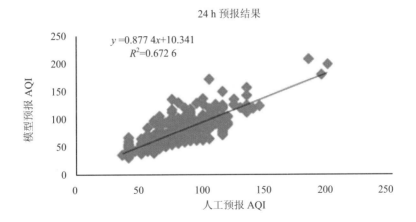

24 h 预报结果

y =0.877 4x+10.341
R^2=0.672 6

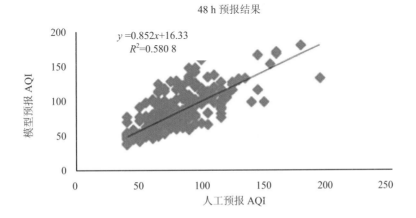

48 h 预报结果

y =0.852x+16.33
R^2=0.580 8

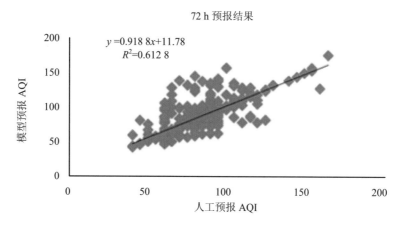

图 39-2　人工预报 AQI 与统计模型预报 AQI 的相关性

　　由于统计模型不需要源清单,更多的是依赖气象条件的变化,在不同的天气类型下,污染物扩散方式和浓度分布均有明显差异,天气类型对区域空气质量有关键的作用。因此,在参考统计模型预报结果的同时,更要结合预报员的经验综合判断,一方面根据当前天气形势和气象台预报结果对大气扩散条件进行分析,另一方面要深度挖掘历史数据,分析污染物浓度与气象条件之间的关系,找出规律,进一步提高预报的准确度。

2　日常例行预报评估

　　评估指标定义按照第 12 章城市预报评估指标概述要求,评估指标选用 AQI 级别预报评估 C_G（式 12.3）、AQI 指数预报范围评估 C_{AQI}（式 12.1）、首要污染物预报评估 C_{PP}（式 12.5）、AQI 指数预报趋势评估 C_T（式 12.6）、级别偏高率 C_{GH}（式 12.8）和偏低率 C_{GL}（式 12.9）,以上评估指标的定义与本书第 12 章的相关内容一致。评估时间为 2016 年全年,评估结果如下。

2.1　AQI 级别预报评估 C_G

　　2016 年全年,重庆市预报级别评估人工预报准确率高出模型预报准确率 17～20 个百分点,其中 24 h 准确率较 48 h 高出 5 个百分点左右。从级别来看,二级（良）的准确率最高,其次为优和轻度污染。从季节分布上看,秋季预报准确率最高,其次是春季,冬季预报准确率最低。

2.2　AQI 指数预报范围评估 C_{AQI}

　　2016 年全年,重庆市预报 AQI 指数预报范围准确率高出模型预报准确率 6 个百分点左右，其中 24 h 准确率较 48 h 高出 9 个百分点左右。从级别来看优和良的准确率最高（人工预报轻度污染由于基数小准确率较高），超标天数的准确率相对较低。从季节分布上看，春季和秋季预报准确率最高，其夏季预报准确率最低（臭氧预报范围准确率较低）。

2.3　首要污染物预报评估 C_{PP}

2016 年全年，重庆市首要污染物人工预报准确率和模型预报准确率差距不大，其中 24 h 准确率较 48 h 高出 8 个百分点左右。从季节分布上看，冬季和秋季预报准确率最高（以 $PM_{2.5}$ 污染为主），春季预报准确率最低（春季多种污染物 AQI 相近）。

2.4　AQI 指数预报趋势评估 C_T

2016 年全年，重庆市 AQI 指数预报趋势预报准确率和模型预报准确率差距不大，其中人工预报 24 h 准确率较 48 h 差距不大，模型高出 5 百分点左右。从季节分布上看，人工预报夏季 24 h 预报准确率较高（人工对臭氧趋势判断有所提升），其次为冬季，春季预报准确率最低。

2.5　预报级别偏差评估 C_{GH}、C_{GL}

2016 年全年，重庆市预报级别偏差率低于模型相比 6 个百分点左右。人工 24 h 预报偏高率 C_{GH}（式 12.8）和偏低率 C_{GL}（式 12.9）相差不大，模型偏低率较高；48 h 预报人工和模型均是偏低率较高。从季节分布上看，人工预报春季、夏季偏低率较高（O_3 污染容易报的偏轻），冬季偏高率较高（高估污染程度或者是采取有力措施后浓度升幅没这么大），见表 39-1 和表 39-2。

表 39-1　城市空气质量预报结果评估表（统计模型）

评价指标		春季（3—5 月）		夏季（6—8 月）		秋季（9—11 月）		冬季（12 月—次年 2 月）		全年	
		24 h	48 h	24 h	48 h	24 h	48 h	24 h	48 h	24 h	48 h
级别预报准确率 C_G	总体	69.6	73.9	59.8	48.9	79.1	64.8	54.4	47.8	65.8	58.9
	一级（优）	53.8	84.6	18.8	43.8	71.4	42.9	27.3	36.4	45.9	50.8
	二级（良）	80.0	73.8	68.7	52.2	91.8	77.0	68.1	59.6	77.5	65.8
	三级（轻度）	35.7	64.3	75.0	25.0	12.5	37.5	50.0	38.5	44.6	42.9
	四级（中度）	—	—	0	100.0	0	0	0	0	0	16.7
	五级（重度）	—	—	—	—	—	—	50.0	50.0	50.0	50.0
	六级（严重）	—	—	—	—	—	—	—	—	—	—

评价指标		春季（3—5月）		夏季（6—8月）		秋季（9—11月）		冬季（12月—次年2月）		全年	
		24 h	48 h	24 h	48 h	24 h	48 h	24 h	48 h	24 h	48 h
AQI 范围预报准确率 C_{AQI}	总体	52.2	46.7	37.8	27.8	47.8	43.3	50.6	31.7	47.0	37.5
	一级（优）	69.2	36.4	12.5	20.0	50.0	44.4	25.0	12.5	40.0	30.8
	二级（良）	53.1	56.1	42.2	29.2	58.9	55.4	56.3	38.3	52.2	44.9
	三级（轻度）	30.8	7.7	55.6	33.3	6.7	0.0	45.8	29.2	34.4	18.0
	四级（中度）	—	—	0	0	0	0	100	0	33.3	0
	五级（重度）	—	—	—	—	—	—	50	0	50	0
	六级（严重）	—	—	—	—	—	—	—	—	—	—
首要污染物预报准确率 C_{PP}		56.4	49.4	68.9	58.7	70.8	59.7	89.5	87.8	71.3	63.7
AQI 预报趋势准确率 C_T		49.5	38.6	48.3	44.9	53.9	41.6	46.8	48.1	49.3	43.2
级别预报偏差	偏高率 C_{GH}	14.6	10.6	12.9	18.1	26.0	35.8	18.9	30.7	33.9	19.9
	偏低率 C_{GL}	14.6	13.8	17.3	14.5	14.7	13.0	10.6	10.2	10.4	16.7

表 39-2　城市空气质量预报结果评估表（人工）

评价指标		春季（3—5月）		夏季（6—8月）		秋季（9—11月）		冬季（12月—次年2月）		全年	
		24 h	48 h	24 h	48 h	24 h	48 h	24 h	48 h	24 h	48 h
级别预报准确率 C_G	总体	82.6	80.4	81.5	79.3	89.2	82.4	82.2	72.2	82.4	78.6
	一级（优）	61.5	89.6	62.5	62.5	81.0	66.7	54.5	72.7	67.2	73.8
	二级（良）	93.4	78.5	90.5	80.6	92.7	90.2	91.5	78.7	91.2	82.1
	三级（轻度）	42.9	71.4	37.5	100.0	87.5	75.0	80.8	61.5	66.1	71.4
	四级（中度）	—	—	0	100.0	0	0	100.0	75.0	66.7	66.7
	五级（重度）	—	—	—	—	—	—	0	50.0	0	50.0
	六级（严重）	—	—	—	—	—	—	—	—	—	—
AQI 范围预报准确率 C_{AQI}	总体	59.3	49.5	42.4	42.4	59.3	51.6	50	36	52.7	44.9
	一级（优）	53.3	40	28.6	35.7	88.9	55.6	50	37.5	58.2	43.6
	二级（良）	65.1	57.1	42	43.5	59.6	63.2	55.1	49	55	52.9
	三级（轻度）	38.5	23.1	62.5	37.5	26.7	6.7	38.5	15.4	38.7	17.7
	四级（中度）	—	—	100	100	0	0	80	25	71.4	33.3
	五级（重度）	—	—	—	—	—	—	0	0	0	0
	六级（严重）	—	—	—	—	—	—	—	—	—	—

评价指标		春季		夏季		秋季		冬季		全年	
		（3—5 月）		（6—8 月）		（9—11 月）		（12 月—次年 2 月）			
		24 h	48 h	24 h	48 h	24 h	48 h	24 h	48 h	24 h	48 h
首要污染物预报准确率 C_{PP}		64.9	46.8	57.7	58.2	74.0	65.3	89.0	85.2	71.6	64.1
AQI 预报趋势准确率 C_T		42.5	40	53.4	50	42.7	47.3	53.6	48.3	48.2	46.4
级别预报偏差	偏高率 C_{GH}	6.7	6.7	9.9	12.0	3.2	6.7	6.8	12.5	6.4	9.5
	偏低率 C_{GL}	13.6	13.6	21.0	16.7	4.8	8.1	3.8	8.4	10.8	11.7

3　重污染过程预报评估

2016 年，重庆市出现两次重度污染过程。2016 年 1 月 2—4 日，连续 3 日中度污染，4 日为重度污染。预报该过程为 2—4 日持续 3 天，污染级别在中度—重度污染，实际中度污染 2 天，重度污染 1 天，基本捕捉到了此次污染过程，预报污染程度稍微偏高，预报时间略有提前。2016 年 2 月 8—10 日，出现连续 3 日重度污染天气。当时预测 2 月 8 日为中度—重度污染，9—10 日为重度污染。此次预报的污染过程捕捉较准确，对 2 月 8 日的污染程度估计略有偏低。

总体来看，基本可以捕捉到重污染过程，但重污染开始、结束时间和污染程度预测稍有偏差，还需进一步提高重污染天气预报的精度，见表 39-3。

表 39-3　重污染过程回顾

序号	过程实际持续时间	过程预报持续时间	实际污染程度	预测污染程度	评估结论	备注
1	2016 年 1 月 4 日	2016 年 1 月 2—4 日	重度污染	中度—重度污染	污染过程捕捉较准确，污染程度预报稍偏高，预报时间略有提前	
2	2016 年 2 月 8—10 日	2016 年 2 月 8—10 日	重度污染	中度—重度污染	污染过程捕捉较准确，污染程度预报稍偏低	

4　总结

从 AQI 级别准确率和 AQI 范围准确率和首要污染物准确率三项指标来看，人工预报是在统计预报模型的基础上结合气象数据、污染物历史变化规律以及预报员的经验等多方面基础上综合得出的结果，所以人工预报评估的准确率明显高于统计模型预报准确率；从时间变化上来看，24 h 预报准确率最高，随着预报时间的增加准确率逐步降低，相差在 5～9 个百分点；从季节变化上看，春季和秋季预报准确率最高，夏季和冬季准确率偏低，这主要是因为夏季统计模型对 O_3 污染的捕捉率较低，主要靠人工预报进行修正，但因为臭氧预报的不确定因素较多，浓度升幅也较快，对 AQI 范围把握不够准确，所以整体夏季预报的准确率偏低；冬季则是因为污染浓度变化较快，有时候对趋势预报判断准确但级别或 AQI 超出预报范围。

预报级别偏差评估发现，模型预报偏低率主要出现在污染时段，预报偏高率主要出现优良时段，这主要是因为在天气形势转变期间，对空气质量转折过程的时机把握不够，扩散条件突然好转或转差的预判准确率还不够。人工预报偏低率主要出现在污染时段，但优良时段无此特征，说明加入人工判断后，对空气质量好转过程的预报把握较为准确，但对空气质量转差的预判准确率还不够。从季节分布上看，人工预报春季预报偏低率较高，主要是春季在判断扩散条件呈好转趋势时，容易高估有利扩散条件对空气质量的影响；冬季偏高率较高，一是因为考虑到预报员的预报习惯，担心污染过程漏报等情况容易预报偏高；二是空气质量预警采取有力措施后浓度升幅减缓。

（刘姣姣、叶堤）

第40章 沈阳市2016年预报评估

1 概况

1.1 自然环境概况

1.1.1 地理位置

沈阳市位于中国东北地区的南部，辽宁省的中部，东与抚顺市相邻，南与本溪市、辽阳市相连，西与阜新市、锦州市相依，北与铁岭市、内蒙古自治区接壤。沈阳市处于东经122°25′09″～123°48′24″、北纬41°11′51″～43°02′13″之间，东西跨度115 km，南北跨度205 km，国土总面积12 980 km^2。

沈阳市地处长白山余脉与辽河冲积平原过渡地带，以平原为主，平均海拔50 m左右。最高海拔高度为447.2 m，在法库县境内，最低海拔高度为5.3 m，在辽中县境内。沈阳地区地势东高西低，东部主要为低山丘陵地区，属辽东丘陵的延伸部分，西部是辽河、浑河冲积平原。冲积平原地貌是沈阳市主体地貌，面积占全市土地面积的49.8%。

1.1.2 气象条件

沈阳市气候属北温带受季风影响的半湿润大陆性气候，全年气温、降水分布由南向东北和由东南向西北方向递减。全年四季分明，冬季漫长；春季回暖快，日照充足；夏季热而多雨，空气湿润；秋季短促，天高云淡，凉爽宜人。全年平均气温6～11℃，1月份最冷，7月份最热。每年4—5月为春季，6—8月为夏季，9—10月为秋季，11月中旬至翌年3月为冬季。

1.2 环境空气质量概况

2013年以来，沈阳市空气中PM$_{10}$、PM$_{2.5}$、SO$_2$、NO$_2$、CO等项目年均值整体呈下降趋势，O$_3$呈上升趋势变化，2014年O$_3$浓度最高，见表40-1和图40-1。

表 40-1　2013—2016 年沈阳市主要污染物年均值

监测项目	2013 年	2014 年	2015 年	2016 年
PM_{10}/（$\mu g/m^3$）	129	124	115	94
$PM_{2.5}$/（$\mu g/m^3$）	78	74	72	54
SO_2/（$\mu g/m^3$）	90	82	66	47
NO_2/（$\mu g/m^3$）	43	52	48	40
CO/（mg/m^3）	3.2	2.0	2.2	1.7
O_3/（$\mu g/m^3$）	140	165	155	162

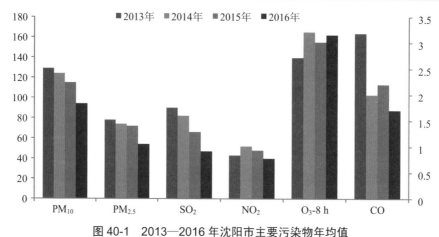

图 40-1　2013—2016 年沈阳市主要污染物年均值

相较 2013 年，2014 年沈阳市达标天数比例明显下降，2015 年开始达标天数比例逐渐增加，2016 年为新标准实施以来空气质量状况最好的一年。

沈阳市作为北方城市，污染特征较为明显。重度及以上污染集中于供暖期（11 月—次年 3 月），供暖期大气污染主要由 $PM_{2.5}$ 导致；近年来夏秋季 O_3 逐渐取代 $PM_{2.5}$ 成为导致污染的主要污染物，2015 年及 2016 年分别出现 31 天及 36 天由臭氧所导致的污染日，见表 40-2。

表 40-2　2013—2016 年沈阳市空气质量等级统计

空气质量等级/天	2013 年	2014 年	2015 年	2016 年
优	14	12	28	41
良	201	179	179	208
轻度污染	84	110	96	93
中度污染	25	38	30	11
重度污染	32	23	24	12
严重污染	9	3	8	1
达标天数比例	58.9%	52.3%	56.7%	68.0%

1.3 沈阳市环境空气质量预报预警系统概况

沈阳市环境空气质量预报预警系统于 2016 年 6 月完成升级投入使用。该系统集合了沈阳站自主开发的逐步回归预报模型、简易逐步回归预报模型、高阶动态预报模型、简易高阶动态预报模型、天气分型预报模型等 5 种统计预报模式。对 6 项常规污染物进行逐日滚动预报,统计预报模型可预测城市和各点位当日及未来 5 日的空气污染物浓度、空气质量等级、首要污染物等。

2 预报结果评估

2.1 评估指标

对沈阳市 2016 年 7 月至 2017 年 9 月人工订正例行预报及统计预报进行评估,具体评估指标如下。

人工订正例行预报:城市空气质量等级预报准确率 G;城市 AQI 范围预报准确率 P_{AQI};首要污染物预报准确率 F。

统计预报:选取日常预报中参考较多的天气模式预报及简易逐步回归模式。

评估指标为:当日、第 1 天、第 2 天、第 3 天、第 4 天、第 5 天等时次的城市空气质量等级预报准确率 G;城市 AQI 范围预报准确率 P_{AQI};首要污染物预报准确率 F。

2.2 评估结果

人工订正会商预报评估结果见表 40-3。统计预报本次选取日常例行预报中参考较多天气模式预报及简易逐步回归模式进行评估,评估结果见表 40-4、表 40-5。

2.3 重污染过程预报评估

2016 年沈阳市共发生 4 次重污染过程,分别为 11 月 5—6 日、11 月 17—18 日、12 月 10—11 日及 12 月 15—21 日。2016 年沈阳市重污染天气预警期间,当日城市空气质量等级预报准确率 G 达到 87.5%,未来 1 日和未来 2 日城市空气质量等级预报准确率 G 均为 50%,随着预报时间的延长,城市空气质量等级预报准确率 G 有所下降,见表 40-6。

表 40-3 沈阳市空气质量预报会商结果评估表

单位：%

会商	当天			第一天			第二天			第三天			第四天			第五天		
	G	P_{AQI}	F	G	P_{AQI}	F	G	P_{AQI}	F	G	P_{AQI}	F	G	P_{AQI}	F	G	P_{AQI}	F
2016 年 7 月	90.0	70.0	95.0	80.0	65.0	75.0	85.7	23.8	90.5	71.4	33.3	76.2	61.9	33.3	57.1	80.0	45.0	40.0
2016 年 8 月	95.7	91.3	91.3	87.0	43.5	87.0	72.7	36.4	86.4	81.8	54.5	90.9	82.6	47.8	56.5	79.2	45.8	50.0
2016 年 9 月	100.0	96.3	66.7	96.3	63.0	44.4	96.4	67.9	39.3	88.9	63.0	51.9	83.3	50.0	29.2	90.0	55.0	45.0
2016 年 10 月	91.7	54.2	83.3	69.6	43.5	82.6	73.9	34.8	65.2	47.8	30.4	65.2	42.9	14.3	52.4	47.6	23.8	38.1
2016 年 11 月	92.6	66.7	88.9	48.1	22.2	85.2	65.4	26.9	84.6	52.0	32.0	84.0	33.3	12.5	66.7	25.0	16.7	66.7
2016 年 12 月	92.6	55.6	92.6	74.1	22.2	66.7	66.7	14.8	77.8	66.7	22.2	74.1	74.1	25.9	74.1	63.0	25.9	74.1
2017 年 1 月	92.9	42.9	67.9	74.1	44.4	63.0	61.5	34.6	61.5	65.4	19.2	61.5	72.0	24.0	60.0	73.9	26.1	47.8
2017 年 2 月	100.0	75.0	85.7	82.1	25.0	67.9	85.7	42.9	82.1	85.2	40.7	81.5	74.1	44.4	74.1	66.7	25.9	70.4
2017 年 3 月	96.7	70.0	83.3	90.0	43.3	86.7	76.7	40.0	73.3	83.3	40.0	80.0	76.7	36.7	83.3	70.0	33.3	90.0
2017 年 4 月	100.0	86.7	83.3	96.7	66.7	63.3	90.0	50.0	76.7	86.7	53.3	73.3	93.3	46.7	63.3	93.3	43.3	60.0
2017 年 5 月	96.7	80.0	86.7	96.7	53.3	73.3	93.3	43.3	73.3	86.7	36.7	66.7	80.0	30.0	70.0	86.7	53.3	63.3
2017 年 6 月	96.7	86.7	90.0	90.0	50.0	86.7	86.7	40.0	86.7	83.3	43.3	83.3	86.7	36.7	70.0	83.3	40.0	73.3
2017 年 7 月	100.0	92.3	96.2	80.8	42.3	92.3	92.3	53.8	92.3	92.3	38.5	92.3	92.3	38.5	96.2	76.9	38.5	92.3
2017 年 8 月	100.0	74.2	93.5	87.1	41.9	80.6	77.4	25.8	77.4	77.4	25.8	77.4	87.1	32.3	74.2	71.0	32.3	64.5
2017 年 9 月	100.0	100.0	76.9	96.2	65.4	46.2	96.2	65.4	38.5	92.3	61.5	46.2	92.3	50.0	42.3	100.0	65.4	42.3
平均	96.4	76.1	85.4	83.3	46.1	73.4	81.4	40.0	73.7	77.4	39.6	73.6	75.5	34.9	64.6	73.8	38.0	61.2

注：G 为城市空气质量等级预报准确率；

P_{AQI} 为城市 AQI 范围预报准确率；

F 为首要污染物预报准确率。

表 40-4　沈阳市天气分型模式空气质量预报结果评估表

天气分型	当天			第一天			第二天			第三天			第四天			第五天		
	G	P_{AQI}	F	G	P_{AQI}	F	G	P_{AQI}	F	G	P_{AQI}	F	G	P_{AQI}	F	G	P_{AQI}	F
2016年8月	80.0	20.0	20.0	80.0	40.0	20.0	80.0	20.0	20.0	80.0	40.0	20.0	100.0	0.0	100.0	100.0	0.0	100.0
2016年9月	88.2	41.2	5.9	82.4	47.1	5.9	93.8	81.2	6.2	80.0	46.7	6.7	77.8	44.4	11.1	87.5	50.0	12.5
2016年10月	80.0	60.0	5.0	63.2	21.1	5.3	50.0	15.0	5.0	42.9	14.3	4.8	45.5	27.3	9.1	41.7	16.7	8.3
2016年11月	50.0	30.8	3.8	48.1	22.2	3.7	50.0	11.5	3.8	20.0	0.0	4.0	16.7	8.3	8.3	9.1	9.1	9.1
2016年12月	34.8	8.7	4.3	25.0	16.7	4.2	41.7	12.5	4.2	41.7	16.7	4.2	45.5	27.3	4.5	30.4	13.0	4.3
2017年1月	66.7	25.0	4.2	56.5	26.1	4.3	45.5	13.6	4.5	54.5	22.7	4.5	52.4	14.3	4.8	45.0	0.0	5.0
2017年2月	60.9	39.1	4.3	43.5	21.7	4.3	29.2	25.0	4.2	39.1	17.4	4.3	22.7	22.7	4.5	19.0	9.5	4.8
2017年3月	43.5	21.7	4.3	66.7	33.3	4.2	60.9	26.1	4.3	52.2	4.3	4.3	33.3	9.5	4.8	18.2	4.5	4.5
2017年4月	63.2	52.6	5.3	68.4	42.1	5.3	63.2	36.8	5.3	63.2	42.1	5.3	66.7	22.2	5.6	70.6	58.8	5.9
2017年5月	77.8	44.4	11.1	66.7	33.3	11.1	80.0	40.0	10.0	60.0	10.0	10.0	72.7	36.4	9.1	70.0	20.0	10.0
2017年6月	70.8	37.5	4.2	71.4	38.1	4.8	80.0	50.0	5.0	60.0	30.0	5.0	57.9	36.8	5.3	63.2	42.1	5.3
2017年7月	71.4	21.4	7.1	83.3	50.0	8.3	83.3	16.7	8.3	90.9	36.4	9.1	81.8	36.4	9.1	81.8	45.5	9.1
2017年8月	61.1	50.0	5.6	66.7	41.7	8.3	81.8	63.6	9.1	81.8	45.5	9.1	54.5	18.2	9.1	54.5	18.2	9.1
2017年9月	77.8	38.9	5.6	73.3	33.3	6.7	73.3	40.0	6.7	87.5	56.2	6.2	81.2	43.8	6.2	87.5	50.0	6.2
平均	66.2	35.1	6.5	63.9	33.3	6.9	65.2	32.3	6.9	61.0	27.3	7.0	57.8	24.8	13.7	55.6	24.1	13.9

注: G 为城市空气质量等级预报准确率;
P_{AQI} 为城市 AQI 范围预报准确率;
F 为首要污染物预报准确率。

表 40-5 沈阳市简易逐步回归模式空气质量预报结果评估表

简易逐步回归	当天			第一天			第二天			第三天			第四天			第五天		
	G	P_{AQI}	F	G	P_{AQI}	F	G	P_{AQI}	F	G	P_{AQI}	F	G	P_{AQI}	F	G	P_{AQI}	F
2016年7月	11.5	7.7	26.9	23.1	7.7	34.6	23.1	7.7	34.6	26.9	3.8	26.9	38.5	19.2	26.9	40	12	24
2016年8月	38.1	28.6	42.9	57.1	33.3	57.1	52.4	33.3	57.1	63.6	36.4	63.6	69.6	30.4	73.9	66.7	25	75
2016年9月	52.2	13	43.5	25	16.7	37.5	29.2	16.7	33.3	25	12.5	25	18.2	18.2	27.3	23.8	23.8	28.6
2016年10月	65.2	30.4	56.5	59.1	22.7	27.3	47.8	30.4	30.4	50	36.4	36.4	54.5	36.4	36.4	54.5	27.3	18.2
2016年11月	37	22.2	37	37	11.1	37	42.3	23.1	42.3	46.2	19.2	50	30.8	15.4	57.7	23.1	3.8	69.2
2016年12月	31.8	18.2	54.5	39.1	26.1	47.8	29.2	8.3	62.5	40	20	64	34.6	19.2	61.5	42.3	15.4	69.2
2017年1月	66.7	38.1	61.9	52.4	14.3	47.6	66.7	38.1	71.4	42.9	33.3	47.6	52.4	23.8	57.1	61.9	47.6	52.4
2017年2月	65.2	21.7	65.2	77.3	45.5	54.5	66.7	28.6	42.9	65	50	50	68.4	42.1	31.6	61.1	16.7	22.2
2017年3月	30.4	17.4	26.1	50	20.8	33.3	37.5	25	20.8	37.5	20.8	16.7	37.5	12.5	20.8	54.2	29.2	25
2017年4月	10.5	0	57.9	15.8	0	52.6	26.3	15.8	42.1	26.3	0	57.9	21.1	5.3	47.4	42.1	5.3	52.6
2017年5月	55.6	22.2	22.2	33.3	22.2	22.2	40	10	10	45.5	18.2	36.4	58.3	16.7	33.3	61.5	46.2	23.1
2017年6月	50	8.3	12.5	69.6	26.1	8.7	63.6	27.3	13.6	68.2	31.8	9.1	63.6	31.8	9.1	71.4	16.7	9.5
2017年7月	0	0	16.7	7.7	7.7	15.4	7.1	7.1	21.4	15.4	0	15.4	0	0	16.7	0	0	15.4
2017年8月	73.7	26.3	89.5	50	16.7	83.3	35.3	0	82.4	41.2	5.9	82.4	38.9	22.2	88.9	50	27.8	88.9
2017年9月	38.9	5.6	61.1	26.3	5.3	47.4	36.8	15.8	47.4	30	0	50	35	0	60	35	10	60
平均	41.8	17.3	45.0	41.5	18.4	40.4	40.3	19.1	40.8	41.6	19.2	42.1	41.4	19.5	43.2	45.8	21.6	42.2

注：1. 该模型所用气象数据为气象部门提供，个别月份数据来源不稳定导致预报准确率偏低。

2. G 为城市空气质量等级预报准确率；

P_{AQI} 为城市 AQI 范围预报准确率；

F 为首要污染物预报准确率。

表 40-6　2016 年沈阳市重污染过程评估

日期	当日			未来 1 日			未来 2 日		
	预报	实况	等级评估	预报	实况	等级评估	预报	实况	等级评估
11 月 5 日	260~320	272	正确	185~215	137	偏高	115~145	207	偏低
11 月 6 日	125~155	137	正确	85~115	207	偏低	90~120	82	正确
11 月 17 日	201~261	226	正确	195~225	112	偏高	125~155	46	偏高
11 月 18 日	95~125	112	正确	115~145	46	偏高	55~85	53	正确
12 月 9 日	85~115	113	正确	180~210	196	正确	175~205	123	偏低
12 月 10 日	175~205	196	正确	175~205	123	偏高	130~160	115	正确
12 月 11 日	175~205	123	偏高	125~155	115	正确	45~75	90	正确
12 月 14 日	125~155	130	正确	125~155	254	偏低	145~175	119	正确
12 月 15 日	245~305	254	正确	205~265	119	偏低	195~225	155	正确
12 月 16 日	160~190	119	偏高	175~205	155	正确	140~170	226	偏低
12 月 17 日	145~175	155	正确	180~210	226	正确	145~175	270	偏低
12 月 18 日	185~215	226	正确	180~210	270	正确	165~195	235	偏低
12 月 19 日	265~325	270	正确	245~305	235	正确	145~175	203	偏低
12 月 20 日	190~220	235	正确	140~170	203	偏低	71~101	60	正确
12 月 21 日	185~215	203	正确	71~101	60	正确	75~105	64	正确
12 月 22 日	75~105	60	正确	80~110	64	正确	145~175	210	偏低
正确天数	—	—	14	—	—	8	—	—	8
偏高天数	—	—	2	—	—	4	—	—	1
偏低天数	—	—	0	—	—	4	—	—	7
等级预报准确率 G	—	—	87.5%	—	—	50.0%	—	—	50.0%

3 总结

综合考虑全国空气质量预报预警工作开展情况，结合沈阳市预报工作情况，沈阳市空气质量预报工作存在主要问题如下：

（1）空气质量数据综合分析有待加强。一方面，目前沈阳市常规监测体系较为完善，但是市控监测点位数据应用不足，在全市空气质量综合分析中较少应用；另一方面，非常规监测手段较多，各项监测专报较为齐全，但是全面深入的综合分析能力有待加强。

（2）预报技术亟须升级，进而提高预报准确率。沈阳市空气质量预报历史悠久、预报软硬件基础及人才配备较健全，但目前预报技术仍以人工读图为主，以统计预报为辅，与国内先进城市相比，在预报手段上已经相对落后，几乎完全依赖气象预报资料，对污染源排放影响和区域传输的预测手段基本空白，这是导致预报准确率难以进一步提高的瓶颈。

（王帅、王闯、侯乐、王佳音）

第41章　大连市2016年预报评估

1　概况

1.1　自然环境概况

1.1.1　地理位置

大连市地处欧亚大陆东岸，辽东半岛最南端，位于东经 120°58′~123°31′、北纬 38°43′~40°10′之间，东濒黄海与朝鲜对望，西临渤海与华北为邻，南与山东半岛隔海相望，北依东北平原。形成碧海环抱与低山丘陵起伏的地形。

1.1.2　气象条件

大连市位于北半球的暖温带地区，大气环流以西风带和副热带系统为主，具有暖温带半湿润的大陆性季风气候兼有海洋性气候特征，冬无严寒，夏无酷暑，气候温和，四季分明，空气湿润，降水集中，季风明显。大连市多年年平均气温在 8.8~10.5℃之间，夏季平均气温在 22℃左右，春秋两季平均气温分别在 8~9℃和 11~13℃之间。全市气温最低月在 1 月，平均为-5℃左右，最高气温在 8 月，平均为 24℃左右。无霜期 180~200 天。年降雨量 550~800 mm，旱年多于涝年。由于地处东亚季风区，7 级或以上大风日数沿海每年 40~65 天，内陆 10~20 天，风速、盛行风向随季节转换而有明显变化。冬季盛行偏北季风，夏季盛行偏南季风，春、秋季是南、北风转换季节。年平均日照时数 2 500~2 800 h，日照率 60%左右；年平均空气相对湿度 64%~70%；年平均大雾日数大连市内四区、庄河市和长海县为 40~55 天，其他地区 10~30 天。

1.2　空气质量概况

2013 年以来，大连市空气中 PM_{10}、$PM_{2.5}$、SO_2、NO_2 等项目年均值整体呈下降趋势，2014 年以来 O_3 浓度升高明显，见表 41-1 和图 41-1。

表 41-1 2013—2016 年大连市主要污染物年均值 单位：μg/m³

监测项目	2013 年	2014 年	2015 年	2016 年
PM$_{10}$	85	85	81	67
PM$_{2.5}$	52	53	48	39
SO$_2$	34	30	30	26
NO$_2$	31	39	33	30
O$_3$	99	110	161	155

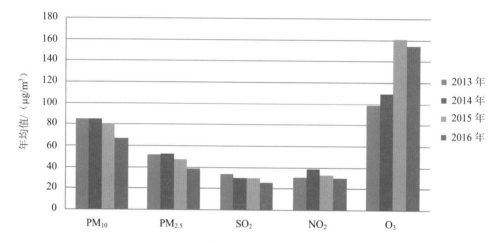

图 41-1 2013—2016 年大连市主要污染物年均值

相较 2013 年，2014 年及 2015 年大连市空气污染日增加，达标天数比例呈下降趋势，2016 年为新标准实施以来空气质量状况最好的 1 年，达标天数及达标天数比例增加明显。

大连市作为北方城市，污染特征较为明显。重度及以上污染集中于供暖期（11 月—次年 3 月），污染日由 PM$_{2.5}$ 所导致；近年来夏秋季 O$_3$ 逐渐取代 PM$_{2.5}$ 成为导致污染的主要污染物，2015 年及 2016 年分别出现 36 天和 31 天由 O$_3$ 所导致的污染日，见表 41-2。

表 41-2 2013—2016 年大连市空气质量等级统计

空气质量等级/天	2013 年	2014 年	2015 年	2016 年
优	79	69	50	63
良	211	213	220	236
轻度污染	50	56	70	49
中度污染	15	20	15	14

空气质量等级/天	2013 年	2014 年	2015 年	2016 年
重度污染	10	6	7	4
严重污染	0	1	3	0
达标天数比例/%	79.5	77.3	74.0	81.7

1.3 大连市环境空气质量预报预警系统概况

大连市环境空气质量预报预警系统于 2015 年 11 月完成建设投入试运行,并于 2016 年 1 月通过专家验收。

该系统集合了国内外主流的 4 个空气质量数值模式(CAMx、CMAQ、WRF-Chem 和 NAQPMS)及基于人工神经网络的 OPAQ 统计预报模型。其中数值预报可获取三层模拟区域(东亚层水平分辨率 36 km×36 km、辽宁层水平分辨率 12 km×12 km、大连层水平分辨率 3 km×3 km)的 7 天(含当天)6 项常规污染物的逐小时预报结果,统计预报可获取大连市各监测点位 7 天(含当天)每日空气质量等级及污染物浓度预报结果。

2 预报结果评估

2.1 评估指标

按照第 7 章有关区域层级划分的界定,大连市预报评估属于城市层级。评估指标定义选用城市 AQI 范围预报准确率 C_{AQI}(式 12.1)、城市 AQI 范围分级别预报准确率 C_{AQI-i}(式 12.2)、城市 AQI 级别预报准确率 C_G(式 12.3)、城市 AQI 分级别预报准确率 C_{G-i}(式 12.4)、首要污染物预报准确率 C_{PP}(式 12.5)、AQI 趋势预报准确率 C_T(式 12.6)、空气质量级别预报偏高率 C_{GH}(式 12.8)、空气质量级别预报偏低率 C_{GL}(式 12.9)作为常规业务评估指标。

2.2 业务预报评估结果

本章以日常业务评估指标进行评估,分为模式预报和人工订正预报。评估时段为 2016 年 1 月 1 日—12 月 31 日,共 366 天,分为 24 h、48 h、72 h 三个时段分别评估。人工订正预报评估结果见表 41-3。模式预报评估本次选取日常例行预报中参考较多的 CMAx 模式辽宁层进行评估,评估结果见表 41-4。

表 41-3　大连市空气质量预报人工订正预报结果评估表

评价指标		春季（3—5 月）			夏季（6—8 月）			秋季（9—11 月）			冬季（12 月—次年 2 月）			全年		
		24 h	48 h	72 h	24 h	48 h	72 h	24 h	48 h	72 h	24 h	48 h	72 h	24 h	48 h	72 h
AOI 级别预报准确率	总体	91.3%	91.3%	83.7%	87.0%	81.5%	77.2%	82.4%	79.1%	76.9%	81.3%	75.8%	75.8%	85.5%	82.0%	78.4%
	一级（优）	100.0%	100.0%	75.0%	84.6%	46.2%	15.4%	62.5%	58.3%	62.5%	86.4%	72.7%	72.7%	77.8%	63.5%	57.1%
	二级（良）	91.0%	97.0%	98.5%	93.5%	95.2%	98.4%	96.4%	92.7%	89.1%	86.5%	86.5%	88.5%	91.9%	93.2%	94.1%
	三级（轻度）	100.0%	73.7%	42.1%	84.6%	76.9%	61.5%	70.0%	70.0%	60.0%	57.1%	42.9%	28.6%	83.7%	69.4%	49.0%
	四级（中度）	0.0%	50.0%	0.0%	0.0%	0.0%	0.0%	0.0%	0.0%	0.0%	85.7%	71.4%	71.4%	42.9%	42.9%	35.7%
	五级（重度）	—	—	—	—	—	—	0.0%	0.0%	0.0%	0.0%	0.0%	0.0%	0.0%	0.0%	0.0%
	六级（严重）	—	—	—	—	—	—	—	—	—	—	—	—	—	—	—
AQI 范围预报准确率	总体	42.4%	42.4%	50.0%	44.6%	69.6%	38.0%	46.2%	37.4%	34.1%	47.3%	44.0%	38.5%	45.1%	48.4%	40.2%
	一级（优）	75.0%	75.0%	75.0%	46.2%	46.2%	0.0%	37.5%	37.5%	20.8%	59.1%	50.0%	45.5%	49.2%	46.0%	28.6%
	二级（良）	44.8%	46.3%	59.7%	48.4%	82.3%	50.0%	54.5%	45.5%	43.6%	46.2%	46.2%	40.4%	48.3%	55.5%	49.2%
	三级（轻度）	31.6%	26.3%	15.8%	38.5%	53.8%	30.8%	30.0%	0.0%	20.0%	42.9%	42.9%	0.0%	34.7%	30.6%	18.4%
	四级（中度）	0.0%	0.0%	0.0%	0.0%	0.0%	0.0%	0.0%	0.0%	0.0%	42.9%	28.6%	57.1%	21.4%	14.3%	28.6%
	五级（重度）	—	—	—	—	—	—	0.0%	0.0%	0.0%	0.0%	0.0%	0.0%	0.0%	0.0%	0.0%
	六级（严重）	—	—	—	—	—	—	—	—	—	—	—	—	—	—	—
首要污染物预报准确率		53.3%	44.6%	53.3%	94.6%	88.0%	87.0%	62.6%	60.4%	57.1%	63.7%	60.4%	58.2%	68.6%	63.4%	63.9%
AQI 趋势预报准确率		38.2%	38.2%	44.8%	38.2%	40.4%	38.5%	45.5%	43.3%	42.2%	50.8%	52.1%	46.3%	43.0%	43.5%	43.0%
级别预报偏差	偏高率	6.5%	2.2%	3.3%	4.3%	8.7%	13.0%	12.1%	15.4%	14.3%	11.0%	15.4%	15.4%	8.5%	10.3%	11.5%
	偏低率	2.2%	6.5%	13.0%	8.7%	9.8%	9.8%	5.5%	5.5%	8.8%	7.7%	8.8%	8.8%	6.0%	7.7%	10.1%

表 41-4　大连市 CMAx 模式辽宁层空气质量预报结果评估表

评价指标		春季 (3—5月) 24 h	48 h	72 h	夏季 (6—8月) 24 h	48 h	72 h	秋季 (9—11月) 24 h	48 h	72 h	冬季 (12月—次年2月) 24 h	48 h	72 h	全年 24 h	48 h	72 h
AOI级别预报准确率	总体	59.8	60.5	62.3	41.7	45.7	38.9	27.9	35.7	25.0	40.7	42.7	43.2	44.9	47.9	45.7
	一级（优）	50.0%	75.0%	75.0%	0.0%	0.0%	0.0%	5.6%	7.1%	0.0%	59.1%	61.9%	57.1%	33.3%	39.5%	36.6%
	二级（良）	66.1%	66.1%	71.9%	45.5%	47.6%	34.8%	42.9%	52.2%	45.5%	40.0%	46.8%	44.7%	51.3%	55.3%	53.7%
	三级（轻度）	41.2%	37.5%	21.4%	71.4%	85.7%	85.7%	66.7%	50.0%	0.0%	0.0%	0.0%	40.0%	43.8%	43.8%	36.7%
	四级（中度）	50.0%	50.0%	50.0%	0.0%	0.0%	0.0%	—	—	—	16.7%	0.0%	0.0%	18.2%	8.3%	8.3%
	五级（重度）	—	—	—	—	—	—	0.0%	0.0%	0.0%	33.3%	0.0%	0.0%	25.0%	0.0%	0.0%
	六级（严重）	—	—	—	—	—	—	—	—	—	—	—	—	—	—	—
AQI范围预报准确率	总体	39.0	48.1%	39.0%	25.0%	31.4%	25.0%	11.6%	11.9%	12.5%	30.2%	32.9%	25.9%	29.1%	34.2%	27.8%
	一级（优）	50.0%	50.0%	50.0%	0.0%	0.0%	0.0%	5.6%	7.1%	0.0%	22.7%	33.3%	28.6%	16.7%	23.3%	19.5%
	二级（良）	40.7%	52.5%	42.1%	27.3%	38.1%	34.8%	19.0%	17.4%	22.7%	40.0%	42.6%	29.8%	35.5%	42.0%	34.2%
	三级（轻度）	35.3%	31.3%	28.6%	42.9%	42.9%	14.3%	0.0%	0.0%	0.0%	0.0%	0.0%	20.0%	28.1%	25.0%	20.0%
	四级（中度）	0.0%	50.0%	0.0%	0.0%	0.0%	0.0%	—	—	—	16.7%	0.0%	0.0%	9.1%	8.3%	0.0%
	五级（重度）	—	—	—	—	—	—	0.0%	0.0%	0.0%	0.0%	0.0%	0.0%	0.0%	0.0%	0.0%
	六级（严重）	—	—	—	—	—	—	—	—	—	—	—	—	—	—	—
首要污染物预报准确率		19.5%	22.2%	19.5%	2.8%	5.7%	0.0%	25.6%	31.0%	32.5%	44.2%	45.1%	43.2%	26.7%	29.2%	26.9%
AQI趋势预报准确率		46.9%	46.4%	31.9%	38.5%	36.0%	46.2%	41.0%	42.6%	27.1%	65.9%	57.0%	56.4%	51.0%	47.9%	40.6%
级别预报偏差	偏高率	24.3%	23.5%	19.5%	47.2%	45.7%	52.8%	69.8%	59.5%	70.0%	25.6%	28.0%	29.7%	36.1%	34.6%	36.4%
	偏低率	15.9%	16.0%	18.2%	11.1%	8.6%	8.3%	2.3%	4.8%	5.0%	33.7%	29.3%	27.1%	19.0%	17.5%	17.9%

注：由于服务器故障及 GFS 数据下载不稳定等原因，7 月及 10 月预报结果生成，8 月 9 月无预报结果生成，故夏季及秋季评估结果仅供参考。

2.3 污染物浓度相关性分析

除进行常规评估指标外，可对重点关注的 PM$_{2.5}$ 等污染物浓度预报结果与实况进行相关性分析，以图表等方式进行直观表达。本次选取 2016 年 12 月 CMAx 模式辽宁层 PM$_{2.5}$ 预报结果与实况进行分析，变化趋势对比见图 41-2，相关系数见表 41-5。

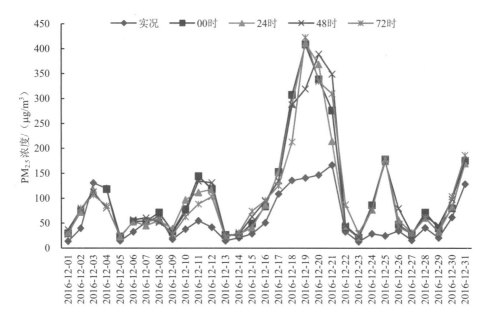

图 41-2　12 月 CMAx 模式 PM$_{2.5}$ 预报与实况变化趋势对比（辽宁层）

表 41-5　12 月 CMAx 模式 PM$_{2.5}$ 预报结果与实况相关系数

层次	PM$_{2.5}$ 预报与实况相关系数			
	00 h	24 h	48 h	72 h
辽宁	0.86	0.82	0.82	0.80

由图 41-2 可见，CMAx 模式辽宁层 PM$_{2.5}$ 预报结果与实况对比整体变化趋势较为接近；12 月 3—4 日及 12 月 18—21 日的两次污染过程预报较为准确，预报结果高于实况浓度；相关系数各时次均达到 0.80 以上。由此可见，CMAx 模式 12 月 PM$_{2.5}$ 浓度预报结果较为理想。

2.4 重污染过程预报评估

2016 年大连市共发生 4 次重污染过程，分别为 1 月 2—3 日、11 月 5—6 日、12 月

3—4 日及 12 月 18—21 日。其中 12 月 3—4 日及 12 月 18—21 日两次重污染过程预报准确，1 月 2—3 日及 11 月 5—6 日两次污染过程预报错误，见表 41-6。

表 41-6　2016 年大连市重污染过程评估

序号	过程实际持续时间	过程预报持续时间	实际污染程度	预测污染程度	评估结论	备注
1	1 月 2—3 日	未预报重污染过程	1 月 2 日 5：00 至 1 月 3 日 17：00 连续 37 h 达到重度及以上污染；1 月 2 日 AQI 为 284，重度污染；1 月 3 日 AQI 为 216，重度污染	1 月 2 日：轻度—中度；1 月 3 日：良—轻度污染	漏报	本地大雾及逆温影响，气象条件不利于污染物扩散，且受大范围污染传输影响
2	11 月 5—6 日	未预报重污染过程	11 月 5 日 10：00 至 11 月 6 日 6：00，累计 12 h 达到重度及以上污染；11 月 5 日 AQI 为 218，重度污染；11 月 6 日 AQI 为 133，轻度污染	11 月 5 日：轻度—中度污染；11 月 6 日：轻度—中度污染	漏报	受东北地区秸秆焚烧污染传输
3	12 月 3—4 日	12 月 3—4 日	12 月 3 日累计 5 h 达到重度污染，12 月 4 日累计 3 h 达到重度污染；12 月 3 日 AQI 为 172，中度污染；12 月 4 日 AQI 为 156，中度污染	12 月 3 日：轻度—中度污染；12 月 4 日：中度—重度污染	预报正确	本地气象条件不利于污染物扩散，且受大范围污染传输影响
4	12 月 18—21 日	12 月 18—21 日	12 月 18 日累计 9 h 达到重度污染，12 月 19 日累计 10 h 达到重度污染，12 月 20 日累计 6 h 达到重度污染，12 月 21 日累计 16 h 达到重度污染；12 月 18 日 AQI 为 179，中度污染；12 月 19 日 AQI 为 186，中度污染；12 月 20 日 AQI 为 195，中度污染；12 月 21 日 AQI 为 216，重度污染	12 月 18 日：重度污染 12 月 19 日：中度—重度污染 12 月 20 日：中度—重度污染 12 月 21 日：轻度—中度污染	12 月 18 日预报等级偏重 1 级，12 月 19 日及 20 日预报正确，12 月 21 日重度污染预报错误，等级偏轻 1 级；污染过程预报准确	本地气象条件不利于污染物扩散，且受大范围污染传输影响

3 总结

（1）人工订正 24 h 预报结果各项指标整体优于 48 h 及 72 h 预报结果，其原因可能为气象资料随时间延后不确定性增大导致；全年城市 AQI 级别预报准确率除 72 h 预报外，24 h 及 48 h 预报均高于 80%，准确性较好；全年城市 AQI 范围预报准确率低于城市 AQI 级别预报准确率，主要由于为提高城市 AQI 级别预报准确率，大多采取跨级预报所导致；全年首要污染物预报准确率与城市 AQI 级别预报准确率较为接近，夏季准确率高于其他季节主要由于大连市夏季首要污染物多为 O_3，预报难度相对较小，其他季节 PM_{10}、$PM_{2.5}$、SO_2、NO_2、O_3 等均可能成为首要污染物，预报难度相对较大；全年空气质量级别预报偏高率高于偏低率，与主要参考的数值模式预报结果易偏高、预报员预报时相对偏保守有关。

（2）本次评估的 CMAx 模式辽宁层各时次预报结果各项指标整体差异较小；全年城市 AQI 级别预报准确率在 45% 左右，春季准确率高于其他季节；城市 AQI 范围预报准确率低于城市 AQI 级别预报准确率，春冬季高于夏秋季；全年首要污染物预报准确率低于 30%，夏季准确率较低；全年空气质量级别预报偏高率高于偏低率，夏秋季偏高较为明显。模式的城市 AQI 级别预报准确率偏低及易出现偏高或偏低现象与其运算使用的污染物排放清单及气象数据的准确性关系较大，数值模式存在进一步优化调整的空间。

（3）2016 年的 4 次重污染过程，2 次预报准确，2 次预报错误。预报错误原因主要是由于大连市所处地理位置易受到京津冀山东及东北地区区域污染传输影响，而气象条件及污染传输强度的不确定性较大，秸秆焚烧等偶发源导致的污染程度难以把握等情况。

（包艳英、阎守政、纪德钰、徐洁、王曼华）

第 42 章　青岛市 2016 年预报评估

1　概况

1.1　自然环境概况

青岛市地处山东半岛南部，位于东经 119°30′～121°00′、北纬 35°35′～37°09′，东、南濒临黄海，东北与烟台市毗邻，西与潍坊市相连，西南与日照市接壤。青岛市为海滨丘陵城市，地势东高西低，南北两侧隆起，中间低陷。其中山地约占全市总面积的 15.5%，丘陵约占 25.1%，平原约占 37.7%，洼地约占 21.7%。

青岛地处北温带季风区域，属温带季风型大陆性气候；由于海洋环境的直接影响和调节作用，受来自洋面上的东南季风及海流、水团的影响，具有鲜明的海洋性气候特点，空气湿润、雨量充沛、温度适中、四季分明。春季气温回升缓慢，较内陆迟 1 个月左右；夏季湿热多雨，但无酷暑，秋季天高气爽，降水少、蒸发强；冬季风大温低，持续时间较长。

2016 年青岛市年平均气温 13.8℃，比常年偏高 1.0℃，比上年偏高 0.1℃；年平均降水量 548.5 mm，比常年偏少 115.9 mm（偏少 17.4%），比上年偏多 98.0 mm，全市平均降水量冬季偏多，其他季节偏少；年平均日照时数 2 276.3 h，比常年偏少 158.4 h，比上年偏多 14.4 h，日照时数夏季偏多，其他季节偏少。

1.2　城市空气质量概况

1.2.1　2016 年空气质量状况

2016 年，青岛市空气质量优良率（国控、省控统计）为 81.1%。优、良天数分别为 65 天、232 天，轻度、中度、重度、严重污染天数分别为 50 天、12 天、5 天、2 天。空气质量优良率为 2013 年以来最好水平，空气质量一级（优）的天数为历年最多，五级（重度污染）以上的天数为历年最少。2016 年，$PM_{2.5}$、PM_{10}、SO_2、NO_2、O_3 浓度分别为 45 μg/m³、85 μg/m³、20 μg/m³、32 μg/m³、147 μg/m³，CO 浓度在 0.3～2.8 mg/m³ 之间，$PM_{2.5}$、PM_{10} 超标，其余四项均达标。同比，$PM_{2.5}$、PM_{10}、SO_2、NO_2 浓度分别降低 11.8%、9.6%、28.6%、3.0%，O_3、CO 浓度持平或基本持平，$PM_{2.5}$、PM_{10}、SO_2、NO_2、CO 浓度均为 2013 年以来的最低值。

2016 年，首要污染物主要为 O_3-8 h（103 天）、PM_{10}（102 天）和 $PM_{2.5}$（85 天），其中以 O_3-8 h 为首要污染物主要出现在 5—10 月，PM_{10} 为首要污染物主要出现在 1—5 月、11 月，$PM_{2.5}$ 为首要污染物出现在 1—3 月、11 月和 12 月，此外首要污染物为 NO_2 出现 5 天，NO_2 和 $PM_{2.5}$、O_3 和 PM_{10}、PM_{10} 和 $PM_{2.5}$ 两种污染物并列为首要污染物的各 1 天、3 天和 2 天。

1.2.2　重污染天气概况

自 2013 年实施新的《环境空气质量标准》（GB 3095—2012）起，截至 2017 年 10 月，青岛市区共发生重污染天气 54 天，分别为 2013 年 23 天、2014 年 9 天、2015 年 11 天、2016 年 7 天、2017 年 4 天，其中首要污染物为 $PM_{2.5}$ 的重污染天气 52 天，首要污染物为 PM_{10} 的重污染天气 2 天。

以 $PM_{2.5}$ 为首要污染物的重污染天气占比 96.3%，均发生在采暖季。2016 年 $PM_{2.5}$ 年均浓度为 45 μg/m³，7 天重污染天气对全年 $PM_{2.5}$ 浓度贡献值为 4 μg/m³，贡献率 8.9%。冬季采暖期燃煤量消耗增长，污染物排放量增加，是造成 $PM_{2.5}$ 重污染天气的内在原因。2016 年，采暖期四项主要污染物 SO_2、NO_2、PM_{10} 和 $PM_{2.5}$ 平均浓度分别是非采暖期平均浓度的 1.3 倍、0.5 倍、0.5 倍和 0.9 倍。2016 年青岛市颗粒物来源解析结果显示，冬季一次燃煤尘对 PM_{10} 和 $PM_{2.5}$ 的贡献分别为 16.2% 和 15.1%。从天气分析来看，青岛市 $PM_{2.5}$ 重污染天气多发生在高空冷槽底部或后部、地面高压或均压场的情况下，大气层结稳定，水平和垂直扩散条件差，是其形成的共同天气条件。期间 $PM_{2.5}$ 中水溶性离子组分浓度较高的是 NH_4^+、NO_3^- 和 SO_4^{2-}，三者浓度之和占水溶性无机离子浓度总和 80% 以上，表明除气象因素外，二次颗粒物生成也是导致 $PM_{2.5}$ 重污染天气发生的主要原因。此外，区域污染物传输也是导致 $PM_{2.5}$ 重污染天气的重要原因。

以 PM_{10} 为首要污染物的重污染天气共发生 2 天（占比 4%），2013 年 3 月 9 日和 2016 年 4 月 23 日，AQI 分别为 207（重度污染）和 320（严重污染），均是受沙尘天气影响。经分析，影响青岛市区的沙尘传输路径大体可分为偏北路径和偏西路径，两者影响概率为 3∶1。偏北路径：沙尘暴经由内蒙古入侵，沿着山西北部—河北—山东路径到达青岛；偏西路径：沙尘起源于新疆北部，途径甘肃—宁夏—内蒙古—陕西—山西，再沿京津冀地区—山东到达青岛。

1.3　空气质量预报情况

青岛市是较早开展预报预测工作的城市之一，自 2001 年开始空气质量预报预测工作以来，目前已积累了十多年的经验，近年来，在不断满足新时期加强大气污染治理的客观需求下，尤其是预报预警重污染天气的挑战下，青岛市空气质量预报工作得到了迅速发展。

2014 年初针对新形势和新要求，为加强环境空气质量监测网络和预报预警能力建设，不断提高空气质量监测、预报与重污染天气预警能力，组建了青岛市空气质量预报预警中心。同年 2 月首次正式通过官方主页、官方微博、媒体等多渠道对社会公众全面发布空气质量预报产品，为社会公众提供空气质量信息。预报产品包括，每日的例行预报产品即 24 h 空气质量等级和首要污染物，节假日前的未来 3 天或 7 天的空气质量预报，以及当发生中度及以上污染时的 6 h 或 12 h 短时空气质量预报。2015 年 8 月起，对每日例行预报产品进行了扩展，即在原有基础上，例行预报产品增加为 24 h 和 48 h 的 AQI 范围、空气质量等级以及首要污染物。2016 年秋冬季，增加了发生轻度污染时的 6 h 或 12 h 短时空气质量预报。2017 年 3 月起，增加了 72 h 的例行预报产品，即例行预报产品为未来 3 天的 AQI 范围、空气质量等级和首要污染物。2017 年 4 月起，开展与青岛新闻广播 FM107.6 的实时空气质量信息连线播报，预报员每天分 4 个时段每次 1～2 min，与电台主播连线播报空气质量实况、当天分时段短时预报以及未来 3 天的空气质量预报。

近年来，除了完成日常例行预报工作外，也出色地完成世界园艺博览会、世界史学大会、APEC 会议等重大活动空气质量保障和多次青岛市重污染天气的应急保障工作。

青岛市空气质量预报由早期的统计模式预报，逐步发展到基于监测—气象联合会商的空气质量预报，2016 年与南京大学合作搭建的本地 WRF-Chem 数值模式预报，实现了数值模式业务化预报。该数值模式采用水平四层嵌套网格，分别为 81 km、7 km、9 km 和 3 km，垂直方向 24 层，模式顶为 100 hPa。数值预报产品包括 3 天（含当天）内常规六项污染物的逐时浓度及空间分布、逐时 AQI 等。

目前，青岛市共有两套数值模式预报产品，即中国环境监测总站下发的 NAQPMS、WRF-CMAQ 数值预报产品以及本地的 WRF-Chem 数值预报产品。由于本地的 WRF-Chem 模式搭建时间较短，本地源排放清单正在建立之中，预报模式尚处于调试运行阶段，因此不对其预报效果进行评估。本次仅对城市日常例行（人工订正）预报结果以及 NAQPMS、WRF-CMAQ 模式预报结果进行评估。

2 日常例行预报评估

2.1 AQI 级别预报评估

2016 年，城市日常例行预报结果，见表 42-1，24 h AQI 级别预报准确率全年平均为 84.2%，48 h AQI 级别预报准确率为 81.1%；WRF-CMAQ 数值模式预报结果，见表 42-2，24 h AQI 级别预报准确率全年平均为 42.9%，48 h AQI 级别预报准确率为 47.8%；整体来看城市日常例行预报效果要优于 WRF-CMAQ 数值模式预报效果。

表 42-1 城市空气质量预报结果评估表（日常例行）   单位：%

评价指标		春季（3—5 月）		夏季（6—8 月）		秋季（9—11 月）		冬季（1—2 月，12 月）		全年	
		24 h	48 h	24 h	48 h	24 h	48 h	24 h	48 h	24 h	48 h
级别预报准确率 C_G	总体	85.9	82.6	83.7	80.4	86.8	84.6	80.2	76.9	84.2	81.1
	一级（优）	20.0	40.0	81.1	70.3	73.3	66.7	44.4	22.2	69.7	60.6
	二级（良）	97.1	98.6	97.9	100.0	92.3	93.8	91.8	87.8	94.8	95.2
	三级（轻度）	69.2	46.2	0.0	0.0	80.0	60.0	84.2	84.2	67.3	57.1
	四级（中度）	50.0	0.0			0.0	0.0	75.0	87.5	61.5	53.8
	五级（重度）	—	—					40.0	40.0	40.0	40.0
	六级（严重）	0.0	0.0					0.0	0.0	0.0	0.0
AQI 范围预报准确率 C_{AQI}	总体	57.6	58.7	45.7	41.3	52.7	60.4	42.9	36.3	49.7	49.2
	一级（优）	20.0	40.0	32.4	29.7	33.3	46.7	44.4	11.1	33.3	31.8
	二级（良）	72.5	72.5	62.5	56.3	61.5	70.8	46.9	42.9	61.9	62.3
	三级（轻度）	15.4	15.4	0.0	0.0	30.0	20.0	47.4	36.8	28.6	22.4
	四级（中度）	0.0	0.0			0.0	0.0	37.5	50.0	23.1	30.8
	五级（重度）	—	—					0.0	0.0	0.0	0.0
	六级（严重）	0.0	0.0					0.0	0.0	0.0	0.0
首要污染物预报准确率 C_{PP}		50.6	51.7	76.4	74.5	61.8	61.8	72.0	63.4	64.0	61.7
AQI 趋势预报准确率 C_T		37.0	30.4	51.1	57.6	34.1	36.3	41.8	40.7	41.0	41.3
级别预报偏差	偏高率 C_{GH}	6.5	1.1	7.6	0.0	9.9	4.4	11.0	9.9	8.7	3.8
	偏低率 C_{GL}	7.6	16.3	8.7	19.6	3.3	11.0	8.8	13.2	7.1	15.0

表 42-2　城市空气质量预报结果评估表（WRF-CMAQ）　　　　单位：%

评价指标		春季（3—5月）		夏季（6—8月）		秋季（9—11月）		冬季（1—2月，12月）		全年	
		24 h	48 h	24 h	48 h	24 h	48 h	24 h	48 h	24 h	48 h
级别预报准确率 C_G	总体	41.7	50.0	33.8	39.2	52.1	65.8	44.2	37.6	42.9	47.8
	一级（优）	0.0	75.0	0.0	7.7	0.0	63.6	14.3	42.9	2.1	0.3
	二级（良）	44.4	50.0	54.5	57.1	62.3	69.8	56.5	46.8	53.9	0.6
	三级（轻度）	54.5	54.5	16.7	50.0	55.6	44.4	42.1	33.3	44.4	0.4
	四级（中度）	25.0	25.0	—	—	—	—	37.5	0.0	33.3	0.1
	五级（重度）	—	—	—	—	—	—	0.0	25.0	0.0	0.3
	六级（严重）	0.0	—	—	—	—	—	0.0	—	0.0	—
AQI范围预报准确率 C_{AQI}	总体	23.8	20.2	14.9	24.3	35.6	5.5	17.4	21.2	22.7	18.0
	一级（优）	0.0	0.0	0.0	39.3	0.0	9.1	28.6	25.0	4.3	26.9
	二级（良）	22.2	27.0	22.7	17.9	45.3	5.6	15.2	35.6	26.7	21.4
	三级（轻度）	54.5	0.0	16.7	0.0	22.2		15.8	0.0	26.7	0.0
	四级（中度）	0.0	0.0	—	—	—	—	37.5	0.0	25.0	0.0
	五级（重度）	—	—	—	—	—	—	0.0	0.0	0.0	0.0
	六级（严重）	0.0	—	—	—	—	—	0.0	—	0.0	—
首要污染物预报准确率 C_{PP}		16.7	14.3	9.5	13.5	17.8	16.4	53.5	51.8	25.2	24.7
AQI 趋势预报准确率 C_T		44.0	35.7	59.5	31.1	53.4	27.4	55.8	38.8	53.0	33.5
级别预报偏差	偏高率 C_{GH}	45.2	38.1	58.1	51.4	35.6	28.8	30.2	36.5	42.0	38.6
	偏低率 C_{GL}	13.1	11.9	8.1	9.5	12.3	5.5	25.6	25.9	15.1	13.6

城市日常例行预报 24 h、48 h AQI 级别预报准确率均为秋季最高，其次为春季、夏季和冬季，各季节来说，24 h AQI 级别预报准确率均略高于 48 h AQI 级别预报准确率。其中，AQI 级别预报准确率最高为 10 月份，其次为 5 月份，24 h 和 48 h 准确率均达到90%以上；2 月、3 月、7 月、8 月和 9 月 24 h 和 48 h 准确率在 80%以上；1 月、4 月、6 月和 11 月 24 h 和 48 h 准确率范围为 70%～80%。

AQI 分级别预报准确率来看，对二级（良）的 24 h 和 48 h AQI 级别预报准确率最高，分别为 94.8%和 95.2%；对一级（优）、三级（轻度污染）、四级（中度污染）的 AQI级别预报准确率较为接近，24 h AQI 级别预报准确率范围 61.5%～69.7%，48 h AQI 级别预报准确率范围 53.8%～60.6%；五级（重度污染）共 5 天，24 h 和 48 h AQI 级别预报准确率均为 40%；六级（严重污染）共 2 天，由于预报级别偏低，24 h 和 48 h AQI 级别预报准确率均为 0%。

2.2 AQI 范围预报评估

2016 年，城市日常例行 24 h 和 48 h AQI 范围预报准确率优于 WRF-CMAQ 数值模式预报效果。

如表 42-1 所示，城市日常例行 24 h AQI 范围预报准确率全年平均为 49.7%，48 h AQI 范围预报准确率全年平均为 49.2%；24 h AQI 范围预报准确率春季＞秋季＞夏季＞冬季，48 h AQI 范围预报准确率秋季＞春季＞夏季＞冬季。各季节来说，春季、夏季和冬季 24 h AQI 范围预报准确率高于 48 h AQI 范围预报准确率，但秋季的相反。

AQI 范围预报准确率最高也为 10 月份，24 h 和 48 h AQI 范围预报准确率分别为 80.6% 和 87.1%，11 月和 12 月的 AQI 范围准确率最低，24 h AQI 范围准确率分别为 33.3% 和 38.7%；其余各月准确率较为接近，24 h AQI 范围准确率为 41.4%～64.5%，48 h AQI 范围准确率为 32.3%～64.5%。

AQI 范围分级别预报准确率来看，对二级（良）的 24 h 和 48 h AQI 范围预报准确率最高，分别为 61.9% 和 62.3%；对一级（优）、三级（轻度污染）、四级（中度污染）的 AQI 范围预报准确率较为接近，24 h AQI 范围预报准确率范围为 23.1%～33.3%，48 h AQI 范围预报准确率范围为 22.4%～31.8%；对五级（重度污染）和六级（严重污染）的 AQI 范围预报准确率较差，24 h 和 48 h AQI 范围预报准确率均为 0。

2.3 首要污染物预报评估

城市日常例行首要污染物预报评估，见表 42-1，24 h 和 48 h 首要污染物准确率全年平均分别为 64.0% 和 61.7%，夏季最高，冬季次之，再次为秋季和春季；WRF-CMAQ 数值模式首要污染物预报评估，见表 42-2，24 h 和 48 h 首要污染物准确率全年平均为 25.2% 和 24.7%，冬季的准确率显著高于秋季、春季和夏季的准确率。

2.4 AQI 趋势预报评估

整体来说，AQI 趋势预报评估结果 WRF-CMAQ 数值模式预报效果要优于城市日常例行预报效果，城市日常例行 24 h 和 48 h AQI 趋势预报准确率较为接近，全年平均分别为 41.0% 和 41.3%，AQI 趋势预报最优为夏季，其次冬季、秋季和春季。WRF-CMAQ 数值模式预报结果，24 h AQI 趋势预报准确率 53.0%，明显高于 48 h AQI 趋势预报准确率 33.5%。

2.5 AQI 级别预报偏差评估

城市日常例行级别预报偏差评估结果显示，全年来说 24 h 级别预报偏高率和偏低率基本持平，分别为 8.7% 和 7.1%，按季节来说，春季和夏季预报偏高率和偏低率也基本持平，但秋季和冬季的预报级别偏差主要为偏高导致；全年和各季节来看，48 h 级别预报偏差均为偏低导致，全年 48 h 级别预报偏高率和偏低率分别为 3.8% 和 15.0%。

3 重污染过程预报评估

2016 年，青岛市重污染天共计 7 天，分别发生在 1 月 2—3 日、1 月 10 日、1 月 15 日、4 月 23 日和 12 月 19—20 日，数值模式（NAQPMS 或 WRF-CMAQ）预报结果评估结论为 6 天准确（PM$_{2.5}$ 重度污染及严重污染）和 1 天偏低（PM$_{10}$ 严重污染），模式预报结果整体表现较好，见表 42-3。

表 42-3 2016 年青岛市重污染过程 NAQPMS/WRF-CMAQ 模式预报评估

序号	重污染日	过程实际持续时间	过程预报持续时间	实际污染程度	预测污染程度	评估结论	备注
1	1 月 2—3 日	1/2 6：00—1/4 7：00 50 h	1/2 7：00—1/3 22：00 39 h	严重污染（PM$_{2.5}$）	重度污染及以上	准确	
2	1 月 10 日	1/9 17：00—1/10 14：00 22 h	1/9 8：00—1/10 11：00 27 h	重度污染（PM$_{2.5}$）	重度污染及以上	准确	
3	1 月 15 日	1/14 18：00—1/17 11：00 66 h	1/14 20：00—1/17 12：00 62 h	重度污染（PM$_{2.5}$）	重度污染及以上	准确	
4	4 月 23 日	4/22 22：00—4/24 10：00 37 h		严重污染（PM$_{10}$）		偏低	沙尘天气影响
5	12 月 19—20 日	12/19 6：00—12/21 10：00 53 h	12/18 4：00—12/21 0：00 68 h	重度污染（PM$_{2.5}$）	重度污染及以上	准确	

数值模式（NAQPMS 或 WRF-CMAQ）全年共预报 17 天重污染天，6 天准确，1 天偏低和 10 天偏高（其中 4 天实况为轻度或中度污染，6 天实况为良）。重污染预报准确率 APR 为 86%，重污染预报偏高率 OPR 为 59%，重污染预报偏低率 UPR 为 6%，重

污染预报检验评分 TS 为 0.35。

4　总结

2016 年，青岛市预报准确率各评估指标，整体来看 24 h 预报准确率高于 48 h 预报准确率，AQI 级别预报准确率显著高于 AQI 范围预报准确率、首要污染物预报准确率和 AQI 趋势预报准确率。

AQI 级别预报准确率来说，春季、秋季的高于夏季和冬季，这是由于春、秋季空气质量状况相对稳定，预报员经验丰富，但针对夏季 O_3 预报的经验较少，以及对冬季重污染天气的把握仍有不小差距。

24 h 级别预报偏差，偏高率和偏低率持平，但 48 h 级别预报，偏低率高于偏高率。对二级（良）的级别预报把握最好，级别预报准确率＞90%，对一级（优）的预报偏差均为偏高导致，预报为二级（良）；对轻度污染及以上的预报偏差主要为预报偏低所致，表明对污染天气的把握仍有不足，偏于乐观。尤其是春秋季节沙尘影响下的重污染天气，由于沙尘传输路径的不确定性、沙尘沉降量难以估算等，使得预报偏差较大，夏季 O_3 的轻度、中度污染天气，对其生成机制认识得不深刻，低估 O_3 浓度峰值，导致预报级别偏低；冬季重污染天气，由于气象条件的不确定性，比如冷空气抵达时间预报比实况滞后、预报强度比实况偏弱等，对本地污染累积速度、区域污染程度和污染持续时间上，预报常较实况为乐观。

城市日常例行 24 h 和 48 h AQI 范围预报准确率显著低于 AQI 级别预报准确率，仅为 50% 左右，对二级（良）的 AQI 范围预报准确率达到 60%，其他级别的 AQI 范围预报准确率范围 22%～34%。表明距离对 AQI 范围的精准预报仍有较大差距，而 AQI 范围预报准确率的提高依赖于数值预报产品本地优化程度的提高，这方面亟待加强。

针对首要污染物的预报，夏季、冬季高于秋季、春季，这是由于夏季、冬季首要污染物相对单一，分别以 O_3 和 $PM_{2.5}$ 为主，预报难度相对较小，而秋季、春季在季节转换时变化规律难以把握，特点不显著等，增加了预报难度，导致首要污染物预报准确率有所下降。

针对 AQI 级别预报、AQI 范围预报、首要污染物预报指标来说，尽管数值模式预报效果差于人工订正预报效果，但在 AQI 趋势预报准确率上高于人工订正的 AQI 趋势预报准确率，此外尤其是在重污染天气过程的预报上，数值模式预报结果可信度较高，整体来说表现出色。

（孟赫、王静、张玉卿）

第43章 杭州市 2016 年预报评估

1 概况

1.1 自然环境情况

杭州市位于浙江省西北部，东临杭州湾，南与金华、衢州、绍兴三市连接，西与安徽省交界，北与湖州、嘉兴两市毗邻。杭州市域轮廓略呈西南至东北为长对角线方向的菱形，是长江三角洲重要中心城市和中国东南部交通枢纽。杭州地貌复杂多样，西部、中部和南部属浙西中低山丘陵，东北部属浙北平原。

杭州市属亚热带南缘季风气候，四季分明。冬夏季风交替明显，秋冬季以西北风为主，春季以东北及偏南风为主，夏季以西南风为主；年平均风速为 2 m/s，春季和夏季风速相对较大。杭州市区年平均气温 13～20℃，全年 1 月最冷，平均气温 3～5℃；7月最热，平均气温 28～29℃。年平均降水量 1 100～1 600 mm，以春雨、梅雨和台风雨为主。常年梅雨量 350～550 mm，占全年的 25%～31%。年平均相对湿度 75%～85%，其中 6 月为梅雨季，相对湿度最高，1 月相对湿度最低，见图 43-1。

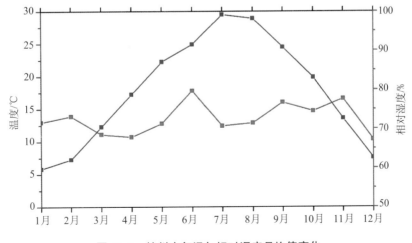

图 43-1 杭州市气温与相对湿度月均值变化

1.2 城市污染情况

杭州市三面环山的地形地貌，使得大气扩散条件弱于开阔平原地区和沿海地区，大气污染物不易扩散，容易聚集在城市区域。特殊的地理位置和地形地貌特征使秋冬季北方输入的污染物易在杭州积聚，这也是杭州市秋冬季雾霾频发的一个重要因素。2013—2016年颗粒物污染天数372天中轻度污染天数占75%，中度污染天数占16%，重度污染天数占8%。2013年出现3天严重污染天气，2014—2016年未出现严重污染天气。整体来看，杭州市颗粒物污染以轻度污染为主，冬季受北方输入影响及本地累积作用，偶尔出现重度污染过程和短时严重污染过程。

杭州市夏季受副热带高压控制，以偏南风、晴热高温低湿天气为主，空气质量易出现O_3污染。2013年杭州市O_3超标天数为29天，2014年O_3超标天数增加到47天，2015年和2016年O_3超标天数分别为50天和49天，对应的O_3-8 h滑动平均最大值年超标率分别为7.9%、13.1%、13.7%和13.4%，具体见图43-2。

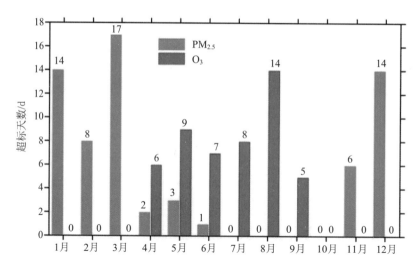

图43-2 2016年杭州市每月$PM_{2.5}$和O_3超标情况

1.3 空气质量预报情况

杭州市从2000年开始对外发布API空气污染指数，2001年开始进行API空气污染指数预报，经过十余年的发展，逐渐从发布API空气污染指数过渡到发布AQI空气质量指数，并在2013年成为全国首批向社会发布AQI指数预报的城市。例行空气质量预报工作中，预报人员与浙江省环境监测站、杭州市气象局进行会商，并通过自身专业知识和预报经验作出合适的判断和预测，得到最终的预报结论，对外发布。

为满足国家和上级部门对城市空气质量预报预警和应急响应的要求，提高城市空气质量预报水平，减轻空气污染对城市居民的健康影响，杭州市环境监测站于 2015 年开始建设杭州市空气质量预报业务平台，目前拥有 WRF/CMAQ、WRF/CHE、WRF/CAMx 等空气质量预报模式系统。

2　日常例行预报评估

2.1　评估指标

2016 年 1 月 1 日—12 月 31 日空气质量预报数据额以污染自然日为最小评估单位，分 24 h、48 h 和 72 h 共 3 个时段对杭州市空气质量预报工作进行初步评估。评估指标包括城市 AQI 范围预报准确率 C_{AQI}（式 12.1）、城市 AQI 级别预报准确率 C_G（式 12.3）、首要污染预报准确率 C_{PP}（式 12.5）、AQI 趋势预报准确率 C_T（式 12.6）、城市空气质量级别预报偏高率 C_{GH}（式 12.8）及偏低率 C_{GL}（式 12.9），详见本书第 12 章。

2.2　评估结果

2016 年杭州市空气质量预报各项评估结果详见表 43-1。

2.2.1　AQI 预报级别评估

杭州市于 2016 年 9 月开始实行空气质量跨级预报，全年空气质量预报等级准确率在 59%～75%，其中秋季和春季预报准确率高于其他两个季节。按空气质量等级分类统计，实际空气质量为良时，预报准确率最高，秋季和春季准确率在 85%～89%。杭州市全年空气质量以良和轻度污染为主，中度及以上污染情况较少，例行预报工作中对中度及以上污染判断偏轻。

2.2.2　AQI 指数预报范围评估

全年空气质量指数 AQI 预报准确率为 40% 左右，秋季预报准确率最高。按空气质量等级分类统计，实际空气质量为良时，预报准确率最高，春季预报准确率可达 50%；中度及以上污染情况预报准确率较低。

2.2.3　首要污染物预报评估

杭州市空气质量预报长期实行单一首要污染物预报制度，全年首要污染物预报准确率在 59%～75%，秋季首要污染物预报准确率最高，为 75%。

表 43-1　2016 年杭州市空气质量预报评估结果　　　　　单位：%

评价指标		春季（3—5 月）			夏季（6—8 月）			秋季（9—11 月）			冬季（12 月—次年 2 月）			全年		
		24 h	48 h	72 h	24 h	48 h	72 h	24 h	48 h	72 h	24 h	48 h	72 h	24 h	48 h	72 h
级别预报准确率	总体	69	61	59	61	62	61	75	75	74	75	68	67	70	68	65
	一级（优）	14	14	0	38	38	38	75	75	75	17	0	0	49	47	45
	二级（良）	88	89	88	77	77	77	89	89	89	85	63	63	85	80	80
	三级（轻度）	48	48	48	56	56	56	64	64	55	62	59	55	57	55	53
	四级（中度）	33	33	33	0	0	0	—	—	—	17	17	0	18	9	9
	五级（重度）	0	0	0	—	—	—	—	—	—	0	0	0	0	0	0
	六级（严重）	—	—	—	—	—	—	—	—	—	—	—	—	—	—	—
AQI 范围预报准确率	总体	42	43	43	33	34	34	51	52	52	42	30	29	42	39	40
	一级（优）	14	14	0	19	19	19	63	63	63	17	0	0	38	36	34
	二级（良）	50	52	54	38	38	39	48	48	48	50	35	35	47	44	44
	三级（轻度）	36	36	36	31	37	37	42	45	45	41	31	31	37	36	36
	四级（中度）	33	33	33	0	0	0	—	—	—	17	0	0	18	9	9
	五级（重度）	0	0	0	—	—	—	—	—	—	0	0	0	0	0	0
	六级（严重）	—	—	—	—	—	—	—	—	—	—	—	—	—	—	—
首要污染物预报准确率		64	59	61	60	60	60	75	75	75	71	62	62	67	64	65
AQI 预报趋势准确率		51	48	51	42	41	42	47	48	47	56	57	58	49	48	49
级别预报偏差	偏高率	11	7	8	16	16	16	11	11	11	9	7	7	12	10	10
	偏低率	20	16	16	23	23	23	14	14	14	16	11	12	18	15	16

注：“—”表示实况空气质量未出现该级别。

2.2.4　AQI 指数预报趋势评估

全年 AQI 趋势预报准确率 49%，冬季趋势预报准确率最高，夏季准确率最低。

2.2.5　预报级别偏差评估

全年预报偏低率高于偏高率，夏季偏差率最大。

3　重污染过程预报评估

2016 年杭州市出现三次重度污染过程，预报过程中对污染过程的预判有两次偏轻，一次未预报出污染过程。具体见表 43-2。

表 43-2　2016 年杭州市重污染过程预报评估

序号	过程实际持续时间	过程预报持续时间	实际污染程度	预测污染程度	评估结论	备注
1	1月3日18时—1月4日18时	短时重度污染	重度污染	中度污染	偏轻	
2	1月18日7时—1月18日19时	—	—	—	未预测出污染过程	
3	3月5日22时—3月7日18时	短时重度污染	重度污染	中度污染	偏轻	

注："—"表示预报未预测出污染过程。

4　总结

杭州市 2016 年 9 月开始实行跨级预报，空气质量指数 AQI 预报范围为 ±10，且长期实行单一首要污染物预报制度。对 2016 年杭州市空气质量人工例行预报评估包括：空气质量级别、空气质量指数 AQI、首要污染物、趋势准确率、级别偏差率。

2016 年杭州市未来 24 h 预报等级准确率为 70%，首要污染物准确率为 67%；未来 48 h 和 72 h 预报准确率与未来 24 h 预报准确率相差不大。四季中秋季空气质量预报准确率最高，夏季和冬季预报准确率较低。按空气质量等级分类统计，实际空气质量为良，空气质量预报准确率最高。全年预报偏低率高于偏高率，尤其是对秋冬季重污染过程预报偏差较大，2016 年三次重污染过程，两次预测偏低，一次未预报出污染过程。

整体而言，杭州市全年空气质量以良为主，其次是优和轻度污染天气，中度及以上污染情况出现较少，在例行预报工作中对中度污染及以上情况判断缺乏经验，预报程度偏轻。夏季以 O_3 污染为主，而夏季午后雷暴天气较多，雷暴天气出现时间对 O_3 光化学生成影响较大，预报工作中对全天 O_3 污染程度预报较难把握，导致夏季空气预报准确率最低。冬季以颗粒物污染为主，冬季空气质量预报工作中对颗粒物污染，尤其是中度及以上污染过程预判准确率相对较低。冬季北方冷空气南下带来的污染物进入杭州后，一方面由于冷空气变弱，另一方面由于杭州三面环山，导致污染物易在杭州地区滞留，对滞留时间判断不准是秋冬季颗粒物污染过程预报不准确的重要原因。

（严仁嫦、叶辉、林旭、金嘉佳、洪盛茂）

第44章 南京市2016年预报评估

1 概况

1.1 自然环境概况

南京市位于我国长江下游中部地区，江苏省西南部，是江苏省会。南京市区坐落在秦淮河与长江共同作用形成的高河漫滩上，为河谷盆地，地貌特征属宁镇扬丘陵地区，地形以低山、丘陵为骨架，以环状山、条带山、箕状盆地为主要特色，宁镇山脉分成东、中、南三支切近城市边缘或楔入城区，形成市区三面环山一面临江的地势并呈西北开口的簸箕状，这种盆地的特殊地貌形势，不利于城市大气污染物的扩散。

南京地处中纬度大陆东岸，属北亚热带季风气候，具有季风明显、降水丰沛、四季分明的气候特征。冬夏间风向转换十分明显，秋、冬季以东北风为主，春、夏季以东风和东南风为主。全市年平均气温 16℃ 左右，常年平均降雨在 120 天左右，平均降雨量在 1 100 mm 左右。其中以 6 月、7 月黄梅季节雨量最多，全年约有 55% 的降水集中在 5—8 月。

1.2 城市污染情况概述

2016 年，南京市建成区空气质量优秀 56 天，良好 186 天，优秀及良好天数比例为 66.1%。环境空气质量综合指数为 5.58，六项指标中 $PM_{2.5}$ 和 PM_{10} 贡献最大，分别占 24% 和 22%，表现以颗粒物污染为主要特征。空气污染天数为 124 天，其中，轻度污染 97 天，中度污染 24 天，重度污染 3 天，首要污染物主要为 $PM_{2.5}$ 和 O_3。

各类污染物指标中，$PM_{2.5}$ 均值为 48 $\mu g/m^3$，较年均值标准超标 0.37 倍；PM_{10} 均值为 85 $\mu g/m^3$，超标 0.21 倍；SO_2 均值 18 $\mu g/m^3$，达标；NO_2 平均值 44 $\mu g/m^3$，超标 0.10 倍；CO 日均浓度第 95 百分位数为 1.8 mg/m^3，达标；O_3 日最大 8 h 浓度第 90 百分位数为 184 $\mu g/m^3$，超过国家二级标准 0.15 倍。

南京市空气污染特征主要表现为冬季以 $PM_{2.5}$ 污染为主，夏季 O_3 超标日益凸显。全年中，冬季空气质量总体较差，$PM_{2.5}$ 浓度升高，能见度下降，大气感官度较差，造成雾霾及重污染天气。根据统计分析，南京市 $PM_{2.5}$ 浓度高值及超标较多的月份主要集中在 10 月至次年 3 月，4 月至 9 月 $PM_{2.5}$ 浓度相对较低且超标较少，表现出南京市冬半年 $PM_{2.5}$ 污染较重的特征。而近年来，南京 O_3 超标问题日趋凸显，已成为继 $PM_{2.5}$ 之后造成空气污染的重要影响因子。据统计，近三年南京市 O_3 超标天数均在 50 天以上，超标率约为 15%，仅次于 $PM_{2.5}$。其中，2014 年和 2016 年超标天数分别为 57 天和 56 天，2015 年超标 50 天。全年中，4 月至 9 月是 O_3 超标及浓度上升的高峰期，10 月至次年 3 月 O_3 超标概率及浓度水平相对较低，其中 5—6 月及 8—9 月易出现 O_3 超标异常偏多及污染程度较重的月份。

1.3 空气质量预报情况

南京市环境空气质量预报工作按照国家及江苏省相关要求开展，预报方法主要参考《空气质量预报技术指南》，以及利用国家、长三角区域中心及江苏省提供的预报产品，并结合本地数值模式预报结果及预报员经验，开展相关空气质量预报工作。

南京市空气质量数值预报模式主要依托南京大学大气科学学院开发建设，目前采用的数值模式主要为 3 种：WRF-Chem、WRF-CMAQ 和 RegAems，可提供南京市未来 3 天六项污染物浓度、AQI 指数预报及相关产品。

2 日常例行预报评估

根据 2016 年南京市每日例行 24 h 和 48 h 人工预报结果进行评估，评估指标主要包括 AQI 级别 C_G、AQI 范围 C_{AQI}、首要污染物 C_{PP}、AQI 趋势 C_T 和级别偏差（C_{GH}、C_{GL}）等预报准确率进行评估，见表 44-1。

表 44-1 2016 年南京市空气质量预报结果评估

评价指标		春季（3—5 月）		夏季（6—8 月）		秋季（9—11 月）		冬季（1—2 月、12 月）		全年	
		24 h	48 h	24 h	48 h	24 h	48 h	24 h	48 h	24 h	48 h
级别预报准确率	总体	79.3%	75.0%	79.3%	72.8%	80.2%	78.0%	74.7%	58.2%	78.4%	71.0%
	一级（优）	16.7%	50.0%	61.1%	50.0%	81.8%	77.3%	50.0%	0.0%	62.5%	51.8%
	二级（良）	92.5%	84.9%	91.8%	83.7%	84.0%	88.0%	85.3%	82.4%	88.7%	84.9%
	三级（轻度）	79.2%	79.2%	77.3%	77.3%	80.0%	66.7%	69.4%	58.3%	75.3%	69.1%

评价指标		春季 （3—5 月）		夏季 （6—8 月）		秋季 （9—11 月）		冬季 （1—2 月、12 月）		全年	
		24 h	48 h	24 h	48 h	24 h	48 h	24 h	48 h	24 h	48 h
级别 预报 准确 率	四级 （中度）	50.0%	25.0%	0.0%	0.0%	25.0%	0.0%	80.0%	40.0%	54.2%	25.0%
	五级 （重度）	0.0%	0.0%	0.0%	0.0%	—	—	100.0%	0.0%	33.3%	0.0%
	六级 （严重）	—	—	—	—	—	—	—	—	—	—
AQI 范围 预报 准确 率	总体	37.0%	38.0%	33.7%	29.3%	33.0%	29.7%	29.7%	27.5%	33.3%	31.1%
	一级 （优）	0.0%	16.7%	27.8%	27.8%	45.5%	9.1%	10.0%	0.0%	28.6%	14.3%
	二级 （良）	34.0%	41.5%	32.7%	36.7%	36.0%	42.0%	29.4%	29.4%	33.3%	38.2%
	三级 （轻度）	54.2%	50.0%	45.5%	18.2%	13.3%	26.7%	27.8%	36.1%	36.1%	34.0%
	四级 （中度）	37.5%	0.0%	0.0%	0.0%	0.0%	0.0%	60.0%	20.0%	37.5%	8.3%
	五级 （重度）	0.0%	0.0%	0.0%	0.0%	—	—	0.0%	0.0%	0.0%	0.0%
	六级 （严重）	—	—	—	—	—	—	—	—	—	—
首要污染物预 报准确率		62.8%	51.2%	76.7%	72.6%	52.2%	49.3%	74.1%	74.1%	66.7%	61.8%
AQI 预报趋势 准确率		59.8%	53.3%	48.9%	32.6%	59.3%	61.5%	62.6%	45.1%	57.7%	48.1%
级别 预报 偏差	偏高率	9.8%	12.0%	12.0%	18.5%	12.1%	12.1%	15.4%	25.3%	12.3%	16.9%
	偏低率	10.9%	13.0%	8.7%	8.7%	6.6%	9.9%	9.9%	16.5%	9.0%	12.0%

注：2016 年南京市空气质量未出现六级严重污染天气，秋季未出现五级重污染天气。

2.1 AQI 级别 C_G 预报评估

2016 年，南京市空气质量级别 24 h 和 48 h 预报级别准确率 C_G 分别为 78.4% 和 71.0%。不同季节预报准确率差异表现为：秋季准确率较高，24 h 和 48 h 预报准确率分别达到 80.2% 和 78.0%；冬季准确率较低，24 h 和 48 h 预报准确率分别为 74.7% 和 58.2%。

不同级别预报准确率差异表现为：当空气质量实况为二级（良）时准确率较高，24 h 和 48 h 预报准确率分别达到 88.7%和 84.9%；当空气质量实况为三级（轻度污染）或一级（优）时，预报准确率在 60%～75%；当空气质量实况达四级（中度污染）或五级（重度污染）时准确率相对较低，基本在 60%以下，3 次重污染，仅冬季 24 h 预报成功，其他均出现漏报。

2.2　AQI 范围 C_{AQI} 预报评估

2016 年，南京市空气质量 AQI 指数范围 24 h 和 48 h 预报准确率 C_{AQI} 均较低，分别为 33.3%和 31.1%。不同季节预报准确率差异总体较小，其中，春季准确率相对略高，24 h 和 48 h 预报准确率分别为 37.0%和 38.0%，冬季准确率相对略低，24 h 和 48 h 预报准确率分别为 29.7%和 27.5%。不同级别预报准确率差异表现为：当空气质量实况为二级（良）、三级（轻度污染）和四级（中度污染）时，24 h 预报准确率差异较小，基本在 30%～40%；当实况为一级（优）时，预报准确率略低，为 28.6%；而出现的 3 次重污染天气，指数范围预报均出现偏差，均为预报准确。48 h 预报准确率差异较大，当实况为二级（良）和三级（轻度污染）时，预报准确率在 30%以上；当实况为一级（优）和四级（中度污染）时，预报准确率略低，在 10%左右；3 次重污染天气均未预报准确。

2.3　首要污染物 C_{PP} 预报评估

2016 年，南京市空气质量首要污染物 24 h 和 48 h 预报准确率 C_{PP} 分别为 66.7%和 61.8%。不同季节预报准确率差异性表现为：冬、夏两季预报准确率相对较高，均能达到 70%以上；春、秋两季准确率相对较低，平均在 50%左右。分析原因，秋季 11 月 NO_2 成为首要污染物天数较往年有所增多，而对 NO_2 预报准确度方面有所偏差；春季 4 月首要污染物预报准确率不高，一方面是春季属于过渡性季节，相比冬夏季首要污染物类别较多，预报难度偏大；另一方面春季 O_3 浓度显著上升，目前对 O_3 预报的准确度还有待提高。

2.4　AQI 趋势 C_T 预报评估

2016 年，南京市空气质量 AQI 趋势预报 24 h 和 48 h 预报准确率 C_T 分别为 57.7%和 48.1%。不同季节预报准确率差异性表现为：除夏季外，其他季节预报准确率基本在 60%左右，而夏季预报准确率相对偏低，在 50%以下。分析原因，一方面夏季天气过程复杂、多变，且常出现强对流、局地降水等情况，气象预报精准度会直接影响空气质量预报的准确性；另一方面夏季空气污染多以 O_3 超标为主，而由于 O_3 浓度变化受前体物排放及气象条件影响显著，对 O_3 变化趋势预报准确性把握上还存在问题，还需不断积累经验和加强研究。

2.5 AQI 级别预报偏差（C_{GH}、C_{GL}）评估

2016 年，南京市空气质量 AQI 级别预报偏差 24 h 和 48 h 预报偏高率 C_{GH} 分别为 12.3%和 16.9%，预报偏低率 C_{GL} 分别为 9.0%和 12.0%。总体而言，级别预报偏高率要大于偏低率，48 h 预报级别偏差率要高于 24 h。不同季节预报准确率差异性表现为：冬季级别预报偏高率整体略高，24 h 和 48 h 预报偏高率分别为 15.4%和 25.3%，其他季节差异相对较小，基本在 10%左右；而春季级别预报偏低率整体略高，24 h 和 48 h 预报偏高率分别为 10.9%和 13.0%，其他季节多在 10%以下。

3 重污染过程预报评估

2016 年，南京市共出现 3 次重污染过程，分别是 1 月 4 日 AQI 指数 234，首要污染物 $PM_{2.5}$；5 月 7 日 AQI 指数 233，首要污染物 PM_{10}；8 月 25 日 AQI 指数 204，首要污染物 O_3。其中，5 月 7 日 PM_{10} 引起的重污染过程主要与沙尘输送影响有关；8 月 25 日重污染过程与夏季 O_3 有关。此次评估重点针对冬季 $PM_{2.5}$ 引起的重污染过程，对于沙尘和夏季 O_3 造成重污染过程评估暂不适用。

根据当时预报，前 48 h 预报（1 月 2 日预测）4 日的空气质量为中度污染，AQI 指数范围为 170～190，首要污染物为 $PM_{2.5}$；前 24 h 预报（1 月 3 日预测）4 日的空气质量为中—重度污染，AQI 指数范围为 190～210，首要污染物为 $PM_{2.5}$；4 日空气质量实况为重度污染，AQI 指数 234，首要污染物为 $PM_{2.5}$，见图 44-1。

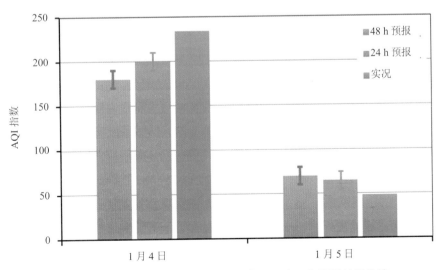

图 44-1 2016 年 1 月 4—5 日南京市 AQI 实况与预报结果比较

可见，此次重污染过程提前 24 h 做出了跨级预报，预报指数范围较实况偏低，过程把握基本准确。具体见表 44-2。

表 44-2　重污染过程评估结果

序号	过程实际持续时间	过程预报持续时间	实际污染程度	预测污染程度	评估结论	备注
1	1 月 4 日开始，1 月 5 日结束；持续 1 天	1 月 4 日开始，11 月 5 日结束；持续 1 天	1 月 4 日重度污染，5 日优	48 h 预报 4 日中度污染，5 日良；24 h 预报 4 日中—重度污染，5 日良	预报重污染过程起始时间与实际一致，评价为"准确"	

4　总结

按照城市预报评估方法，对 2016 年南京市空气质量 24 h 和 48 h 人工预报结果开展评估。

（1）总体来看，各项评估指标中，空气质量级别预报准确率相对高些（接近 80%），而 AQI 指数范围预报准确率约 30%，表明级别预报的准确度尚可，但 AQI 指数预报的精确度较低，预报精度上还有待进一步提高。此外，首要污染物预报和 AQI 趋势预报准确率基本在 60% 左右。各项指标评估中，24 h 预报的准确率要高于 48 h，可见短期临近预报的准确性把握相对较大些，而时间提前量较长些的预报准确性还有待进一步提高。

（2）各指标评估结果季节差异表现为冬季的预报级别和 AQI 指数范围准确率相对其他季节略低，主要与冬季空气质量级别变化幅度和波动较大，受模式结果、气象变化及经验判断影响，预报把握上存在一定偏差有关。首要污染物预报准确率是冬季和夏季较好，春季和秋季略低，主要与污染特征有关，冬季和夏季首要污染物较为单一，冬季多以 $PM_{2.5}$ 为首要污染物，夏季是 O_3，因此，预报难度较低，而春季和秋季属于季节交替时节，首要污染物较为多样化，预报难度也相对增大。

（3）对于不同空气质量实况级别和 AQI 指数范围预报的准确率，二级（良）和三级（轻度污染）级别预报和 AQI 指数范围预报准确率相对高些，其他级别准确率相对偏低，主要是二级（良）和三级（轻度污染）出现的频次相对较高，而其他级别出现频次较低，预报偏差的偶然性增加。

（4）对 3 次重污染过程，冬季 $PM_{2.5}$ 重污染过程预报把握性较好，但对于春季沙尘输入形成的重污染以及夏季 O_3 出现重污染天气，预报经验略显不足，预测污染程度明显较轻，偏差较大。

（丁峰）

第45章 广州市2016年预报评估

1 概况

1.1 广州市地理气候特征

1.1.1 地理位置和范围

广州是中国南方广东省的省会，位于广东省中南部，珠江三角洲北缘，接近珠江流域下游入海口。范围从东经 112°57′～114°3′，北纬 22°26′～23°56′，东连惠州市、东莞市，西邻佛山市、中山市，北接清远市、韶关市，南濒南海。

珠江口岛屿众多，水道密布，有虎门、蕉门、洪奇门等水道出海，广州位于珠江口北缘，成为中国远洋航运的优良海港和珠江流域的进出口岸。广州是京广、广深、广茂和广梅汕铁路的交汇点和华南民用航空交通中心，广州有中国"南大门"之称。

广州地势自北向南降低，最高峰为北部从化市与龙门县交界处的天堂顶，海拔为1 210 m，东北部为中低山区，山地海拔 400～500 m 以上；中部为丘陵盆地，主要分布在城市东部、北部增城区、从化区、花都区；南部为沿海冲积平原，是珠江三角洲的组成部分，主要包括珠江三角洲平原，流溪河冲积的广花平原，番禺区和南沙区沿海地带的冲积、海积平原；最南部还包括滩涂，分布于南沙区的南沙、万顷沙、新垦镇沿海一带。

1.1.2 地理气候特征

广州地处珠江三角洲，濒临南海，海洋性季风气候特征特别显著，具有温暖多雨、光热充足、温差较小、夏季长、霜期短等气候特征。广州主要自然灾害性天气有台风、暴雨、高温，其他灾害性天气，如寒潮、雷电、雾霾等出现较少。

广州市各区日照时数在 1 437～2 060 h，年平均气温在 21.5～22.2℃，年极端最低气温在-2.9～3.9℃，年极端最高气温在 37.4～38.8℃。雨水资源丰富，平均年降水量超过

1 800 mm，年降水日数 150 天左右。各区降雨分布不均，总降水量在 1 411～1 942 mm，呈东多西少分布格局。

冬夏季风交替是广州季风气候突出的特征。年平均风速为 2.0 m/s，静风频率达到 28%，全年大风日数少，夏秋偶有热带气旋侵袭，冬季会受寒潮影响。冬季的偏北风因极地大陆冷气团向南伸展而形成，天气较干燥和寒冷，有时会有寒潮、霜冻、冰冻等灾害；夏季的偏南风因热带海洋暖气团向北扩张所形成，天气多湿热、潮湿，常见灾害有台风、暴雨、雷电、强对流等天气。夏季风转换为冬季风一般在每年 9 月份，而冬季风转换为夏季风一般在每年 4 月份。

市区由于楼宇、道路的密集，改变了下垫面结构，形成了城市气候特征，热岛效应明显，城郊之间气象要素差异，给城市空气污染带来一定的影响。

1.2　城市空气污染概况

近年来，广州市环境空气质量总体持续改善，多种主要污染物浓度持续下降，其中 SO_2 和 CO 已经稳定达标，PM_{10} 已初步达标，但仍存在日均浓度超标现象，NO_2、$PM_{2.5}$ 年均值仍超标，O_3 日最大 8 h 平均浓度的第 90 百分位接近标准，但上升势头没有得到有效控制，污染形势仍较严峻。2015—2016 年广州市环境空气质量状况见表 45-1，各污染物浓度见表 45-2。

表 45-1　2015—2016 年广州市环境空气质量状况　　　　　　　　　　单位：d

统计时段	优	良	轻度污染	中度污染	重度污染	严重污染	达标天数比例
2016 年	113	197	45	10	1	0	84.7%
2015 年	103	209	43	10	0	0	85.5%
变化	10	−12	2	0	1	0	−0.8%

表 45-2　2015—2016 年广州市环境空气污染物浓度

单位：$\mu g/m^3$（CO：mg/m^3）

统计时段	SO_2	NO_2	PM_{10}	$PM_{2.5}$	CO-95per	O_3-8 h-90 per
2016 年	12	46	56	36	1.3	155
2015 年	13	47	59	39	1.4	145
变化	−7.7%	−2.1%	−5.1%	−7.7%	−7.1%	6.9%

2015 年 SO_2 年均浓度 13 $\mu g/m^3$，2016 年下降到 12 $\mu g/m^3$，同比下降 7.7%，稳定达标；2015 年 CO 日均浓度第 95 百分位为 1.4 mg/m^3，2016 年下降到 1.3 mg/m^3，同比下

降 7.1%，稳定达标。2015 年 PM$_{10}$ 平均浓度为 59 μg/m^3，2016 年下降到 56 μg/m^3，同比下降 5.1%，连续两年达标，2016 年出现 1 天日均值超标。

2015 年 NO$_2$ 年均浓度 47 μg/m^3，2016 年下降到 46 μg/m^3，未达到 40 μg/m^3 的国家标准，2016 年 NO$_2$ 日均值超标率 6.8%，为第二大超标污染物。2015 年 PM$_{2.5}$ 年均浓度 39 μg/m^3，2016 年下降到 36 μg/m^3，接近 35 μg/m^3 的年均值标准，2016 年 PM$_{2.5}$ 日均值超标率 3.8%，为第三大超标污染物。2015 年广州市 O$_3$ 日最大 8 h 平均的第 90 百分位浓度为 145 μg/m^3，2016 年进一步上升到 155 μg/m^3，未达到 160 μg/m^3 标准，O$_3$ 日最大 8 h 平均的超标天数达到 31 天，超标率达到 8.5%，为广州市超标率最大的污染物。

2015 年广州市空气质量达标 312 天，2016 年达标 310 天，达标率分别为 85.5% 和 84.7%。2016 年广州市空气质量优 113 天、良 197 天、轻度污染 45 天、中度污染 10 天、重度污染 1 天，未出现严重污染。

2016 年，广州市首要污染物为 NO$_2$ 的天数 129 天，占比 35.2%；首要污染物为 O$_3$ 的天数 84 天，占比 23.0%；首要污染物为 PM$_{2.5}$ 的天数 36 天，占比 9.8%。广州市 NO$_2$、PM$_{2.5}$、O$_3$ 为主导的复合型污染特征明显。

对照《环境空气质量标准》（GB 3095—2012），2016 年广州市环境空气中 SO$_2$、PM$_{10}$、CO 和 O$_3$ 浓度达标，NO$_2$ 年均值超标 0.15 倍，PM$_{2.5}$ 年均值仅超标 1 μg/m^3；广州市环境空气质量总体未达标。

2016 年广州市环境空气质量综合指数为 4.47，同比下降 3.0%，其中，NO$_2$、PM$_{2.5}$、O$_3$、PM$_{10}$、CO 和 SO$_2$ 的污染分担率分别为 25.7%、23.0%、21.7%、17.9%、7.2% 和 4.5%。NO$_2$、PM$_{2.5}$ 与 O$_3$ 为主要空气污染物。

1.3 空气质量预报情况

广州市空气质量业务预报，主要采用空气质量模式预报基础上的天气形势分析与预报员经验会商订正方法，空气质量模式预报资料来源包括本地建立的基于 NCEP 气象分析场和预报场的多模式空气质量数值预报系统、动态统计预报系统，中国环境监测总站和广东省环境监测中心下发的预报产品。2016 年，由于系统升级改造和系统计算机硬件老化未能更新，本地预报系统未能连续不间断正常运行，不做模式预报系统预报评估，只对经预报员会商订正的实际发布预报评估。

广州市空气质量预报发布，包括 24 h 的 AQI 范围、首要污染物、空气质量级别，PM$_{2.5}$ 浓度范围，未来 48～72 h 的 AQI 范围及空气质量级别的变化趋势。广州市向公众发布的 AQI 范围值，为 AQI±10；空气质量预报级别，由预报 AQI 范围值所处的空气质量级别而定，如预报 24 h（第 2 天）AQI 为 60，则预报范围为 50～70，空气质量级别为优良，预报 AQI 为 61，则预报范围为 51～71，空气质量级别为良。

2 日常例行预报评估

按照第 12 章给出的城市预报评估指标，广州市日常例行预报评估指标包括：城市 AQI 级别预报准确率 C_G、城市 AQI 范围预报准确率 C_{AQI}、首要污染物预报准确率、AQI 趋势预报准确率 C_Y、空气质量级别预报偏高率 C_{GH}，空气质量级别预报偏低率 C_{GL}、首要污染物预报准确率 C_{PP}。由于城市污染特征和天气变化的差异性，空气质量预报难度的差异性，日常例行空气质量预报评估不能完全准确和全面评价城市间预报成效差异和能力，广州市结合本地污染特征和空气质量预报实际，按空气质量预报差异化特点，增加预报成效的多指标综合评估，达到更准确和全面反映城市空气质量预报水平和能力。

2.1 城市 AQI 级别预报准确率 C_G 评估

广州 AQI 级别预报，依据预报 AQI±10 范围所在级别确定，可跨级预报，级别预报范围比本书第 12 章规定的依据 AQI±15 有更加严格的限定。城市 AQI 级别预报准确率 C_G 及城市 AQI 分级别预报准确率 C_{G-i} 定义，与本书第 12 章相关内容一致。2016 年广州 AQI 级别预报准确率统计见表 45-3。

表 45-3　2016 年广州 AQI 级别预报准确率 C_G 统计表

评价指标	第 1 季度	第 2 季度	第 3 季度	第 4 季度	全年
有效日数/d	91	91	92	92	366
级别预报准确/d	82	78	71	77	308
级别预报准确率/%	90.1	85.7	77.2	83.7	84.2

2016 年，广州 AQI 级别预报准确 308 天，级别预报准确率 C_G 为 84.2%，其中属于不跨级预报，实况与预报级别处于同一级 AQI 级别预报准确率为 30.9%，属于跨级预报，实况在级别预报范围内的级别预报准确率为 53.3%。

对于 AQI 分级别预报准确率（C_{G-i}），按实况 AQI 级别划分，并按季节进行 AQI 分级别预报准确率统计，2016 年广州 AQI 分级别预报准确率统计见表 45-4。

2016 年，广州 AQI 级别为良天数最多，达 197 天，占全年 53.8%，超过全年一半天数，AQI 分级别预报准确率 C_{G-2} 最高，达到 95.9%；最多天数是优，113 天，AQI 分级别预报准确率 C_{G-1} 达到 77.0%，轻度污染 45 天，AQI 分级别预报准确率 C_{G-3} 为 68.9%，以上 3 种 AQI 级别达到 355 天，占全年天数的 97%。AQI 中度污染以上的首要污染物几乎都是 O_3，预报准确率较低。

表 45-4　2016 年 AQI 分级预报准确率 C_{G-i} 统计表　　　　单位：%

评价指标		春季 （1—3 月） 24 h	夏季 （4—6 月） 24 h	秋季 （7—9 月） 24 h	冬季 （10—12 月） 24 h	全年 24 h	天数/d 24 h
级别预报准确率	总体	90.1	85.7	77.2	83.7	84.2	366
	一级（C_{G-1}）	84.0	72.0	78.1	74.2	77.0	113
	二级（C_{G-2}）	98.3	98.3	92.1	93.0	95.9	197
	三级（C_{G-3}）	66.7	37.5	71.4	82.4	68.9	45
	四级（C_{G-4}）	0.0	—	14.3	0.0	10.0	10
	五级（C_{G-5}）	—	—	0.0	—	0.0	1
	六级（C_{G-6}）	—	—	—	—	—	

2.2　AQI 范围预报准确率评估

AQI 范围预报准确率 C_{AQI}、AQI 范围分级别预报准确率 C_{AQI-i} 的定义与第 12 章的内容一致。

2.2.1　AQI 范围预报准确率 C_{AQI} 评估

根据广州市实际空气质量预报，预报跨级时，AQI 范围按 AQI 预报值级别确定级别范围取值，例如，预报 AQI 为 199，AQI 范围为 184～214，预报 AQI 为 201，则 AQI 范围为 171～231。2016 年全年 366 天，AQI 范围预报准确 226 天，AQI 范围预报准确率 C_{AQI} 为 61.7%。实况 AQI 低于预报 AQI 范围为预报偏高，实况 AQI 高于预报 AQI 范围为预报偏低，AQI 范围预报偏高率 17.8%，预报偏低率 20.5%，预报偏高偏低基本平衡。

2.2.2　AQI 范围分级别预报准确率 C_{AQI-i} 评估

2016 年，广州市空气质量优良天数 310 天，其中优 113 天，良 197 天，轻度污染以上 56 天，其中 1 天重污染，重污染的首要污染物为 O_3。AQI 范围分级别预报准确率见表 45-5。空气质量为优时，AQI 范围分级别预报准确率 C_{AQI-1} 为 74.3%；空气质量为良时，AQI 范围分级别预报准确率 C_{AQI-2} 为 62.9%；空气质量为轻度污染时，AQI 范围分级别预报准确率 C_{AQI-3} 为 40.0%，AQI 范围预报偏低占 55.6%；中度污染以上 11 天，AQI 范围预报全部偏低。

进一步分 4 个季度评估 AQI 范围分级别预报准确率，其预报准确率统计见表 45-6。

表 45-5　AQI 范围分级别预报准确率 C_{AQI-i} 统计表

空气质量级别	全年	优	良	轻度污染	中度污染	重度污染
预报准确/d	226	84	124	18	0	0
预报偏高/d	65	29	34	2	0	0
预报偏低/d	75	0	39	25	10	1
总数据量/d	366	113	197	45	10	1
预报准确率/%	61.7	74.3	62.9	40	0	0
预报偏高率/%	17.8	25.7	17.3	4.4	0	0
预报偏低率/%	20.5	0	19.8	55.6	100	100

表 45-6　2016 年 4 季 AQI 范围分级别预报准确率统计表　　　单位：%

评价指标		春季 （1—3 月）	夏季 （4—6 月）	秋季 （7—9 月）	冬季 （10—12 月）	全年
		24 h	24 h	24 h	24 h	24 h
AQI 范围分级别预报准确率	总体	68.1	63.7	47.8	67.4	61.7
	一级（C_{AQI-1}）	80.0	72.0	68.8	77.4	74.3
	二级（C_{AQI-2}）	65.5	65.5	50.0	67.4	62.9
	三级（C_{AQI-3}）	66.7	25.0	21.4	52.9	40.0
	四级（C_{AQI-4}）	0.0	—	0.0	0.0	0.0
	五级（C_{AQI-5}）	—	—	0.0	—	0.0
	六级（C_{AQI-6}）	—	—	—	—	—

4 个季度，第 3 季度 AQI 范围预报准确率 47.8%，低于 50%，其他季度准确率高于 60%，第 2 季度 AQI 范围预报准确率为 63.7%，稍低于第 1 和第 4 季度，第 1 和第 4 季度 AQI 范围预报准确率分别为 68.1% 和 67.4%。4 个季度，AQI 范围预报准确率基本呈现空气质量为优良时的 AQI 范围分级别预报准确率，高于空气质量为轻度污染以上时的 AQI 范围分级别预报准确率。各级空气质量级别，都是第 1 季度和第 4 季度 AQI 范围分级别预报准确率相对较高，空气质量为优时，第 1 和第 4 季度 AQI 范围分级别预报准确率分别为 80.0% 和 77.4%，比全年 AQI 范围分级别预报准确率 74.3% 高，第 3 季度 AQI 范围分级别预报准确率最低，为 68.8%。空气质量为良时，第 3 季度 AQI 范围分级别预报准确率最低，为 50.0%，其他 3 个季度的 AQI 范围分级别预报准确率在 65.5%～67.4%，

差别不大。空气质量为轻度污染时,第 1 和第 4 季度 AQI 范围分级别预报准确率为 66.7%和 52.9%,而第 2 和第 3 季度预报准确率不足 30%;实况中度和重度污染 11 天,AQI 范围预报全部偏低。

2.2.3　首要污染物预报准确率 C_{PP} 评估

首要污染物预报准确率 C_{PP} 的定义与第 12 章的内容一致。按照本书的定义,空气质量实况其中一个首要污染物与预报其中一个污染物相同,即判断为预报准确,同时,当实况空气质量为优时,无首要污染物,不做首要污染物预报准确率评估。2016 年首要污染物预报准确率 C_{PP} 统计见表 45-7。

表 45-7　空气质量首要污染物预报准确率 C_{PP} 统计表

	第 1 季度	第 2 季度	第 3 季度	第 4 季度	全年
首要污染物预报准确日数	45	50	45	41	181
良以上日数	66	66	60	61	253
预报准确率/%	68.2	75.8	75.0	67.2	71.5

2016 年,广州市空气质量良以上 253 天,首要污染物预报准确 181 天,首要污染物预报准确率 71.5%。4 个季度空气质量良以上有 60～66 天,第 2 季度首要污染物预报准确率 75.8%,第 3 季度首要污染物预报准确率 75.0%,其余 2 个季度首要污染物预报准确率为 67.2%～68.2%,差异性较小。

2.2.4　AQI 趋势预报准确率 C_T 评估

AQI 趋势预报准确率 C_T 的定义与第 12 章的内容一致。AQI 趋势变化分为转好、平稳、转差三级,AQI 预报趋势 $T(p)$ 与实况趋势 $T(m)$ 一致为准确。AQI 预报趋势低于 AQI 实况趋势,判断为 AQI 趋势预报低估,趋势预报级别高于趋势实况级别,判断为 AQI 趋势预报高估。2016 年 AQI 趋势预报准确率 C_T 统计见表 45-8。

表 45-8　2016 年 24 h AQI 趋势预报准确率 C_T 统计表

统计时间	评估	出现天数/d	概率/%
2016 年 1 季度	准确	48	52.8
	低估	21	23.1
	高估	22	24.2
	数据量	91	100.0

统计时间	评估	出现天数/d	概率/%
2016 年 2 季度	准确	49	53.9
	低估	20	22.0
	高估	22	24.2
	数据量	91	100.0
2016 年 3 季度	准确	48	52.2
	低估	24	26.1
	高估	20	21.7
	数据量	92	100.0
2016 年 4 季度	准确	60	65.2
	低估	17	18.5
	高估	15	16.3
	数据量	92	100.0
2016 年	准确	205	56.0
	低估	82	22.4
	高估	79	21.6
	数据量	366	100.0

结论：2016 年 AQI 趋势预报准确率 C_T 为 56.0%，AQI 趋势预报低估 22.4%，AQI 趋势预报高估 21.6%，第 4 季度首要污染物相对单一，变化波动少，AQI 趋势预报准确率相对较高，达到 65.2%。

2.2.5　AQI 级别预报偏差评估

AQI 级别预报偏差评估包括预报偏高率 C_{GH} 和预报偏低率 C_{GL} 两个指标，其定义与本书第 12 章的内容一致。本章给出了广州 AQI 级别预报准确率，同样评估级别预报偏差，取广州实际业务预报 AQI±10 范围所确定的级别，严于指南由 AQI±15 范围确定的级别。2016 年广州按实际业务 AQI 级别预报与 AQI 级别实况偏差统计见表 45-9。全年不跨级预报，级别预报与级别实况一致 113 天，跨级预报，级别预报下限与级别实况一致 84 天，级别预报上限与实况一致 111 天，共 308 天级别预报准确，级别预报准确率 C_G 为 84.2%，级别预报偏低一级以上 25 天，AQI 级别预报偏低率 C_{GL} 为 6.8%，级别预报偏高一级以上 33 天，级别预报偏高率 C_{GL} 为 9.0%。

从各季度级别预报准确率分析，第一和第二季度级别预报准确率最高，分别为 90.1% 和 85.7%，第三和第四季度级别预报准确率最低，分别为 77.2% 和 83.7%。结果分析显示，春季和冬季天气过程明显，不利污染气象特征明显，污染特征明显，首要污染物主要为颗粒物，污染物浓度高，级别预报准确率较高；夏秋季节天气多变不稳定，受降雨、台风、副热带高压等天气的影响，首要污染物主要是 O_3 和 NO_2，而且多变，尽管污染物浓度较低，但级别预报难度反而大，级别预报准确率较低。

表 45-9　2016 年 AQI 级别预报偏差对比统计表

	全年	第一季度	第二季度	第三季度	第四季度
实况与预报一致/d	113	33	28	29	23
实况为预报下限/d	84	21	21	14	28
实况为预级上限/d	111	28	29	28	26
级别预报准确/d	308	82	78	71	77
级别预报偏低/d	25	4	6	11	4
级别预报偏高/d	33	5	7	10	11
有效数据量	366	91	91	92	92
级别预报准确率 C_G/%	84.2	90.1	85.7	77.2	83.7
级别预报偏低率 C_{GL}/%	6.8	4.4	6.6	12.0	4.3
级别预报偏高率 C_{GH}/%	9.0	5.5	7.7	10.9	12.0

2016 年广州市空气质量预报综合评估见表 45-10，日常预报例行评估统计见表 45-11。

表 45-10　城市空气质量预报结果评估表　　　　　　　单位：%

评价指标		春季（1—3 月）	夏季（4—6 月）	秋季（7—9 月）	冬季（10—12 月）	全年
		24 h	24 h	24 h	24 h	24 h
级别预报准确率	总体 C_G	90.1	85.7	77.2	83.7	84.2
	一级（C_{G-1}）	84.0	72.0	78.1	74.2	77.0
	二级（C_{G-2}）	98.3	98.3	92.1	93.0	95.9
	三级（C_{G-3}）	66.7	37.5	71.4	82.4	68.9
	四级（C_{G-4}）	0.0	—	14.3	0.0	10.0
	五级（C_{G-5}）	—	—	0.0	—	0.0
	六级（C_{G-6}）	—	—	—	—	—

评价指标		春季 （1—3 月）	夏季 （4—6 月）	秋季 （7—9 月）	冬季 （10—12 月）	全年
		24 h	24 h	24 h	24 h	24 h
AQI 范围预报准确率	总体 C_{AQI}	68.1	63.7	47.8	67.4	61.7
	一级（C_{AQI-1}）	80.0	72.0	68.8	77.4	74.3
	二级（C_{AQI-2}）	65.5	65.5	50.0	67.4	62.9
	三级（C_{AQI-3}）	66.7	25.0	21.4	52.9	40.0
	四级（C_{AQI-4}）	0.0	—	0.0	0.0	0.0
	五级（C_{AQI-5}）	—	—	0.0	—	0.0
	六级（C_{AQI-6}）	—	—	—	—	—
首要污染物预报准确率 C_{PP}		68.2	75.8	75.0	67.2	71.5
AQI 趋势预报准确率 C_T		52.8	53.9	52.2	65.2	56.0
级别预报偏差	偏低率 C_{GL}	4.4	6.6	12.0	4.3	6.8
	偏高率 C_{GH}	5.5	7.7	10.9	12.0	9.0

表 45-11　2016 年空气质量日常例行预报准确率评估结果

评价指标	春季 （1—3 月）	夏季 （4—6 月）	秋季 （7—9 月）	冬季 （10—12 月）	全年
	24 h	24 h	24 h	24 h	24 h
AQI 级别预报 C_G	90.1	85.7	77.2	83.7	84.2
AQI 范围预报 C_{AQI}	68.1	63.7	47.8	67.4	61.7
首要污染物预报 C_{PP}	68.2	75.8	75.0	67.2	71.5
AQI 趋势预报 C_T	52.8	53.9	52.2	65.2	56.0
AQI 级别预报偏低率 C_{GL+}	4.4	6.6	12.0	4.3	6.8
AQI 级别预报偏高率 C_{GH+}	5.5	7.7	10.9	12.0	9.0

结论：2016 年，广州 AQI 预报级别，由 AQI±10 范围所确定，严于 AQI±15 范围确定的级别，广州市 AQI 级别预报准确率 C_G 为 84.2%，AQI 级别预报偏低率 C_{GL} 为 6.8%，AQI 级别预报偏高率 C_{GH} 为 9.0%；AQI 范围（AQI±15）预报准确率 C_{AQI} 为 61.7%，首要污染物预报准确率 C_{PP} 为 71.5%，AQI 趋势预报准确率 C_T 为 56.0%。秋季级别预报准确率、AQI 范围预报准确率较低，冬季趋势预报准确率相对较高，冬季预报偏低率最多，偏高率最少，春夏季节预报偏高偏低率都相对较少，秋季预报偏高偏低率都较高，

相应的预报准确性变化都与广州气象和污染特征有关。

3 其他分类方式预报评估结果

其他分类方式预报评估为多指标综合预报评估，主要用于研究预报技术现状水平，改进预报系统、完善预报发布方式，使业务预报更切合预报业务技术水平和能力。

多指标综合预报评估包括如下几个指标：

（1）AQI 值预报绝对偏差评估；

（2）AQI 值预报相对偏差评估；

（3）预报与实况相关性评估；

（4）空气质量预报综合考核评分评估。

空气质量预报综合考核评分参考气象部门预报评分办法，分值同时反映预报综合准确率。

$$Score = 0.1f1 + 0.4f2 + 0.5f3 \qquad (45.1)$$

式中，$f1$ 为首要污染物正确性评分，若预报的首要污染物与实况一致，得 100 分；否则，得 0 分；

$f2$ 为预报级别正确性评分，级别正确 100 分，级别相差 1 级 50 分，其他为 0 分；

$f3$ 为预报 AQI 精确度评分，按下面公式计算：

$$f3 = \left(1 - \frac{Abs(预报值-实况)}{Max(预报值，实况)}\right) \times 100 \qquad (45.2)$$

广州市空气质量预报发布，包括未来 24 h（自然日第 2 天）、48 h（自然日第 3 天）、72 h（自然日第 4 天）预报，本实例对未来 24 h 预报评估。

评估结果如下：

（1）AQI 预报值绝对偏差评估：对 AQI 预报值与实况值绝对偏差分布情况评估，按偏差大小出现概率进行评估。2016 年 366 天，AQI 预报值偏差大小及出现的概率见表 45-12。

表 45-12　AQI 预报值绝对偏差大小及出现概率统计表

评估意义说明	预测值与实况值绝对偏差	出现天数/d	概率/%
实际预报范围 AQI±10	偏差 10	165	45.1
总站规定最大预报范围 AQI±15	偏差 15	226	61.7
偏离实际预报范围 10	偏差 20	279	76.2

评估意义说明	预测值与实况值绝对偏差	出现天数/d	概率/%
偏离实际预报范围20	偏差30	329	89.9
偏离实际预报范围30	偏差40	343	93.7
预报程度偏重	正偏差	194	53.0
预报程度偏低	负偏差	172	47.0
有效预报天数	预报天数	366	100

结论：2016年，广州市每日AQI预报值与实况偏差10以内，即广州实际AQI落在对外发布预报范围内的准确率为45.1%，AQI预报值与实况偏差15以内，即实况AQI落在中国环境监测总站规定的最大预报范围内，预报准确率为61.7%。AQI预报值与实况偏差在20以内的预报准确率为76.2%。

（2）AQI预报值相对偏差评估：对AQI预报值与实况值相对偏差分布情况进行评估，按偏差大小出现概率进行评估。2016年366天，AQI预报值相对大小及出现的概率见表45-13。

表45-13 预报AQI相对偏差大小及出现概率统计表

评估意义说明	预测值与实况值相对偏差	出现天数/d	概率/%
AQI预报与实况相对偏差10%以内	10%以内	87	23.8
AQI预报与实况相对偏差20%以内	20%以内	194	53.0
AQI预报与实况相对偏差30%以内	30%以内	270	73.8
AQI预报与实况相对偏差40%以内	40%以内	327	89.3
AQI预报与实况相对偏差50%以内	50%以内	341	93.2
AQI预报与实况相对偏差大于50%	大于50%	25	6.8

结论：2016年，广州市每日AQI预报与实况偏差20%以内，占53.0%，与实况偏差30%以内，占73.8%，与实况偏差40%以内，占89.3%。以AQI预报与实况偏差30%作为预报准确性判定标准，广州市预报准确率为73.8%。

（3）预报与实况相关性评估：预报与实况的相关性分析，用相关系数评估预报趋势的准确性，能够客观反映预报AQI与实况AQI相近程度，可用于客观评估各城市模型和人工订正预报对本地空气质量变化把握程度，对不同污染水平城市的预报与实况相关系数评估，主要与其评估的时间长度有关，与评估城市污染水平关系不大。

2016年，广州市空气质量预报与实况AQI相关系数见表45-14，全年相关系统为0.722，第三季度和第四季度相关系数最高，分别达到0.756和0.785，而第二季度相关系数最低，只有 0.479，第一季度相关系数为 0.718，均通过显示性水平为 0.01 的相关系数显著性检验，为极显著水平。预报与实况 AQI 时间序列变化见图 45-1，预报与实况相关性见图 45-2。

表 45-14   2016 年广州空气质量预报与实况相关系数表

	第一季度	第二季度	第三季度	第四季度	全年
相关系数	0.718	0.469	0.756	0.785	0.722

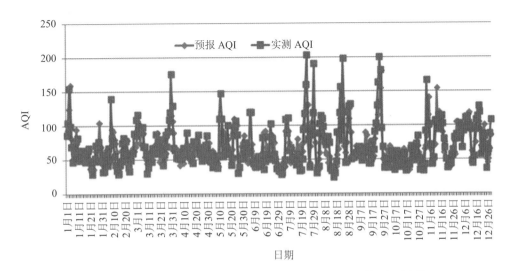

图 45-1   2016 年广州市空气质量预报与实况 AQI 时间序列变化

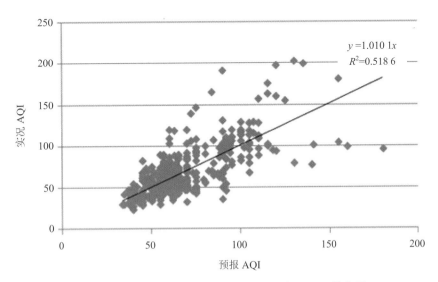

图 45-2   2016 年广州市空气质量预报与实况 AQI 散点图

（4）空气质量预报综合考核评分评估：空气质量预报综合考核评分，按 100 分设计，其分值为预报准确率。2016 年广州空气质量预报综合考核评分统计见表 45-15。

表 45-15　2016 年广州空气质量预报综合考核评分统计表

时间段	首要污染物正确性得分	空气质量级别正确得分	指数精确度得分	综合考核评分
2016 年第 1 季度	72.5	97.8	79.0	85.9
2016 年第 2 季度	74.7	94.5	76.9	83.7
2016 年第 3 季度	76.1	89.7	73.7	80.3
2016 年第 4 季度	69.6	96.7	81.1	86.2
2016 年全年	73.2	94.7	77.7	84.0

结论：2016 年广州市首要污染物正确性得分 73.2，空气质量级别正确性得分 94.7，指数精确度得分 77.7，综合考核得分 84.0，根据评分规则，2016 年广州市空气质量预报准确率为 84.0%，级别预报准确率最高，为 94.7%，首要污染物预报准确性较低，为 73.2%。在 4 个季度中，第 1 和第 4 季度预报准确率高于第 2 和第 3 季度。

4　重污染过程预报

2016 年广州市出现一天重污染，AQI 指数首要污染物是 O_3，未做重污染预报。

5　总结

（1）2016 年，广州市空气质量预报级别准确率 84.2%，而趋势预报准确率仅 56.0%。主要因素是在实际预报业务中，预报会商和人工经验修正，追求预报 AQI 值与实况值的接近，当出现前 1 天预报偏差过高，第 2 天逆趋势修正，较少考虑预报趋势性，从而引起预报值的波动；另一因素是预报主班每天轮换，也不利于每天预报趋势稳定和一致；同时，广州空气质量级别变化小，客观上也有利于级别预报准确性。冬季趋势预报准确率相对较高，与冬季污染过程周期长，趋势明显，首要污染物变化不大，空气质量变化趋势较容易判断有关。

（2）AQI 预报范围按 AQI±15，预报准确率为 61.7%，如提高到 AQI±10，预报准确率则下降到 45.1%，离精准预报还有较大差距，特别是第三季度，AQI±15 范围的预报准确率只有 47.8%，主要是由于广州第三季度主要污染物为 O_3 和 NO_2，其浓度变化受降雨、气温、湿度变化影响大，虽然从气温气压、晴雨等变化能够基本掌握变化趋势，预报与实测相关性较高，但由于天气预报有较大的不确定性，加上 O_3、NO_2 物理化学反应过程复杂性，预报系统和预报员在预报量值上仍有很大偏差，预报难度明显高于其他季节。

（3）秋季级别预报准确率 77.2%，较其他季节平均低 9 个百分点，主要由于秋季以 O_3、NO_2 为首要污染物，受气象因素影响较大，不确定性也大，浓度变化幅度大，影响级别预报的准确性。

（4）由于冬季首要污染物单一，变化趋势明显，预报与实测相关性高，预报准确率相对较高，同时冬季多出现不利污染气象条件，容易形成污染，预报偏高率最低，但预报偏低率最高。秋季预报偏高率和偏低率都较高，主要是由于首要污染物 O_3、NO_2 受气象变化影响大，而气象预报存在较大不确定性，浓度变化幅度剧烈，浓度变化预报难度较高所致。颗粒物浓度大幅度下降后，O_3 浓度变化程度发生变化，从过去颗粒物高浓度下的经验分析 O_3 浓度变化，常出现低估 O_3 浓度上升幅度情况。

（梁桂雄、张金谱、邱晓暖）

第46章 深圳市2016年预报评估

1 概况

1.1 地理位置

深圳是中国南部海滨城市,位于珠江口东岸、北回归线以南,陆域位置东经113°46′～114°37′,北纬22°27′～22°52′;东临大亚湾与惠州市相连,西濒珠江口伶仃洋与中山市、珠海市相望,南至深圳河与香港毗邻,北与东莞市、惠州市接壤。全市陆地总面积1 991.64 km²,辽阔海域连接南海及太平洋。深圳市地势东南高、西北低,大部分为低丘陵地,间以平缓台地,西部沿海一带为滨海平原。深圳共设9个市辖行政区(福田区、罗湖区、盐田区、南山区、宝安区、龙岗区、坪山区、龙华区、光明区)和1个功能区(大鹏新区),下辖74个街道、810个社区。

1.2 天气气候

深圳位于北回归线以南,属南亚热带季风气候,长夏短冬,气候温和,日照充足,雨量充沛。年平均气温23.0℃,历史极端最高气温38.7℃,历史极端最低气温0.2℃;一年中1月平均气温最低,7月平均气温最高;年日照时数平均为1 837.6 h;年降水量平均为1 935.8 mm,全年86%的雨量出现在4—9月,地域分布自东向西减少。年主导风向为东南风,次主导风向为东北风。春季天气多变,常出现"乍暖乍冷"的天气,盛行偏东风;夏季盛行偏南风,高温多雨;秋冬季节盛行东北季风,天气干燥少雨。深圳市各要素1981—2010年累年平均值见表46-1。

表46-1 深圳市各要素1981—2010年累年平均值

气温/℃	相对湿度/%	降水量/mm	日照时数/h	气压/hPa	高温日数/d
23.0	74	1 935.8	1 837.6	1 008.4	4.3

注:按WMO(世界气象组织)规定,以1981—2010年平均值为气候平均值。

春季是冷暖气流交替的季节，天气多变，常出现"乍暖乍冷"的天气。春季影响深圳的冷空气势力开始减弱，但初春仍有较强的冷空气影响。春季降温的同时，多数伴着阴雨天气，是日照最少的季节。春季雨水总体较少，多数年份会出现不同程度的干旱。受暖湿气流影响，春季中小尺度天气系统开始活跃，常出现强对流天气，尤其是 4 月常出现短时强降水。

夏季为西南季风盛行期，常吹偏南风，暖湿气流盛行，高温多雨。夏天降水地区差异很大，容易出现局地性的洪涝灾害和短时雷雨大风。由于下垫面受热不均和地形作用等原因，夏天容易出现局地性的界线分明的雷阵雨天气。此外，夏季受锋面低槽、热带气旋、季风云团等天气系统的影响，暴雨、雷暴、台风多发。夏季降水主要出现在汛期，汛期又分为前汛期和后汛期。从平均状况而言，汛期降水量占年降水量的 86%。前汛期受锋面低槽、热带云团、低空急流、季风低槽等影响，雨水迅速增加，多暴雨天气。后汛期主要受热带气旋（台风）、东风波、辐合带的影响。

秋季是夏冬过渡季节。副热带高压迅速撤离，地面上锋面的时候平均位置已过南岭，冷高压迅速南下并控制广东，气温迅速下降。

冬季在东亚季风环流背景下，深圳市常处于干冷的高压脊控制之下，常吹偏北风，气温为全年最低，降水稀少。

2　污染情况概述

深圳市共布设 19 个市控以上环境空气质量自动监测子站，遍布全市 8 个行政区和 2 个新区。其中，荔园、洪湖、华侨城、南油、西乡、盐田、观澜、龙岗、梅沙、葵涌和南澳共 11 个子站为国控子站。按照国家相关要求，各子站监测项目均包括 SO_2、NO_2、PM_{10}、$PM_{2.5}$、CO 和 O_3。

2013—2016 年，深圳市环境空气质量总体上处于良好水平，见图 46-1，全市 AQI 在 23～179，优良天数共 1 366 天，占总有效天数（1 452 天）的 94.1%，超标天数为 86 天。深圳市夏季环境空气质量较好，秋冬季相对较差，空气质量指数具有秋冬季高，夏季低的特点。

近年来，深圳市环境空气质量优良率稳步上升，全市 AQI 优良率连续三年达到 95% 以上，$PM_{2.5}$ 年均浓度逐年下降。深圳市 $PM_{2.5}$ 浓度呈显著季节变化规律，冬季污染水平比夏季高，春、秋季污染水平相近，且高于夏季、低于冬季。O_3 浓度长期维持较高水平，并有逐渐上升的趋势。2013 年和 2014 年首要污染物以 $PM_{2.5}$ 居多，2015 年起，O_3 取代 $PM_{2.5}$ 成为深圳出现频率最高的首要污染物。

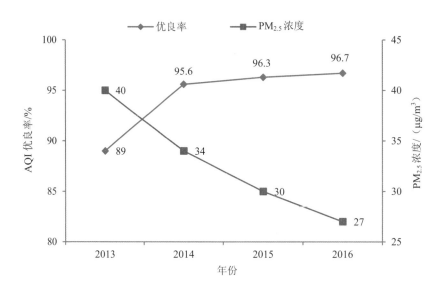

图 46-1　2013—2016 年深圳市 AQI 优良率以及 PM$_{2.5}$ 浓度变化

深圳市污染物浓度呈现西高东低的特征。2013—2016 年各项污染物的浓度变化见图 46-2，总体来看，除 O$_3$ 有逐渐上升的趋势以外，其他各项污染物浓度均逐年下降。全市 SO$_2$ 年均值范围在 8～11 μg/m^3；NO$_2$ 年均值范围在 33～40 μg/m^3；PM$_{10}$ 年均值范围在 42～62 μg/m^3；PM$_{2.5}$ 年均值范围在 27～40 μg/m^3；CO 年均值范围在 0.8～1.2 mg/m^3；O$_3$ 日最大 8 h 滑动平均第 90 百分位数范围在 123～134 μg/m^3。

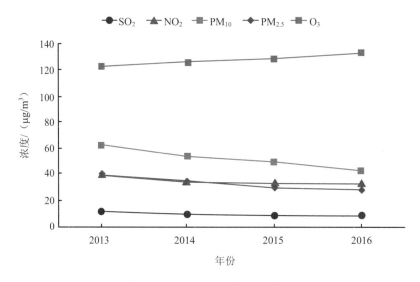

图 46-2　深圳市 2013—2016 年各项污染物浓度变化图

在图 46-3 中可以看到深圳市 2004—2011 年灰霾天数连续 8 年在 100 天以上。近年来，灰霾天数在逐年减少。2016 年减少到 27 天，比近五年（2011—2015 年）同期平均值（78 天）少 51 天，为 1992 年以来最少。

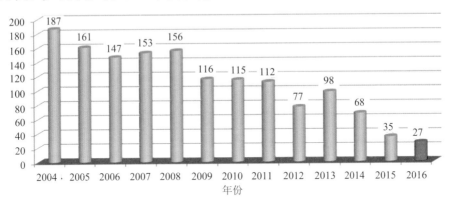

图 46-3 深圳市近 10 年灰霾天数对比图

3 模式发展和使用情况

目前深圳市环境监测中心站已建设空气质量数值预报系统，系统包含 WRF 气象数值预报模式以及 NAQPMS、CMAQ、CAMx、WRF-Chem 共 4 个空气质量数值预报模式。模式系统设置四层嵌套区域，第一层嵌套区域覆盖中国全境（网格分辨率是 81 km）、第二层嵌套区域覆盖华南地区及西南部分地区（网格分辨率为 27 km）、第三层嵌套区域覆盖广东及周边省份（网格分辨率为 9 km）、第四层嵌套区域覆盖深圳及周边地市（网格分辨率为 3 km）。模式系统可对未来 4 天空气质量预报情况进行预报。除四个空气质量数值预报模式之外，预报系统还包含大气化学同化系统、集合预报系统、概率预报、扰动预报等优化模块。

在应用空气质量数值预报的同时，深圳市环境监测中心站还在 2016 年 11 月底应用多元回归、神经网络和分类回归树等方法，基于空气质量及气象资料数据库，分析深圳市及周边空气质量演变特征及气象条件特征以及对空气质量的影响和作用，摸索统计学方法建立环境空气污染物浓度与气象因子的关系，确定环境空气质量统计预报模型的数学表达形式，实现空气质量统计预报功能，成为空气质量数值预报系统的良好补充。

气象预报结果和排放源统计信息的偏差会导致预报模式结果存在一定的偏差。因此不能完全依赖预报模式的预报结果，更要发挥预报员的主观能动性，预报员会根据当前天气情况和气象预报结果对未来的大气条件进行分析，并结合对模式系统历史和当前空气质量的预报偏差分析对模式预报的预报结果进行修正，以使预报效果更加准确。

4 预报效果评估

4.1 评估指标

根据第 12 章有关城市预报评估指标定义，选用城市 AQI 范围预报准确率 C_{AQI}、城市 AQI 级别预报准确率 C_G、空气质量级别预报偏高率 C_{GH}、空气质量级别预报偏低率 C_{GL}、首要污染物预报准确率 C_{PP}、AQI 趋势预报准确率 C_T 等指标评估人工以及模式预报结果，以自然日为最小评估单位，分 24 h、48 h 和 72 h 共 3 个时段。具体指标概述及计算公式详见第 12 章。评估时段如下：春季为 2016 年 3—5 月，夏季为 2016 年 6—8 月，秋季为 2016 年 9—11 月，冬季为 2016 年 12 月—2017 年 2 月，全年为 2016 年 3 月—2017 年 2 月。

4.2 评估结果

4.2.1 例行预报

由统计结果（表 46-2～表 46-4）可知，深圳市空气质量预报效果较好。未来 3 天的空气质量数值预报中的城市 AQI 级别预报准确率 C_G 基本达到 80% 以上，统计预报的准确率在 73%～79% 之间，人工预报（24 h 预报）可高达 90% 以上；数值模式和统计预报模式的预报结果中都存在 AQI 等级存在偏低的情况，级别预报偏低率 C_{GL} 基本在 10% 以上。AQI 范围预报准确率 C_{AQI} 方面：模式预报结果准确率基本在 50% 以上，但在秋季的准确率较低。人工预报结果的准确率略高于模式结果，基本达到 60% 以上。另外，在对首要污染物的预报中，空气质量数值模式的首要污染物预报准确率 C_{PP} 季节变化明显，夏季最高，能达到 80% 左右，冬季较低，在 45% 左右，统计预报的准确率较稳定，全年都在 53% 左右，人工预报的准确率略低于数值模式结果在秋冬季更为明显。对未来 AQI 趋势模拟方面，预报结果的 AQI 趋势预报准确率 C_T 基本在 50% 左右。

4.2.2 重污染过程预报

2016 年深圳市空气质量较好，未出现重污染过程，故未做重污染预报评估。

表 46-2　数值模式预报结果统计

评价指标	春季（3—5 月）			夏季（6—8 月）			秋季（9—11 月）			冬季（12 月—次年 2 月）			全年		
	24 h	48 h	72 h	24 h	48 h	72 h	24 h	48 h	72 h	24 h	48 h	72 h	24 h	48 h	72 h
级别	87%	85%	79%	82%	84%	81%	81%	78%	72%	87%	83%	86%	85%	83%	80%
AQI 范围	64%	64%	57%	77%	80%	64%	55%	56%	47%	69%	60%	64%	67%	65%	59%
首要污染物	59%	49%	54%	76%	83%	87%	60%	58%	55%	45%	48%	45%	56%	55%	55%
趋势准确率	48%	49%	48%	53%	53%	53%	57%	57%	57%	54%	54%	54%	52%	53%	52%
级别偏高率	5%	3%	3%	5%	3%	4%	3%	5%	5%	0%	0%	0%	3%	3%	3%
级别偏低率	8%	12%	17%	12%	14%	15%	16%	17%	23%	13%	17%	14%	12%	15%	17%

表 46-3　统计预报结果统计

评价指标	春季（3—5 月）			夏季（6—8 月）			秋季（9—11 月）			冬季（12 月—次年 2 月）			全年		
	24 h	48 h	72 h	24 h	48 h	72 h	24 h	48 h	72 h	24 h	48 h	72 h	24 h	48 h	72 h
级别	82%	80%	73%	76%	75%	70%	77%	74%	70%	82%	79%	77%	79%	77%	73%
AQI 范围	63%	60%	58%	75%	72%	70%	50%	49%	48%	64%	58%	58%	63%	60%	59%
首要污染物	58%	50%	51%	56%	54%	50%	55%	54%	49%	55%	53%	54%	56%	53%	51%
趋势准确率	44%	43%	44%	50%	50%	51%	54%	54%	54%	52%	50%	49%	50%	49%	50%
级别偏高率	9%	8%	11%	12%	12%	15%	10%	11%	10%	0%	0%	0%	8%	8%	8%
级别偏低率	9%	12%	16%	12%	13%	15%	13%	15%	20%	18%	21%	23%	13%	15%	19%

表 46-4　人工预报结果统计

评价指标	春季 (3—5月)			夏季 (6—8月)			秋季 (9—11月)			冬季 (12月—次年2月)			全年		
	24 h	48 h	72 h	24 h	48 h	72 h	24 h	48 h	72 h	24 h	48 h	72 h	24 h	48 h	72 h
级别	91%	89%	83%	91%	92%	89%	86%	91%	88%	93%	92%	90%	91%	91%	87%
AQI 范围	69%	62%	61%	81%	76%	72%	78%	75%	72%	77%	76%	60%	76%	72%	66%
首要污染物	50%	38%	39%	78%	65%	62%	55%	35%	30%	36%	39%	30%	50%	42%	37%
趋势准确率	51%	51%	51%	58%	58%	58%	55%	55%	55%	53%	53%	53%	53%	53%	53%
级别偏高率	9%	10%	16%	9%	7%	11%	11%	9%	6%	1%	1%	0%	7%	7%	9%
级别偏低率	0%	1%	1%	0%	1%	0%	3%	0%	6%	6%	7%	10%	2%	2%	4%

5　总结

2013—2016 年，深圳市环境空气质量较好，优良天数共 1 366 天，占总有效天数（1 452 天）的 94.1%，超标天数仅有 86 天；深圳市环境空气质量优良率稳步上升，全市 AQI 优良率连续三年达到 95% 以上，除 O_3 外，其他各项污染物年均浓度逐年下降，到 2016 年深圳市空气优良率已高达 96.7%，$PM_{2.5}$ 年均浓度值降至 27 μg/m³。近年来，深圳市 O_3 浓度有逐渐上升的趋势，自 2015 年起 O_3 取代 $PM_{2.5}$ 成为深圳出现频率最高的首要污染物。

深圳市空气质量数值预报系统包含 WRF 气象数值预报模式以及 NAQPMS、CMAQ、CAMx、WRF-Chem 共 4 个空气质量数值预报模式，以及大气化学同化系统、集合预报系统、概率预报、扰动预报等优化模块。此外，深圳市环境监测中心站还应用多元回归、神经网络和分类回归树等方法，基于空气质量及气象资料数据库，建立空气质量统计预报模型，成为空气质量数值预报系统的良好补充。预报工作中，预报员充分发挥主观能动性，根据当前天气情况和气象预报结果对未来的大气条件进行分析，并结合模式系统历史和当前空气质量的预报偏差分析对模式预报的预报结果进行修正。2016 年，深圳市 AQI 级别准确率基本能达到 80% 以上，AQI 范围准确率亦可达 60% 以上。

（刘婵芳、何龙、林丽衡、游泳、陈嘉晔）

第47章 成都市2016年预报评估

1 概况

1.1 成都市自然环境概况

1.1.1 地理概况

成都市位于四川省中部,四川盆地西部,经纬度为东经 102°54′～104°53′、北纬 30°05′～31°26′,全市东西长 192 km,南北宽 166 km,总面积 14 312 km²。东北与德阳市、东南与资阳市毗邻,南面与眉山市相连,西南与雅安市、西北与阿坝藏族羌族自治州接壤。

成都地质悠久,地层出露较全,全市地势差异显著,西北高,东南低,西部属于四川盆地边缘地区,以深丘和山地为主,海拔大多为 1 000～3 000 m,最高处大邑县双河乡海拔为 5 364 m,相对高度在 1 000 m 左右;东部属于四川盆地盆底平原,是成都平原的腹心地带,主要由第四系冲积平原、台地和部分低山丘陵组成,土层深厚,土质肥沃,开发历史悠久,垦殖指数高,地势平坦,海拔一般在 750 m 左右,最低处金堂县云台乡仅海拔 387 m。成都市东、西两个部分之间高差悬殊达 4 977 m。由于地表海拔高度差异显著,直接造成水、热等气候要素在空间分布上的不同,不仅西部山地气温、水温、地温大大低于东部平原,而且山地上下之间还呈现出明显的不同热量差异的垂直气候带,因而在成都市域范围内生物资源种类繁多,门类齐全,分布又相对集中。

1.1.2 气象概况

成都市属中亚热带湿润季风气候区,成都市常年最多风向是静风;次多风向:6月、7月、8月为北风,其余各月为东北偏北风。

全市年平均气温 15.5～16.8℃,自西北向东南逐渐升高。四季分明,最高气温出现在夏季 7 月,最低气温出现在冬季 1 月,气温年较差 20℃左右。四季分明,年较差较大。

年总降水量 790～1 200 mm，高于全国平均水平（632 mm），雨水充沛。降水总量自西南向东北逐渐减少。降水季节性分布明显，由冬入夏，降水逐渐增加，最大降水出现在夏季 7—8 月，冬季降水较少。雨水充沛，时空差异明显。

1.2　成都市空气污染情况

1.2.1　颗粒物污染依然严重

成都市 2016 年 PM_{10} 和 $PM_{2.5}$ 浓度分别为 105 μg/m³ 和 63 μg/m³，未达到国家二级标准，未达到年度考核目标浓度，分别超过国家二级标准 0.8 倍和 0.5 倍。颗粒物作为首要污染物的天数占了 70.3%，其中 $PM_{2.5}$ 占 66.4%，是造成成都市空气质量优良天数比例低、空气质量排名靠后的重要因素。

1.2.2　NO_2 浓度居于全国高位

2016 年 NO_2 浓度为 54 μg/m³，在全国 74 个城市中排名倒数第 8，直接影响成都市空气质量综合指数排名。从空间分布来看，NO_2 浓度分布呈中心城区及新都区最高，三圈层最低的趋势，不同于颗粒物分布一、二、三圈层趋于同质化的分布趋势。目前中心城区基本无涉气工业企业，表明近年来中心城区居高不下的 NO_2 浓度与机动车排放贡献密切。

1.2.3　O_3 污染仍然严重

自 2013 年实施新标准监测以来，成都市 O_3 污染一直突出。2016 年，O_3 日最大 8 h 均值共计超标 46 天，超标率为 12.6%，其中有 43 天仅 O_3 超标，即 O_3 污染使得全年达标天数减少了 43 天。2016 年 O_3 污染天数虽同比减少 14 天，但首次出现两天重度污染，这主要受 2016 年夏季极端高温及高浓度氮氧化物、挥发性有机污染物等前体物影响。

1.3　成都市空气质量预报情况

2013 年 8—12 月成都市环境监测中心站（以下简称市中心站）展开了一系列筹备工作，包括向成都市环境保护局（以下简称市环保局）汇报、请示相关准备工作，组织人员到上海、广州等率先开展预测预报工作的先进城市调研、学习，积极与成都市气象台（以下简称市气象台）座谈交流。以充分的前期筹备工作及 2013 年 6 月"全球财富论坛"、9 月"华商大会"重大活动空气质量保障的成功实践为基础，2013 年 12 月 11 日起市中心站开始空气质量内部试预报，2014 年 1 月 1 日起市中心站正式开展空气质量预报预警工作，包括与市气象台联合发布未来 24 h 空气质量、未来 72 h 空气污染潜势预报、开展重污染天气预警会商，并通过市环保局官网、微信、广播等平台向公众发布未来 24 h 空气质量预报信息及重污染天气预警信息。成为继北京、上海、广州、沈阳等城市后，第五个按新标准正式发布空气质量预报信息的城市。同时，自 2015 年 3 月起向四川省环境监测总站（以下简称省总站）上报空气质量 72 h 预报结果和 2015 年 10 月起向中国环境监测总站（以下简称国家总站）上报空气质量 48 h 预报结果。

2016 年新增分区空气质量预报、未来 7 天空气质量趋势分析、空气质量预报月报。同年自 3 月 28 日起新增 48 h 和 72 h 预报内容，取消了未来 72 h 空气污染潜势预报。

2016 年共完成成都市中心城区空气质量预报 366 期，成都市分区空气质量预报 147 期，成都市未来 7 天空气质量趋势分析 30 期，成都市空气质量预报月报 10 期，专题预报 22 期，空气质量预警快报 25 期，其中秸秆焚烧快报 4 期、沙尘快报 3 期、O_3 污染快报 2 期、烟花爆竹快报 1 期、不利气象条件快报 15 期；组织召开重污染预警专家会商会议 42 次，专题会商 12 次。

2　日常例行预报评估

评估指标定义选用城市 AQI 级别预报准确率（式 12.3）、城市 AQI 范围预报准确率（式 12.1）、首要污染物预报准确率（式 12.5）、AQI 趋势预报准确率（式 12.6）、空气质量级别预报偏高率（式 12.8）、空气质量级别预报偏低率（式 12.9），评估时间为 2016 年全年，评估结果见表 47-1。

表 47-1　成都市空气质量预报结果评估表

评价指标		春季（3—5月）			夏季（6—8月）			秋季（9—11月）			冬季（12 月—次年 2 月）			全年		
		24 h	48 h	72 h	24 h	48 h	72 h	24 h	48 h	72 h	24 h	48 h	72 h	24 h	48 h	72 h
CG	总体	84.8	77.2	73.9	82.6	80.4	76.1	83.5	79.1	79.1	82.4	79.1	75.8	83.3	79.0	76.2
	一级（优）	83.3	83.3	83.3	77.8	66.7	55.6	81.8	54.5	72.7	100.0	100.0	100.0	81.5	66.7	70.4
	二级（良）	95.9	91.8	93.9	91.7	93.8	93.8	90.2	94.1	96.1	89.5	86.8	89.5	91.9	91.9	93.5
	三级（轻度）	77.8	70.4	59.3	86.2	79.3	79.0	69.6	65.2	60.9	74.1	77.8	66.7	77.4	73.6	64.2
	四级（中度）	55.6	12.5	12.5	0.0	0.0	0.0	75.0	50.0	25.0	82.3	70.6	64.7	64.7	47.1	38.2

评价指标		春季 (3—5月)			夏季 (6—8月)			秋季 (9—11月)			冬季 (12月—次年2月)			全年		
		24 h	48 h	72 h	24 h	48 h	72 h	24 h	48 h	72 h	24 h	48 h	72 h	24 h	48 h	72 h
CG	五级（重度）	0.0	0.0	0.0	0.0	0.0	0.0	100.0	50.0	0.0	80.0	60.0	50.0	61.5	46.2	38.5
	六级（严重）	—	—	—	—	—	—	—	—	—	—	—	—	—	—	—
CAQI	总体	51.1	41.3	41.3	44.6	45.7	40.2	53.8	54.9	41.8	44.0	36.3	28.6	48.4	44.5	38.0
	一级（优）	66.7	50.0	50.0	55.6	55.6	33.3	54.5	45.5	45.5	100.0	100.0	100.0	59.3	51.9	44.4
	二级（良）	61.2	46.9	49.0	54.2	58.3	54.2	68.6	72.5	58.8	47.4	36.8	36.8	58.6	54.8	50.5
	三级（轻度）	40.7	40.7	37.0	34.5	31.0	27.6	30.4	26.1	13.0	40.7	40.7	25.9	36.8	34.9	26.4
	四级（中度）	22.2	12.5	12.5	0.0	0.0	0.0	25.0	25.0	0.0	41.2	29.4	17.6	29.4	20.6	11.8
	五级（重度）	0.0	0.0	0.0	0.0	0.0	0.0	0.0	50.0	0.0	30.0	30.0	10.0	23.1	23.1	6.8
	六级（严重）															
C_{PP}		68.9	54.7	52.3	68.7	66.3	62.7	61.3	62.5	56.3	97.8	81.1	78.9	74.8	66.4	62.8
C_{T}		42.4	33.7	41.3	42.4	41.3	41.3	50.5	51.6	39.6	37.8	41.1	45.6	43.3	41.9	41.9
C_{GH}		3.3	6.5	5.4	6.5	6.5	7.6	13.2	15.4	11.0	11.0	12.1	13.2	8.5	10.1	9.3
C_{GL}		12.0	16.3	20.7	10.9	13.0	16.3	3.3	5.5	9.9	6.6	8.8	11.0	8.2	10.9	14.5

2.1　城市 AQI 级别预报准确率 C_G

2016 年成都市 24 h、48 h 和 72 h 空气质量等级预报准确率分别为 83.3%、79.0% 和 76.2%。从分等级预报准确率来看二级（良）的准确率最高，其次为优和轻度污染。从季节分布上看，四季准确率（24 h）分别为 84.8%（春）、82.6%（夏）、83.5%（秋）、82.4%（冬），无明显差异。

2.2　城市 AQI 范围预报准确率 C_{AQI}

2016 年成都市 24 h、48 h、72 h AQI 范围预报准确率分别为 59.3%、51.9% 和 44.4%。从分等级预报准确率来看优和良的准确率较高，轻度污染及以上的准确率相对较低。从季节分布上看，秋季预报准确率最高（2016 年秋季冷空气活动频繁，多降水，气象扩散条件较好），冬季预报准确率最低。

2.3 首要污染物预报准确率 C_{PP}

2016 年成都市 24 h、48 h 和 72 h 首要污染物预报准确率分别为 74.8%、66.4% 和 62.8%。从季节分布上看，冬季预报准确率最高为 97.8%（以 $PM_{2.5}$ 污染为主），其余三季预报准确率相当，范围为 61.3%～68.9%。

2.4 AQI 趋势预报准确率 C_T

2016 年成都市 24 h、48 h 和 72 h AQI 趋势预报准确率分别为 43.3%、41.9% 和 41.9%。从季节分布上看，秋季准确率较高。

2.5 空气质量级别预报偏差

2016 年成都市 24 h、48 h 和 72 h 空气质量级别预报偏高率（C_{GH}）分别为 8.5%、10.1% 和 9.3%，偏低率（C_{GL}）分别为 8.2%、10.9% 和 14.5%。从季节分布上看，春季、夏季偏低率较高，秋季、冬季偏高率较高。

3 重污染过程预报评估

2016 年成都市环境空气质量共出现 35 天中度污染，13 天重度污染（其中 2 天为 O_3 重度污染），污染时段主要集中在 1 月、11 月和 12 月。由于冬季首要污染物以颗粒物为主，下面仅针对颗粒物重污染时段进行预报评估，评估结果如下：2016 年均准确预测出 5 次重污染过程，未漏报 1 次重污染过程，见表 47-2。

表 47-2 重污染过程回顾

序号	过程实际持续时间	过程预报持续时间	实际污染程度	预测污染程度	评估结论	备注
1	1 月 1—6 日	1 月 1—6 日	重度污染	重度污染	准确	污染程度均指重污染过程中出现的最高等级
2	11 月 2—6 日	11 月 3—6 日	重度污染	重度污染	准确	
3	11 月 13—21 日	11 月 13—21 日	重度污染	重度污染	准确	
4	12 月 1—11 日	12 月 1—11 日	重度污染	重度污染	准确	
5	12 月 13—24 日	12 月 13—24 日	重度污染	重度污染	准确	

以 11 月 13—21 日重污染过程为例，详细介绍重污染期间空气质量预报。11 月 13—21 日共召开重污染天气会商 7 期，报送未来三天空气质量预报 9 期，未来 24 h 分区预报 5 期，未来一周空气质量趋势分析 1 期。

11 月 13—15 日快速发展阶段，受逆温、高湿、静风等持续不利气象条件影响，$PM_{2.5}$ 等主要污染物浓度呈持续上升态势，空气质量在 72 h 内由轻度污染转为重度污染。在该阶段中，密切关注实时空气质量监测数据和气象扩散条件变化趋势，并于 14 日启动空气质量专家会商会，根据会商结果及重污染天气从高值预报原则，跨级预报未来三天为中度至重度污染，根据会商结果重污染天气三级预警于 15 日零时起启动。15 日继续召开空气质量专家会商会，对本次污染过程持续时间和污染程度展开了进一步讨论。

11 月 16—21 日污染持续阶段，每日进行重污染天气加密会商。重污染天气加密会商主要介绍近期空气质量状况（包括污染物变化趋势、各区市县空气质量状况等）、数值预报结果及气象扩散条件（当日及未来三天气象扩散条件，气象转折情况），结合数值预报及气象扩散条件，研讨本地空气污染变化特征并给出未来三天空气质量预报结果以及相关措施建议。除与市级各相关部门沟通外，亦与省站积极沟通，汇报相关预报结果并获得省站技术指导。11 月 19 日预测 22 日受冷空气影响重污染过程结束，并于 22 日零时解除预警。

4 总结

（1）2016 年成都市空气质量等级预报准确率为 83.3%，季节之间级别准确率无明显差异；AQI 范围预报准确率为 48.4%，季节差异明显，准确率为秋季＞春季＞夏季＞冬季；首要污染物预报准确率为 78.9%，冬季最高。综合评估结果来看，春秋预报结果准确率较夏冬季高，夏季的准确率偏低与夏季 O_3 预报不确定因素较多（如降水时段、落区，前体物水平等）、O_3 浓度起伏较大有关，冬季则与重污染过程中颗粒物受高原波动、管控措施等因素影响，浓度小幅起伏不易把握有关，这些均为 AQI 预报带来了较大难度。

（2）从 AQI 趋势预报准确率来看，24 h 优于 48 h 和 72 h；季节上春夏秋三季均表现为 24 h 优于 48 h 和 72 h，冬季则表现为 72 h 优于 48 h 优于 24 h。从级别预报偏差来看，24 h 和 48 h 偏低率和偏高率相当，72 h 为偏低率＞偏高率；春季和夏季偏低率＞偏高率，秋季和冬季偏高率＞偏低率。进一步分析发现冬季预报员易受临近天气形势干扰，且当预警启动后污染物浓度在同等天气条件下升幅减缓，预报员应加强对冬季趋势的预报，提升 AQI 趋势预报准确率。

（陈曦、王源程）

第48章 贵阳市2016年预报评估

1 概况

1.1 自然环境情况

贵阳是中国西南贵州省的省会，贵阳地貌属于以山地、丘陵为主的丘原盆地地区。其中，山地面积 4 218 km²，丘陵面积 2 842 km²；坝地较少，仅 912 km²；此外，还有约 1.2%的峡谷等地貌。贵阳市地处云贵高原东斜坡上，属东部平原向西部高原的过渡地带，长江与珠江分水岭地带。总地势西南高、东北低。苗岭横延市境，岗阜起伏，剥蚀丘陵与盆地、谷地、洼地相间。相对高差 100～200 m，最高峰在水田镇庙窝顶，海拔 1 659 m；最低处在南明河出境处，海拔 880 m。

贵阳是低纬度高海拔的高原地区，市中心位于东经 106°27′，北纬 26°44′附近，海拔高度为 1 100 m 左右，处于费德尔环流圈，常年受西风带控制，属于亚热带湿润温和型气候，兼有高原性和季风性气候特点。贵阳市年平均气温为 15.3℃，年极端最高温度为 35.1℃，年极端最低温度为−7.3℃，其中，最热的 7 月下旬，平均气温为 24℃，最冷的 1 月上旬，平均气温为 4.6℃。年平均相对湿度为 77%，年平均总降水量为 1 129.5 mm，年平均阴天日数为 235.1 天，年平均日照时数为 1 148.3 h，年降雪日数少，平均仅为 11.3 天。

1.2 城市空气污染情况

1.2.1 贵阳市污染情况概况

贵阳市环境空气质量污染主要出现在冬春季，冬春季污染相对严重。贵阳进入冬季后降雨减少、气候干燥、风速大幅减缓、静稳天气出现频率大幅增加，污染物极易在城市上空集聚造成持续的大气污染。

但近几年，贵阳市城市空气质量污染天气逐渐减少，2013 年出现了 87 天污染天气，其中 75 天出现在冬春季，占全年污染天数的 86.2%；2014 年出现 51 天污染天气，其中

48 天在冬春季，占全年污染天数的 94.1%；2015 年出现了 24 天污染天气，全部出现在冬春季，占全年污染天数的 100%；2016 年出现了 17 天污染天气，其中 13 天出现在冬春季，占全年污染天数的 76.5%。

此外，由于贵阳主城区面积小、人口聚集量和车流量大、洒水车拥有量低、道路机扫率低、机动车拥堵现象严重，以及部分建筑工地（砂石矿山）扬尘污染大、居民冬春季采用燃煤取暖、城市周边外源污染等原因协同影响，往往导致贵阳市冬、春季大气污染以 $PM_{2.5}$ 为首要污染物。2013—2015 年污染天的首要污染物均为 $PM_{2.5}$；2016 年 17 天污染天气，其中 12 天首要污染物为 $PM_{2.5}$，全部出现在冬春季，5 天首要污染物为 O_3-8 h，1 天出现在春季（3 月 2 日），4 天出现在夏季和秋季（6 月 5 日、8 月 8 日、8 月 25 日和 10 月 6 日）。根据 2013—2016 年环境空气质量监测数据对比不难发现，O_3 浓度值逐年升高，现已成为贵阳市环境空气排名第二的污染因子，上升的 O_3 污染状况严重拉低了贵阳市空气质量排名。

1.2.2　2016 年贵阳市环境空气质量状况

2016 年贵阳市市环境空气质量优良天数为 350 天，优良率 95.6%，同比提高 2.4 个百分点（2013 年为 76.2%、2014 年为 86.0%、2015 年为 93.2%）。主要污染物浓度除 $PM_{2.5}$ 年均浓度超过《环境空气质量标准》（GB 3095—2012）二级标准浓度限值 5.7% 之外，其余五项污染物年均浓度均达到二级标准。其中，$PM_{2.5}$ 平均浓度为 37 μg/m³，SO_2 平均浓度为 13 μg/m³，NO_2 平均浓度为 29 μg/m³，PM_{10} 平均浓度为 63 μg/m³，CO 第 95 百分位数浓度为 1.1 mg/m³，O_3-8 h 第 90 百分位数浓度为 130 μg/m³，综合指数为 3.99，见图 48-1。

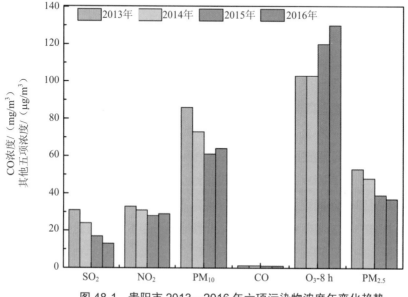

图 48-1　贵阳市 2013—2016 年六项污染物浓度年变化趋势

1.3 空气质量预报情况

贵阳市建有自主的多模式预报系统，系统包含 NAQPMS、CMAQ、CAMx、WRF-Chem 以及集成模式共 5 种模式。该系统的主要预报产品为：O_3、$PM_{2.5}$、PM_{10}、CO、NO_2 和 SO_2 的浓度数据、空气质量指数（AQI）基础预报等信息，以及气温、气压、风向、风速、降雨量、相对湿度等气象预报产品，垂直方向气象场预报图（地表、850 hPa、700 hPa、500 hPa）等数据。预报产品时间维度为未来 7 天逐小时，数据类型分为文本数据和图片两种形式。同时参考中国环境监测总站下发的贵阳市预报产品。

贵阳市空气质量预报发布，包括 24 h/48 h 的 AQI 范围、首要污染物、空气质量级别，2017 年 3 月开始增加 72 h 预报。贵阳市预报发布的 AQI 范围为 AQI±15。由于贵阳市数值预报系统 2016 年 11 月才开始进行试运行，不做预报模式系统预报评估，只对预报员订正后实际发布的预报评估。

2 日常例行预报评估

基于 2016 年全年未来 24 h 和 48 h 空气质量预报对贵阳市空气质量例行预报工作进行初步评估，评估指标参见本书相关内容。

2.1 预报级别评估

2016 年，贵阳市空气质量 24 h 和 48 h 预报级别准确率 G 分别为 93.44% 和 91.26%。不同季节预报准确率 G 不尽相同：冬季级别准确率 G 较低，24 h 和 48 h 预报级别准确率 G 分别为 85.71% 和 85.71%，春、夏、秋季级别准确率 G 则相对较高。不同级别预报准确率 G 也不相同：当空气质量实况为优时级别准确率 G_{AQI-1} 较高，24 h 和 48 h 级别预报准确率 G_{AQI-1} 分别达到 92.00% 和 84.80%；当空气质量实况为良时级别准确率 G_{AQI-2} 较高，24 h 和 48 h 级别预报准确率 G_{AQI-2} 分别达到 99.55% 和 99.11%；当空气质量实况为轻度污染级别 G_{AQI-3} 时，24 h 和 48 h 级别预报准确率 G_{AQI-3} 分别为 26.67% 和 40.00%；空气质量实况达中度污染和重度污染各有 1 天，均未报出，G_{AQI-4} 与 G_{AQI-5} 准确率为 0；空气质量实况达严重污染没有出现。

2.2 AQI 指数预报范围评估

2016 年，贵阳市空气质量 AQI 指数范围 24 h 和 48 h 预报准确率 P_{AQI} 分别为 71.58% 和 63.93%。不同季节预报准确率有所差异，其中，秋季准确率 P_{AQI} 相对较高，24 h 和 48 h 范围预报准确率 P_{AQI} 分别为 80.22% 和 74.73%，冬季准确率 P_{AQI} 相对较低，24 h 和

48 h 范围预报准确率 P_{AQI} 分别为 62.64% 和 49.45%。不同级别预报准确率 P_{AQI} 分别为：当空气质量实况为优，24 h 和 48 h 范围预报准确率 P_{AQI-1} 分别达到 68.00% 和 52.00%；当空气质量实况为良，24 h 和 48 h 范围预报准确率 P_{AQI-2} 分别达到 78.13% 和 70.09%；当空气质量实况为轻度污染，24 h 和 48 h 范围预报准确率 P_{AQI-3} 分别达到 13.33% 和 13.33%；空气质量实况达中度污染和重度污染各有 1 天，均未报出，P_{AQI-4} 和 P_{AQI-5} 准确率为 0；空气质量实况达严重污染没有出现。

2.3　首要污染物预报评估

2016 年，贵阳市空气质量首要污染物 24 h 和 48 h 预报准确率 F 分别为 85.59% 和 77.87%。不同季节首要污染物预报准确率 F 差异性表现为：夏季预报准确率 F 相对较高，24 h 和 48 h 预报准确率 F 分别为 90.22% 和 85.87%；春季准确率 F 相对略低，24 h 和 48 h 预报准确率 F 分别为 82.61% 和 69.57%，同样冬季准确率 F 也较低。分析原因，一方面，春季属于冬到夏的过渡性季节，季节的变化导致 $PM_{2.5}$ 和 PM_{10} 的首要污染物占比交替变化；另一方面，春季 O_3 成为首要污染物天数较往年有所增多，而对 O_3 预报准确度方面有所偏差；冬季首要污染物准确率 F 较低同样也是由于 2 月 O_3 浓度显著上升，预报难度偏大；目前对 O_3 预报的准确度还有待提高。

2.4　AQI 指数预报趋势评估

2016 年，贵阳市空气质量 AQI 指数趋势 24 h 和 48 h 预报准确率 T_{AQI} 分别为 53.97% 和 55.49%。不同季节预报准确率 T_{AQI} 分别为：夏季最高，预报准确率 T_{AQI} 达到 60% 以上，冬季最低，T_{AQI} 为 40%～50%，春秋季节预报准确率 T_{AQI} 基本在 50% 以上。分析原因，贵阳市夏季扩散条件较好，空气质量基本以优良为主，AQI 变化幅度较小，对于趋势判断更为简单；而冬季则相反，贵阳冬季跟夏季相比扩散较差，AQI 变化幅度大，且冬季降水（尤其是小雨）预报更困难，气象预报不确定性会直接影响空气质量趋势预报的准确性。

2.5　预报级别偏差评估

2016 年，贵阳市空气质量级别偏差 24 h 和 48 h 预报偏高率 G_+ 分别为 3.01% 和 5.74%，预报偏低率 G_- 分别为 3.55% 和 3.04%。总体而言，级别偏差率较低，级别预报偏高率 G_+ 与偏低率 G_- 相差不大。不同季节预报准确率差异性表现为：冬季级别预报偏差率最高，24 h 和 48 h 预报偏高率 G_+ 分别为 4.40% 和 6.59%，24 h 和 48 h 预报偏低率 G_- 分别为 9.89% 和 7.69%，其他季节偏差率相对较小，见表 48-1。

表 48-1 城市空气质量预报结果评估表（2016 年）

评价指标		春季 （3—5 月）		夏季 （6—8 月）		秋季 （9—11 月）		冬季 （1—2 月、 12 月）		全年	
		24 h	48 h	24 h	48 h	24 h	48 h	24 h	48 h	24 h	48 h
级别预报准确率 G/%	总体 G	94.57	92.39	96.74	91.30	96.70	96.70	85.71	85.71	93.44	91.26
	一级（优）G_{AQI-1}	84.62	76.92	98.15	88.89	92.31	92.31	84.21	73.68	92.00	84.80
	二级（良）G_{AQI-2}	100.00	98.46	100.00	100.00	100.00	100.00	98.33	98.33	99.55	99.11
	三级（轻度）G_{AQI-3}	0.00	100.00	33.33	0.00	0.00	0.00	30.00	50.00	26.67	40.00
	四级（中度）G_{AQI-4}	—	—	—	—	—	—	0.00	0.00	0.00	0.00
	五级（重度）G_{AQI-5}	—	—	—	—	—	—	0.00	0.00	0.00	0.00
	六级（严重）G_{AQI-6}	—	—	—	—	—	—				
AQI 范围预报准确率 P_{AQI}/%	总体 P_{AQI}	68.48	63.04	75.00	68.48	80.22	74.73	62.64	49.45	71.58	63.93
	一级（优）P_{AQI-1}	53.85	26.92	75.93	61.11	69.23	69.23	63.16	36.84	68.00	52.00
	二级（良）P_{AQI-2}	75.38	76.92	77.14	85.71	85.94	62.50	73.33	61.67	78.13	70.09
	三级（轻度）P_{AQI-3}	0.00	100.00	33.33	0.00	0.00	0.00	10.00	10.00	13.33	13.33
	四级（中度）P_{AQI-4}	—	—	—	—	—	—	0.00	0.00	0.00	0.00
	五级（重度）P_{AQI-5}	—	—	—	—	—	—	0.00	0.00	0.00	0.00
	六级（严重）P_{AQI-6}	—	—	—	—	—	—				
首要污染物预报准确率 F/%		82.61	69.57	90.22	85.87	87.91	82.42	82.42	73.63	85.79	77.87
AQI 预报趋势准确率 T_{AQI}/%		52.17	53.26	63.04	64.13	59.34	51.65	41.11	52.81	53.97	55.49
级别预报偏差	偏高率 G_+/%	4.35	7.61	1.09	6.52	2.20	2.20	4.40	6.59	3.01	5.74
	偏低率 G_-/%	1.09	0	2.17	3.26	1.10	1.10	9.89	7.69	3.55	3.04

2.6 其他分类方式统计的评估结果

对 2016 全年 24 h 和 48 h 的人工预报 AQI 与实况 AQI 进行相关性评估，散点分布如图 48-2 所示。两者 24 h 和 48 h 的相关系数 r 分别为 0.63 和 0.54，均通过了 α =0.01 的显著性检验，根据预报与实况相关性分析，24 h 相关性高于 48 h 相关性，见图 48-2。

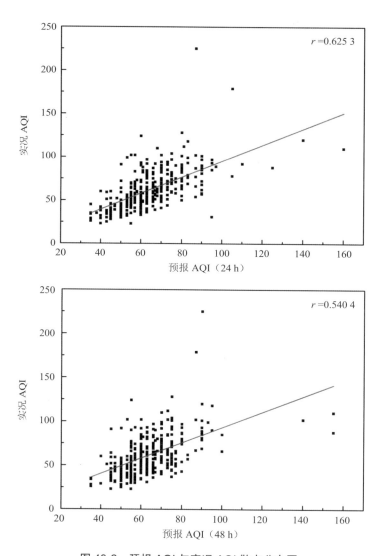

图 48-2　预报 AQI 与实况 AQI 散点分布图

3　重污染过程预报评估

2016 年贵阳市仅在 2 月 8 日（大年初一）出现一天重度污染，主要是因为大量烟花爆竹燃放造成，其余时间均无重污染天气出现，见表 48-2。

表 48-2　重污染过程评估结果

序号	过程实际持续时间	过程预报持续时间	实际污染程度	预测污染程度	评估结论	备注
1	2016.02.08	2016.02.08	重度污染	轻度污染	漏报	—

4 总结

（1）贵阳市数值预报系统运行时间较短、模型优化还不够，目前空气质量预报工作主要按照人工订正预报。贵阳市 2016 年空气质量指数 AQI 预报范围为 ±15。2016 年贵阳市空气质量人工订正预报评估包括：①预报级别评估；②AQI 指数预报范围评估；③首要污染物预报评估；④AQI 指数预报趋势评估；⑤预报级别偏差评估。

（2）2016 年贵阳市未来 24 h 预报等级准确率 G 为 93.44%，AQI 范围准确率 P_{AQI} 为 71.58%，首要污染物准确率 F 为 85.79%，趋势准确率 T_{AQI} 为 53.97%，预报级别偏高率 G_+ 为 3.01%、偏低率 G_- 为 3.55%。48 h 预报等级准确率 G 为 91.26%，AQI 范围准确率 P_{AQI} 为 63.93%，首要污染物准确率 F 为 77.87%，趋势准确率 T_{AQI} 为 55.49%，预报级别偏高率 G_+ 为 5.74%、偏低率 G_- 为 3.04%。等级 G 和首要污染物预报准确率 F 相对较高，而趋势预报准确率 T_{AQI} 比较低。

（3）整体而言，冬季预报级别准确率 G 和 AQI 范围准确率 P_{AQI} 均为全年最低。贵阳市冬季首污主要以颗粒物为主，从地形条件分析，贵阳市主要是喀斯特地形，山地多，平地少，地形起伏大，西北部为高地，中部为海拔较低的喀斯特盆地、地势平坦，但盆地四周山地地形高差变化大，地形多样导致局地小气候影响明显，特殊的地形条件使冬季静风频率和逆温频率较高，边界层大气稳定度大，导致冬季大气污染物不易扩散；从气象条件变化分析，冬季贵阳市主要受准静止风影响，气象条件变化较难把握；同时贵阳夜雨较多，对于夜间小雨量预报极为困难，且冬季降雨量相对较少，持续时间较难判断；从外来影响分析，冷空气南下带来的污染物进入贵阳后，由于冷空气变弱，特殊的地形条件导致污染物易在贵阳地区滞留，对滞留时间判断不准也是导致冬季污染过程预报不准确的原因。

（4）春夏季以 O_3 污染为主，O_3 光化学生成机制较为复杂，不仅受 VOCs 和 NO_x 等前体物的浓度控制，另外还受温度、湿度、日照、风速等气象条件影响，同样类似的气象条件，O_3 浓度值可以大不相同，因此对 O_3 污染预报较难把握，仍有待提高。

（5）趋势预报准确率 T_{AQI} 较低，一方面确实存在着对空气质量变化趋势判断失误；另一方面，不能排除前日预报错误后预报员的自我调整（都是考虑尽可能将预报中值靠近实测值）所造成的变化趋势，而该趋势并非真实预报趋势，也会影响真实的预报趋势准确率 T_{AQI}。

（王琴、刘群、徐徐、赵晓韵）

第49章　西安市2017年预报评估*

1　概况

西安市的地质构造兼跨秦岭地槽褶皱带和华北地台两大单元。距今约1.3亿年前燕山运动时期产生横跨境内的秦岭北麓大断裂,自距今约300万年前第三纪晚期以来,大断裂以南秦岭地槽褶皱带新构造运动极为活跃,山体北仰南俯剧烈降升,造就秦岭山脉。与此同时,大断裂以北属于华北地台的渭河断陷继续沉降,在风积黄土覆盖和渭河冲积的共同作用下形成渭河平原。

西安市境内海拔高度差异悬殊位居全国各城市之冠。巍峨峻峭、群峰竞秀的秦岭山地与坦荡舒展、平畴沃野的渭河平原界限分明,构成西安市的地貌主体。秦岭山脉主脊海拔2 000～2 800 m,其中西南端太白山峰巅海拔3 767 m,是中国大陆中部最高山峰。渭河平原海拔400～700 m,其中东北端渭河床最低处海拔345 m。西安城区便建立在渭河平原的二级阶地上。

西安市是中国的大地原点和国家授时中心,位于中国大陆腹地黄河流域中部的关中盆地,经纬度为东经107°40′～109°49′、北纬33°39′～34°45′。东以零河和灞源山地为界,与华县、渭南市、商州市、洛南县相接;西以太白山地及青化黄土台塬为界,与眉县、太白县接壤;南至北秦岭主脊,与佛坪县、宁陕县、柞水县分界;北至渭河,东北跨渭河,与咸阳市市区和杨凌区、三原、泾阳、兴平、武功等县和扶风县、富平县相邻。辖境东西204 km,南北116 km;面积9 983 km²,其中市区面积1 066 km²。面积9 983 km²。西安地处陕西省关中平原偏南地区,北部为冲积平原,南部为剥蚀山地。大体地势是东南高,西北与西南低,呈一簸箕状。秦岭山脉横旦于西安以南,山脊海拔2 000～2 800 m,是我国地理上北方与南方的重要分界。

西安市平原地区属暖温带半湿润大陆性季风气候,冷暖干湿四季分明。冬季寒冷、风小、多雾、少雨雪;春季温暖、干燥、多风、气候多变;夏季炎热多雨,伏旱突出,多雷雨大风;秋季凉爽,气温速降,秋淋明显。西安雨量适中,四季分明。无霜期平均为

---

*本章评估时段为2017年1—8月。

219～233 天。1 月份最冷，平均气温−0.5～1.3℃；7 月份最热，平均气温 26.4～26.9℃；年平均气温 13.3℃。年降水量平均为 507.7～719.8 mm。年平均湿度为 69.6%。年平均降雪日为 13.8 天。年日日照时数 1 595.6～2 035.8 h，年主导风向各地有差异，西安市区常年盛行东北风，周至、户县为西风，高陵、临潼为东北风，长安为东南风，蓝田为西北风。年内主要气象灾害有干旱、沙尘、高温、大风、雷电、冰雹、暴雨、连阴雨、低温冻害和雾霾。

2 污染情况概述

2014—2016 年西安市空气质量情况如下：

2016 年西安市环境空气质量达到《环境空气质量标准》（GB 3095—2012）二级以上的天数为 192 天，达标天数占总天数的 52.5%。2016 年 1—12 月，西安市环境空气质量优 17 天、良 175 天、轻度污染 97 天、中度污染 41 天、重度污染 29 天、严重污染 7 天，监测总天数为 366 天，优良天数占监测总天数的 52.5%，见图 49-1。

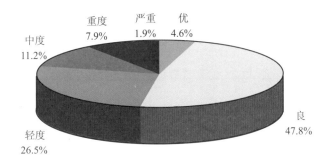

图 49-1　2016 年环境空气质量级别分布

2015 年西安市环境空气质量达到《环境空气质量标准》（GB 3095—2012）二级以上的天数为 251 天，其中优为 15 天，达标天数占总天数的 69.1%。2015 年 1—12 月，环境空气质量优 15 天、良 236 天、轻度污染 75 天、中度污染 18 天、重度污染 18 天、严重污染 1 天，因监测数据不足，不能明确判定空气质量指数级别的天数为 2 天，监测总天数为 363 天，优良天数占监测总天数的 69.1%，见图 49-2。

2014 年西安市环境空气质量达到《环境空气质量标准》（GB 3095—2012）二级以上的天数为 211 天，其中优为 18 天，达标天数占总天数的 57.8%。今年 1—12 月，西安市环境空气质量优 18 天、良 193 天、轻度污染 88 天、中度污染 28 天、重度污染 32 天、严重污染 6 天，监测总天数为 365 天，优良天数占监测总天数的 57.8%，见图 49-3。

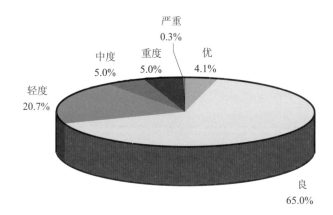

图 49-2　2015 年环境空气质量级别分布

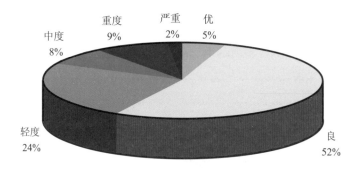

图 49-3　2014 年环境空气质量级别分布

2014—2016 年，PM_{10} 浓度呈先降再升的趋势，冬季高夏季低，其中每年的 6—9 月最低，每年的 1 月、12 月最高。从整体浓度水平来看：2014 年＞2016 年＞2015 年，2016 年浓度呈现低值更低、高值更高的特征。2014 年月均值浓度超过国家二级标准的月份为 1—3 月，11—12 月，2015 年月均值浓度超过国家二级标准的月份为 1 月和 12 月，2016 年月均值浓度超过国家二级标准的月份为 1 月、3 月和 11—12 月，见图 49-4。

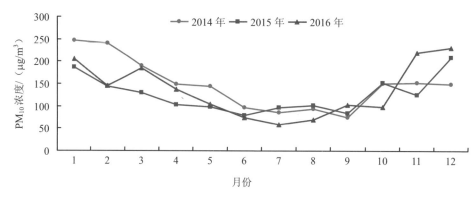

图 49-4　2014—2016 年 PM_{10} 浓度月变化趋势

2014—2016 年，PM$_{2.5}$ 浓度呈先降再升的趋势，冬季高夏季低，其中每年的 6—8 月最低，每年的 1 月、12 月最高。从整体浓度水平来看：2014 年＞2016 年＞2015 年，2016 年浓度呈现低值更低、高值更高的特征，变化幅度属 3 年来最大。2014 年月均值浓度超过国家二级标准的月份为 1—3 月和 10—11 月，2015 年月均值浓度超过国家二级标准的月份为 1 月和 12 月，2016 年月均值浓度超过国家二级标准的月份为 1 月、3 月和 11—12 月，见图 49-5。

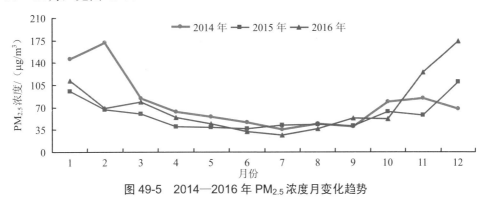

图 49-5　2014—2016 年 PM$_{2.5}$ 浓度月变化趋势

2014—2016 年，O$_3$-8 h 浓度呈先升再降的趋势，夏季高冬季低，其中每年的 6—8 月最高，每年的 11—12 月最低。从整体浓度水平来看：2014—2016 年，O$_3$-8 h 浓度逐年上升。2014 年月均值浓度较高的月份为 6 月、7 月和 8 月，2015 年为 5 月、7 月和 8 月，2016 年为 4 月、5 月、6 月、7 月、8 月和 9 月。全年 O$_3$-8 h 浓度最高的月份有逐年提前的趋势，在 2016 年月均值浓度较高的月份还出现了延后的现象，见图 49-6。

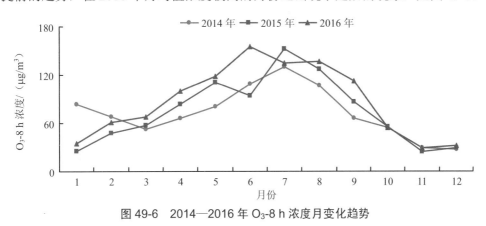

图 49-6　2014—2016 年 O$_3$-8 h 浓度月变化趋势

2014—2016 年，NO$_2$ 浓度呈先降再升的趋势，冬季高夏季低，其中每年的 1 月和 12 月最高，每年的 5 月、6 月和 7 月最低。从整体浓度水平来看：2016 年＞2014 年＞2015 年，见图 49-7。

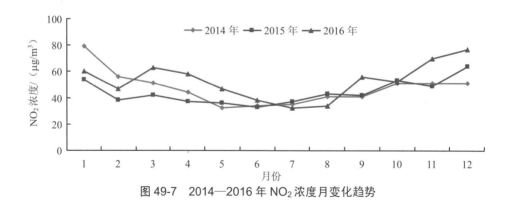

图 49-7　2014—2016 年 NO$_2$ 浓度月变化趋势

导致西安市出现重污染的两种情况，一种是春夏交接之际的沙尘影响，另一种是冬春季的颗粒物污染。由沙尘影响导致的重污染天气一般持续时间较短，一般为 3 天左右。以颗粒物为首要的重污染天气是西安的最主要的重污染天气类型，2014—2016 年以颗粒物为首要污染的天数均超过 200 天，见图 49-8。从发生时间上看，西安市的重污染天气主要集中在采暖期，即每年 1 月 1 日到 3 月 15 日，11 月 15 日到 12 月 31 日，以 2016年的采暖期为例，采暖期的 122 天中，有 23 天重度污染（全年 29 天），7 天严重污染（全年 7 天），分别占全年的 79.3%，100%。采暖期本地污染加重累积，由于西安市的地形条件为三面环山城区地势相对较低的盆地，加之西安冬春季以静稳、无风以及逆温等天气为主，在不良气象条件的叠加影响下，PM$_{2.5}$ 的污染不易消散，导致近年来 PM$_{2.5}$ 为首要的重污染有逐年加重的趋势。此外，西安常年受主导风向东北风的影响，在冬季采暖期京津冀发生重污染的情况下，外来源的输送也成为西安采暖期重污染成因之一。

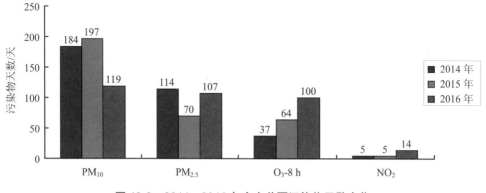

图 49-8　2014—2016 年全市首要污染物天数变化

3　模式情况

西安站目前没有自主的预报模式和预报产品，使用中国环境监测总站下发的《36

城市及省级站预报产品交换系统》，该系统的主要预报产品为：

国家业务平台设计下发的预报指导产品包括：4 种模式数据（NAQPMS 模型、CMAQ 模式、CAMx 模式和 WRF-Chem）生成的 6 种污染物（O_3、$PM_{2.5}$、PM_{10}、CO、NO_2、SO_2）的浓度区域形势场、城市空气质量（AQI）基础预报等信息，7 种气象数据（气温、气压、风向、风速、降雨量、相对湿度、能见度）、垂直方向四个高度层观测图（包括地表、850 hPa、700 hPa、500 hPa）等数据。数据类型分为文本数据和图片两种形式，见表 49-1。

表 49-1 下发产品清单及明细

序号	接收预报指导产品名称	接收频率	指导产品时长	产品文件类型	接收产品时间	单位发布预报时间
1	全国尺度污染物日均值面图	每日	昨日同化、今日预报、未来 24～120 h（5 天）	（NAQPMS）O_3 日最大 8 h 滑动浓度分布图、$PM_{2.5}$ 日均分布图、PM_{10} 日均分布图	每日 8:30	每日 10 点
2	污染物日均值面图	每日	昨日同化、今日预报、未来 24～120 h（5 天）	（NAQPMS，CMAQ）O_3 日最大 8 h 滑动浓度分布图、$PM_{2.5}$ 日均分布图、PM_{10} 日均分布图、SO_2 日均分布图、NO_2 日均分布图、CO 日均分布图	每日 8:30	每日 10 点
3	剖面图	每日	未来七天	（CMAQ）$PM_{2.5}$ 站点污染物浓度垂直分布图	每日 8:30	每日 10 点
4	AQI 列表	每日	昨日同化、今日预报、未来 24～120 h（6 天）	（CMAQ）城市日均 AQI	每日 8:30	每日 10 点
5	污染物格点数据	每日	未来 24 h（1 天）	2 m 温度空间分布图	每日 8:30	每日 10 点
6	全国 500 hPa 形势图	每日	昨日同化、今日预报、未来 0～140 h	（WRF）500 hPa 高度场	每日 8:30	每日 10 点
7	全国 700 hPa 形势图	每日	昨日同化、今日预报、未来 0～140 h	（WRF）700 hPa 相对湿度图、700 hPa 流场图	每日 8:30	每日 10 点
8	全国 850 hPa 形势图	每日	昨日同化、今日预报、未来 0～140 h	（WRF）850 hPa 相对湿度图、850 hPa 水汽输送图	每日 8:30	每日 10 点
9	全国地面形势图	每日	昨日同化、今日预报、未来 0～140 h	（WRF）地面流场+降水图	每日 8:30	每日 10 点

序号	接收预报指导产品名称	接收频率	指导产品时长	产品文件类型	接收产品时间	单位发布预报时间
10	500 hPa 形势图	每日	昨日同化、今日预报、未来 8～140 h	（WRF）500 hPa 高度场	每日 8:30	每日 10 点
11	700 hPa 形势图	每日	昨日同化、今日预报、未来 8～140 h	（WRF）700 hPa 相对湿度图、700 hPa 流场图	每日 8:30	每日 10 点
12	850 hPa 形势图	每日	昨日同化、今日预报、未来 24～140 h	（WRF）850 hPa 相对湿度图	每日 8:30	每日 10 点
13	地面形势图	每日	昨日同化、今日预报、未来 24～140 h	（WRF）地面流场+降水图	每日 8:30	每日 10 点
14	气象场格点数据	每日	未来 24 h（1 天）	2 m 温度空间分布图	每日 8:30	每日 10 点

3.1 CMAQ 模式预报和人工订正后预报与 AQI 实测值的相关性对比

2016 年全年共 366 天，CMAQ 模式预测 327 天，缺失 39 天，计算准确率时予以剔除，模式预测与实测比对有效天数 327 天。CMAQ 模式预测与 AQI 实测值做相关性分析，24 h 的 AQI 相关系数为 0.653 313，48 h 的 AQI 相关系数为 0.665 976，72 h 的 AQI 相关系数为 0.640 235，有一定的相关性。

2016 年全年共 366 天，人工订正后预测 354 天，漏报 12 天，计算准确率时予以剔除，人工订正后预测与实测比对有效天数 364 天。由于 2016 年人工订正后预测仅包括 24 h 和 48 h，故 72 h 未做分析。人工订正后预测与实测值 AQI 做相关性分析，24 h 的 AQI 相关系数为 0.767 37，48 h 的 AQI 相关系数为 0.702 648，有一定的相关性。

从上述分析可以看出，相比于 CMAQ 模式预测，人工订正后预测与 AQI 实测值的相关性，24 h 和 48 h 的 AQI 相关系数均略高，且两种预测结果显示 2016 年全年整体差异较小。

3.2 评估结果（包括模式和人工分析时间：2016 年全年）

评估指标定义选用城市 AQI 级别预报准确率 C_G（式 12.3）、城市 AQI 范围预报准确率 C_{AQI}（式 12.1）、首要污染物预报准确率 C_{PP}（式 12.5）作为常规业务预报评估。以上评估指标的定义与本书第 12 章的相关内容一致。

AQI 趋势预报准确率、空气质量级别预报偏高率、空气质量级别预报偏低率的计算方法分别如下：

AQI 趋势预报准确率的计算方法为：首先在 AQI 趋势判定中，以当日 AQI 值与前一日 AQI 值的差值是否大于、小于或包含于 10 为依据，对应其趋势为升高、下降或持平。趋势准确率选取的是滚动 3 天趋势的准确率判断，由于 3 天趋势准确率较低，故未选取更长时段的趋势予以评估。再判断 CMAQ 模式预测的 3 天趋势是否与实测的 3 天趋势一致，再统计符合要求的天数在全年中所占比例。

空气质量级别预报偏高率的计算方法为：首先判断 CMAQ 模式预测的污染级别是否与实测污染级别一致，对于污染级别不一致的天数，再判断模式预测的 AQI 值是否大于 AQI 实测值，再统计符合要求的天数在全年中所占比例。

空气质量级别预报偏低率的计算方法为：首先判断 CMAQ 模式预测的污染级别是否与实测污染级别一致，对于污染级别不一致的天数，再判断 CMAQ 模式预测的 AQI 值是否小于 AQI 实测值，再统计符合要求的天数在全年中所占比例。

3.2.1 例行预报

3.2.1.1 CMAQ 模式预报

对 CMAQ 模式预测的结果见表 49-2。

表 49-2　CMAQ 模式预报结果

评价指标	春季（3—5 月）			夏季（6—8 月）			秋季（9—11 月）			冬季（2016 年 1—2 月、2016 年 12 月）			2016 年全年		
	24 h	48 h	72 h	24 h	48 h	72 h	24 h	48 h	72 h	24 h	48 h	72 h	24 h	48 h	72 h
级别	51%	51%	49%	58%	60%	58%	35%	32%	30%	35%	31%	25%	44%	43%	40%
AQI 范围	39%	34%	34%	34%	36%	35%	18%	17%	18%	11%	14%	11%	25%	25%	24%
首要污染物	19%	17%	11%	23%	28%	25%	47%	52%	45%	49%	49%	48%	35%	35%	32%
趋势准确率（3 天）	11%	8%	0%	11%	6%	15%	9%	17%	14%	10%	8%	5%	10%	10%	8%
级别偏高率	22%	6%	18%	14%	11%	13%	51%	55%	53%	60%	57%	66%	36%	37%	38%
级别偏低率	28%	24%	33%	29%	29%	30%	14%	13%	17%	8%	11%	9%	20%	19%	22%

（1）城市 AQI 级别预报准确率 C_G

2016 年全年的城市 AQI 级别预报准确率 C_G 为 44%（24 h）、43%（48 h）和 40%（72 h），城市 AQI 级别预报准确率 C_G 最高的季节是夏季，为 58%（24 h）、60%（48 h）和 58%（72 h），城市 AQI 级别预报准确率 C_G 最低的季节是冬季，为 35%（24 h）、32%（48 h）和 30%（72 h）。

（2）城市 AQI 范围预报准确率 C_{AQI}

2016 年全年的城市 AQI 范围预报准确率 C_{AQI} 为 25%（24 h）、25%（48 h）和 24%（72 h），城市 AQI 范围预报准确率 C_{AQI} 最高的季节是春季，为 39%（24 h）、34%（48 h）和 34%（72 h），城市 AQI 范围预报准确率 C_{AQI} 最低的季节是冬季，为 11%（24 h）、14%（48 h）和 11%（72 h）。

（3）首要污染物预报准确率 C_{PP}

2016 年全年的首要污染物预报准确率 C_{PP} 为 35%（24 h）、35%（48 h）和 32%（72 h），首要污染物预报准确率 C_{PP} 最高的季节是冬季，为 49%（24 h）、49%（48 h）和 48%（72 h），首要污染物预报准确率 C_{PP} 最低的季节是春季，为 19%（24 h）、17%（48 h）和 11%（72 h）。

（4）AQI 趋势预报准确率

2016 年全年的 AQI 趋势预报准确率为 10%（24 h）、10%（48 h）和 8%（72 h），AQI 趋势预报准确率在各个季节差异较小。

（5）空气质量级别预报偏高率

2016 年全年的空气质量级别预报偏高率为 36%（24 h）、37%（48 h）和 38%（72 h），空气质量级别预报偏高率最高的季节是冬季，为 60%（24 h）、57%（48 h）和 66%（72 h），空气质量级别预报偏高率最低的季节是夏季，为 14%（24 h）、11%（48 h）和 13%（72 h）。

（6）空气质量级别预报偏低率

2016 年全年的空气质量级别预报偏低率为 20%（24 h）、19%（48 h）和 22%（72 h），空气质量级别预报偏低率最高的季节是夏季，为 29%（24 h）、29%（48 h）和 30%（72 h），空气质量级别预报偏低率最低的季节是冬季，为 8%（24 h）、11%（48 h）和 9%（72 h）。

CMAQ 模式预测的结果表明，在春、夏季城市 AQI 级别预报准确率 C_G 和城市 AQI 范围预报准确率 C_{AQI} 较高，在秋、冬季首要污染物预报准确率 C_{PP} 较高，在秋、冬季更容易预测偏高，在春、夏季更容易预测级别偏低。AQI 趋势预报准确率全年差异不大。

3.2.1.2 人工订正后预测

对人工订正后预测的结果见表 49-3。

表 49-3　人工订正后预报结果

评价指标	春季(3—5月)			夏季(6—8月)			秋季(9—11月)			冬季(2016年1—2月、2016年12月)			全年		
	24 h	48 h	72 h	24 h	48 h	72 h	24 h	48 h	72 h	24 h	48 h	72 h	24 h	48 h	72 h
级别	55%	58%	—	53%	52%	—	55%	43%	—	47%	40%	—	53%	48%	—
AQI 范围	49%	41%	—	40%	39%	—	44%	32%	—	21%	20%	—	39%	33%	—
首要污染物	64%	60%	—	74%	75%	—	56%	54%	—	80%	72%	—	72%	65%	—
趋势准确率(3 天)	5%	7%	—	3%	3%	—	0%	2%	—	2%	3%	—	3%	4%	—
级别偏高率	13%	14%	—	26%	22%	—	20%	26%	—	28%	31%	—	22%	24%	—
级别偏低率	32%	28%	—	21%	26%	—	25%	31%	—	26%	28%	—	26%	28%	—

注：由于 2016 年人工订正后预报仅包括 24 h 和 48 h，故 72 h 记作"—"。

（1）城市 AQI 级别预报准确率 C_G

2016 年全年的城市 AQI 级别预报准确率 C_G 为 53%（24 h）和 48%（48 h），城市 AQI 级别预报准确率 C_G 最高的季节是春季，为 55%（24 h）和 58%（48 h），城市 AQI 级别预报准确率 C_G 最低的季节是冬季，为 47%（24 h）和 40%（48 h）。

（2）城市 AQI 范围预报准确率 C_{AQI}

2016 年全年的城市 AQI 范围预报准确率 C_{AQI} 为 39%（24 h）和 33%（48 h），城市 AQI 范围预报准确率 C_{AQI} 最高的季节是春季，为 49%（24 h）和 41%（48 h），城市 AQI 范围预报准确率 C_{AQI} 最低的季节是冬季，为 21%（24 h）和 20%（48 h）。

（3）首要污染物预报准确率 C_{PP}

2016 年全年的首要污染物准确率为 72%（24 h）和 65%（48 h），首要污染物准确率最高的季节是冬季，为 80%（24 h）和 72%（48 h），首要污染物准确率最低的季节是秋季，为 56%（24 h）和 54%（48 h）。

（4）AQI 趋势预报准确率

2016 年全年的 AQI 趋势预报准确率为 3%（24 h）和 4%（48 h），AQI 趋势预报准确率最高的季节是春季，为 5%（24 h）和 7%（48 h），AQI 趋势预报准确率最低的季节是秋季，为 0%（24 h）和 2%（48 h）。

（5）空气质量级别预报偏高率

2016 年全年的空气质量级别预报偏高率为 22%（24 h）和 24%（48 h），空气质量级别预报偏高率最高的季节是冬季，为 28%（24 h）和 31%（48 h），空气质量级别预报偏高率最低的季节是春季，为 13%（24 h）和 14%（48 h）。

（6）空气质量级别预报偏低率

2016 年全年的空气质量级别预报偏低率为 26%（24 h）和 28%（48 h），空气质量级别预报偏低率最高的季节是春季，为 32%（24 h）和 28%（48 h），空气质量级别预报偏低率最低的季节是夏季，为 21%（24 h）和 26%（48 h）。

人工订正后预测的结果表明，城市 AQI 级别预报准确率 C_G 和城市 AQI 范围预报准确率 C_{AQI} 在冬季较低，在夏、冬季首要污染物预报准确率 C_{PP} 较高，冬季人工订正后预测级别偏高，春季人工订正后预测级别偏低。AQI 趋势预报准确率全年差异不大且差。

3.2.2　重污染过程预报

重污染过程预报见表 49-4。

表 49-4　重污染过程预报

序号	过程实际持续时间	过程预报持续时间	实际污染程度	预测污染程度	评估结论	备注
1	2016.11.13—2016.11.18	2016.11.19—2016.11.22	6天连续重度至严重污染	6天连续轻度至重度污染	污染过程捕捉较准确，过程中段预报级别偏低，预测污染天数与重污染过程天数一致	整个污染过程中天气静稳，扩散条件逐渐改善，污染过程结束
2	2016.12.7—2016.12.20	2016.12.5—2016.12.19	14天连续重度至严重污染	15天连续重度至严重污染	污染过程捕捉较准确，过程前段预报级别偏高，首要污染物判断有误，预测污染天数比重污染过程天数多一天	整个污染过程中静稳天气，以降水、降温过程结束本次污染过程

4　总结

上述结果显示，人工订正后预测结果在城市 AQI 级别预报准确率 C_G、城市 AQI 范围预报准确率 C_{AQI}、首要污染物预报准确率 C_{PP}、空气质量级别预报偏高率和空气质量级别预报偏低率上基本上都优于 CMAQ 模式预测，说明经过人工订正后，各项准确率均有不同程度的提高，也说明了在模式预测的基础上进行人工订正的必要性。

4.1　CMAQ 模式预测小结

　　CMAQ 模式预测对个别污染物存在显著的高估或低估现象。以污染级别为例，对良、轻度污染级别存在低估，对重度污染、严重污染级别存在高估。以 CMAQ 模式预测的 24 h AQI 范围为例，2016 年全年预测范围为 47～500，其中 AQI 大于 300 的天数共 24 天，AQI 为 500 的有 9 天；AQI 实测范围为 35～458，其中大于 300 的天数共 9 天，AQI 为 500 的有 0 天。以 CMAQ 模式预测的首要污染物为例：对 SO_2 存在明显的高估现象。2016 年全年共预测 SO_2 为首要污染物 75 天，实测 SO_2 为首要污染物 0 天；对 PM_{10} 存在明显的低估现象，以 CMAQ 模式预测的 24 h 首要污染物为例，2016 年全年共预测 PM_{10} 为首要污染物 0 天，实测 PM_{10} 为首要污染物 119 天。上述情况可见，CMAQ 模式预测在污染级别、AQI 范围、首要污染物均存在较大的误差。

　　近年来由于全市范围内的锅炉改造，SO_2 的污染情况已得到明显改善，已经不是西安本地主要的首要污染物。而西安作为西北内陆地区的城市，颗粒物污染较重，在 CMAQ 模式预测结果中，没有以 PM_{10} 为首要污染物的天数，显然与实际情况差异很大。说明污染源清单陈旧和经济新常态的影响，中国环境监测总站下发的 CMAQ 模式预测在关中盆地内主要城市存在系统性的模拟偏高，预报产品的可信度较差，不能很好地发挥出 CMAQ 数值模式预报作用。

4.2　人工订正后预测结果小结

　　人工订正后预测结果，在级别准确率上最差的季节为冬季。冬季是西安市污染最严重的季节，以颗粒物为首要污染物的重污染过程频发，人工订正后预测的级别准确率低于其他季节，说明预报人员对于冬季污染较严重或重污染过程的级别预测、判断仍存在欠缺，对污染级别加重或减轻的判断能力弱于污染较轻的季节。从级别偏高率上可以看出，冬季是全年级别偏高率最高的季节，说明冬季的级别准确率较差主要是预报污染级别偏高，即预报员对颗粒物污染存在高估。由于西安站目前与西安市气象台的会商机制为通过 QQ 群共享天气信息，市气象台提供的天气信息仅包括未来三天天气状况（包括当天在内）、风力、风向、能见度、湿度及扩散条件的预测，不能满足空气质量预报业务的需求，且无实况天气数据补充评估，再加上西安冬季经常出现静稳天气形势，容易造成本地污染物的累积，在这种情况下污染物扩散条件对空气质量的影响尤为重要，所以不能判断和掌握污染物扩散条件是冬季级别准确率上最差（级别偏高）的主要原因。

　　人工订正后预测结果，在 AQI 范围准确率上最差的季节为冬季，西安冬季为煤烟型污染，当出现重污染天气时，污染级别常为重度污染至严重污染，AQI 变化范围跨度较大，造成了冬季 AQI 范围准确率较低。目前 AQI 范围准确率的计算方法为：首先判断人工订正后预测的 AQI 范围的中值是否在 AQI 实测值的 ±15 范围内，再统计符合要求的天数在全年中所占比例。这种评估方法用于冬季容易出现重污染的城市及地区，会很大地影响 AQI 范围准确率。

人工订正后预测结果，首要污染物准确率在秋季最差，在秋季主要的首要污染物类型有 4 种，且所占天数较平均，污染情况复杂。在模式下发的预报以及预报员凭经验订正后预报的结果均不能很好地预测出首要污染物的类型，准确预测 24 h 和 48 h 的首要污染物成为一个难点。

而在趋势准确率上，人工订正后预测差于 CMAQ 模式预测，反映出人工订正后预测在中长期趋势预测上的不足。导致这种结果的原因，一方面目前气象实测数据获取困难，可参考的气象资料较少主要为中央气象台的扩散条件预报以及天气预报，缺少获取实时气象数据的渠道，完全依赖预报员的肉眼观测天气变化，预报人员对于污染物扩散条件分析仍存在困难，同时现有预报人员主要为原从事空气质量自动监测的相关专业，专业知识上仍有欠缺；另一方面在人工对模式预测结果的订正方式上，目前西安市站的预报方式为，于每日上午 10 时左右完成对模式预报结果的订正，尚未形成随实况和天气、扩散条件变化的来修改预报结果的预报机制。

4.3 存在的问题

目前对于西安市空气质量预测、预报结果的评估表明，预报工作当中主要存在以下问题：多模式数值预报产品的本地化程度不高；空气质量短时变化的实况气象数据的获取问题；预报员缺乏对数值模式中气象预报产品的分析能力；预报员的短期趋势预报经验不足；预报员的专业背景难以满足预报业务需求等。

（王帆）

第50章 兰州市2016年6月至2017年5月预报评估

1 概况

1.1 地理气候条件

兰州是甘肃省省会城市，地处中国陆地版图的几何中心。西接青藏高原、河西走廊，北临蒙古高原，具有典型的陇中黄土高原地貌。城市境内沟壑纵横，植被覆盖率低，地形复杂多山，黄河自西向东穿城而过，而城区就建设于黄河河谷盆地中。

兰州位于我国季风区和非季风交界带上，属温带大陆性气候。日照强，降水少，年降水量约360 mm且多集中于夏季，而蒸发量为降水量3倍之多，属于半干旱区。整体气候干燥凉爽，冬无严寒，夏无酷暑，春夏之交常有沙尘天气。

兰州市区具有明显的带状盆地城市特征，市区东西长约30 km，而南北最窄处仅为5 km左右，南北群山环绕，黄河自西南向东北穿城而过。因周边多山，市区风力较小，空气流通不畅，静风频率高达50%以上，年均风速仅0.76 m/s，市区常年盛行沿黄河河谷倒灌的东北风。持久而深厚的逆温层常年笼罩于城市上空，配合山谷风、河谷风等局地气象条件极易形成严重污染，十分不利于本地污染的扩散（见图50-1）。

综上所述，兰州市的地理气候环境导致本地的污染扩散条件很差，加之上游地区时常带来输入性沙尘，令本地空气质量雪上加霜，给空气质量预报工作带来很大挑战。

1.2 城市污染

近年来兰州市政府对治理大气污染投入巨大，取得了可观的成效，空气质量得到了明显改善。然而随着经济的快速发展，兰州市区规模不断扩展、人口快速增加、交通日益拥堵，各类工业排放和生活排放仍在持续增加中，加之沙尘天气等不可控因素的影响，兰州市空气质量仍有恶化的危险，大气污染治理面对的压力还在持续增加。

据统计，2014年至2016年年底，兰州市共出现48天优、716天良、270天轻度污染、43 天中度污染、5 天重度污染、13 天严重污染，其中轻度污染及以上的天数多达总天数的 1/3（见图 50-2）。

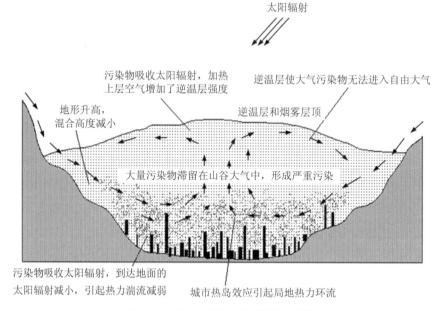

图 50-1　兰州市的特殊地形和污染形势

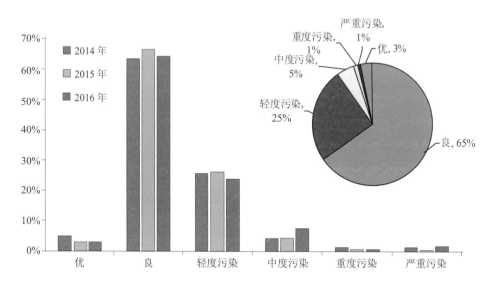

图 50-2　2014—2016 年兰州市空气质量级别比率图

通过统计兰州市近几年的大气污染情况，可以得出以下结论。

1.2.1 日变化大

兰州市六项污染物的日变化幅度较大，其中 PM_{10}、$PM_{2.5}$、NO_2 的浓度日变化曲线常年存在双峰-双谷结构，O_3 在夏秋季节易出现单峰-单谷结构。

兰州市环境监测站需按国家规定在北京时间下午 3 点之前上报空气质量预报产品，而该时段一般处于污染物的第二个高峰爆发前，预报员需要根据自身经验和当日扩散条件对后续峰值做出预估。当出现沙尘等重污染天气时，PM_{10} 的浓度短时间内可以发生几倍甚至几十倍的变化，这给我们的预报工作带来了巨大的挑战。

1.2.2 季节变化明显

图 50-3 为 2014—2016 年的空气质量级别分季节统计，可以看出兰州市空气质量各季节差异明显：其中夏季最好，优良天数最多，春季次之，采暖期（11 月至次年 3 月）空气质量最差，且轻度及以上污染主要集中在秋冬季节。

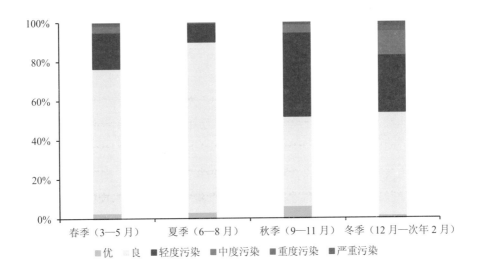

图 50-3　2014—2016 年兰州市空气质量级别分季节比率图

1.2.3 污染物年际变化大

受兰州市大气污染治理、产业结构调整和极端天气增多等诸多因素的影响，近年来兰州市六项污染物的浓度和城市首要污染物发生了一些变化，SO_2 未作为首要污染物出现，CO 作为首要污染物出现只有一天，因此下文着重分析 PM_{10}、$PM_{2.5}$、NO_2 和 O_3 四项污染物。由图 50-4 可以看出，近三年兰州市的首要污染物呈现出颗粒物逐渐减少而气体污染逐年增加的趋势。

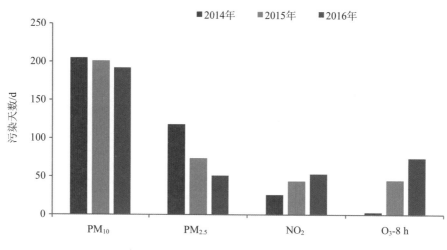

图 50-4　2014—2016 年兰州市首要污染物变化趋势

首先是春季 O_3 污染逐渐加剧，2014 年 1 月至 5 月首要污染物为 O_3 的天数共 2 天，2015 年同期增至 11 天，2016 年同期增至 20 天，截至 2017 年 5 月底共 25 天；再者是以 $PM_{2.5}$ 为主的重雾霾天气明显减少；最后是受沙尘天气影响，出现的重污染过程有所反复，近年来有所增多。

1.2.4　首要污染物变化复杂

随着兰州市区交通状况的日益拥堵和产业结构的逐渐调整，加之大气污染治理导致污染物排放量和综合污染指数的变化，近年来兰州市首要污染物变化较为复杂。统计显示，六项污染物中首要污染物为 PM_{10} 的天数占比高达一半，且在各季节出现的频率较为均匀；其次为 $PM_{2.5}$，其活跃期主要为冬季，受采暖期影响（采暖期为 11 月至次年 3 月），秋冬季节首要污染物为 $PM_{2.5}$ 的天数约占全年 80%；NO_2 和 O_3 各占比 11% 左右，由于城市内的汽车和工业排放常年较为稳定，因此 NO_2 四季分布也较为均匀；O_3 作为首要污染物的季节主要集中在夏季，兰州地处高原地区，夏季光照时间长加之静风天气形势，极利于 O_3 的生成（见图 50-5）。

在春秋等过渡季节，由于气象条件的转变加之采暖期等因素，导致首要污染物变化复杂。常出现多项污染物指数接近的情况，预报员往往难以做出准确决断。

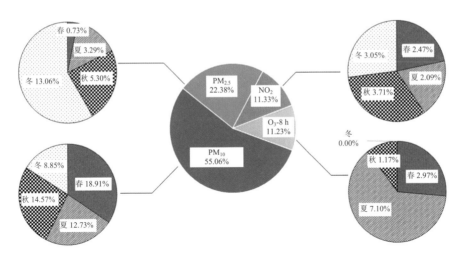

图 50-5　2014—2016 年兰州市各项污染物占比及其季节分布

2　空气质量预报评估方法

2.1　评估方法

预报工作中，现有的预报产品有模式预报产品和人工订正产品，主要包括未来七天的 AQI 指数、空气质量级别、首要污染物以及空气质量变化趋势。模式预报结果评估手段主要有城市 AQI 范围预报准确率 C_{AQI}（式 12.1）、城市 AQI 级别预报准确率 C_G（式 12.3）、城市 AQI 分级别预报准确率 C_{G-i}（式 12.4）、首要污染物预报准确率 C_{PP}（式 12.5）；人工订正结果评估手段主要有城市 AQI 范围预报准确率 C_{AQI}（式 12.1）、城市 AQI 级别预报准确率 C_G（式 12.3）、首要污染物预报准确率 C_{PP}（式 12.5）、城市空气质量级别预报偏高率 C_{GH}（式 12.8）、城市空气质量级别预报偏低率 C_{GL}（式 12.9）。

2.2　其他评估方法

实际预报工作中，预报员往往会遇到这样的问题：在天气形势不稳定，AQI 值起伏较大的情况下，预报员对天气形势做出了较为准确的把握，但由于资料缺失或时间紧迫等原因，对于 AQI 范围把握出现较小偏差。例如：前一天污染物浓度爆表，指数达到 500，预报员分析后一天扩散形势极好，指数大幅好转，预报 AQI 范围为 101～131，次日污染形势确实好转，但指数却为 95。这种情况下，预报员对于形势的把握是准确的，但 AQI 范围和级别的预报都不准确。因此，兰州站在预报工作中总结摸索，提出了 AQI ±10 准确率。经统计 2016 年全年有 1/4 的时间，预报 AQI 范围十分接近实况，误差在

10 个 AQI 点数以内，这是我们今后重点改进的部分，将这一部分的预报准确率提升起来，会使整体预报水平提升很多。

3　空气质量预报评估

3.1　模式预报评估

兰州市环境监测站空气质量预报预警室一共建立了四套数值预报模式（分别为 NAQPMS、CAMx、CMAQ 和 WRF-Chem）和两套统计模式（动力统计和神经网络），数值模式于 2016 年 9 月开始试运行，统计模式于 2016 年 5 月开始试运行。为了便于比较，统一选取两类模式在 2017 年 1—12 月之间的各项指标预报准确率，具体见表 50-1～表 50-3。

表 50-1　模式预报产品的 24 h 预报准确率

采用模式		城市 AQI 范围预报准确率 C_{AQI}	城市 AQI 分级别预报准确率 C_{G-i}						城市 AQI 级别预报准确率 C_G	首要污染物预报准确率 C_{PP}
			一级	二级	三级	四级	五级	六级		
数值模式	NAQPMS	22.13%	66.67%	78%	6.09%	8.33%	0%	0%	49.72%	32.33%
	CAMx	29.33%	16.67%	82.16%	6.96%	8.33%	0%	0%	51.82%	27%
	CMAQ	33.15%	16.67%	88.73%	9.73%	0%	0%	0%	56.62%	22.67%
	WRF-Chem	14.79%	0%	81.82%	2.44%	0%	无	0%	51.77%	21.35%
统计模式	动力统计	21.97%	33.33%	53.81%	21.74%	0%	0%	0%	39.55%	30%
	神经网络	42.41%	33.33%	76.19%	16.36%	0.333 333%		44.44%	53.87%	57%

表 50-2　模式预报产品的 48 h 预报准确率

采用模式		城市 AQI 范围预报准确率 C_{AQI}	城市 AQI 分级别预报准确率 C_{G-i}						城市 AQI 级别预报准确率 C_G	首要污染物预报准确率 C_{PP}
			一级	二级	三级	四级	五级	六级		
数值模式	NAQPMS	24.09%	50%	77.36%	8.70%	8.33%	0%	0%	50.00%	31%
	CAMx	29.05%	16.67%	85.92%	5.22%	16.67%	0%	0%	53.78%	23.67%
	CMAQ	34.55%	0%	94.84%	3.54%	0%	0%	0%	58.03%	20%
	WRF-Chem	17.73%	0.00%	83.91%	0.00%	0.00%	无	0%	52.14%	18%
统计模式	动力统计	23.73%	16.67%	53%	20.87%	8.33%	0%	0%	38.53%	35%
	神经网络	33.71%	0%	76.67%	7.27%	8.33%	0%	0%	48.71%	56%

表 50-3　模式预报产品的 72 h 预报准确率

采用模式		城市 AQI 范围预报准确率 C_{AQI}	城市 AQI 分级别预报准确率 C_{G-i}						城市 AQI 级别预报准确率 C_G	首要污染物预报准确率 C_{PP}
			一级	二级	三级	四级	五级	六级		
数值模式	NAQPMS	21.01%	66.67%	75.47%	8.70%	0%	0%	0%	48.88%	—
	CAMx	29.05%	16.67%	83%	6.96%	25%	0%	0%	52.66%	—
	CMAQ	31.46%	0%	88.68%	4.39%	8.33%	0%	0%	54.65%	—
	WRF-Chem	20.71%	20.00%	80.68%	2.56%	0%	无	0%	52.52%	—
统计模式	动力统计	21.41%	16.67%	53.81%	18.26%	0%	0%	0%	38.14%	—
	神经网络	32.57%	0%	76.92%	22.32%	0%	0%	0%	53.01%	—

表 50-4　人工订正产品的预报准确率

		城市 AQI 范围预报准确率 C_{AQI}	城市 AQI 级别预报准确率 C_G	城市空气质量级别预报偏高率 C_{GH}	城市空气质量级别预报偏低率 C_{GL}	首要污染物预报准确率 C_{PP}
未剔除沙尘	24 h	58.75%	88.25%	4.25%	6.5%	86.25%
	48 h	54.75%	82.5%	3.5%	12%	84.25%
剔除沙尘	24 h	61.25%	92.25%	1.25%	6.75%	83.5%
	48 h	58%	88.25%	0.85%	7.5%	81%

　　数值模式的城市 AQI 范围预报准确率整体偏低，集中分布在 20%～30%；其中 CMAQ 模式最优，24 h、48 h 和 72 h 的预报准确率可达 30%以上，WRF-Chem 相对较差，24 h 和 48 h 的预报准确率低于 18%；两个统计模式相较之下，神经网络较好，其 24 h 的预报准确率达到 42%。纵观所有模式，神经网络模式 24 h、48 h、72 h 的城市 AQI 范围预报准确率皆为最优。

　　六种模式的城市 AQI 级别预报准确率较为一致，都在 50%左右。观察城市 AQI 分级别预报准确率，发现六种模式在良的级别内预报效果较好，可以达到 70%～90%，对中度以上的重污染天气预报效果不佳，说明模式很难体现出污染过程。

3.2　人工订正评估

　　由表 50-4 数据可知，无论剔除沙尘天气与否，总体来说，城市 AQI 范围预报准确率、首要污染物预报准确率、城市 AQI 级别预报准确率，都是人工预报优于统计预报、统计预报优于数值预报，且人工订正产品的 24 h 准确率要普遍高于 48 h 准确率。剔除沙尘天气后，人工订正的 AQI 范围和空气质量级别的预报准确率有所提升，由此来看，沙尘天气对于兰州市空气质量预报的影响较为明显。

3.3　模式预报与人工订正比较

由表 50-1 至表 50-4 的数据可知，目前人工预报在各项指标上普遍好于模式预报。这主要有以下几点原因：

（1）得力于兰州市环境监测站预报室科室上下的严谨工作作风和长期以来对于基础知识的扎实学习和培养，以及善于总结经验教训的良好工作制度。

（2）兰州市的空气质量预报数值模式系统建立时间不长，尚未进行很好的优化和调整，还有很大进步空间；本地高分辨率污染源清单尚未建设好，现有的源清单分辨率较低且代表性不足，待新的源清单正式投入到模式运行中将大大提高预报准确率。

（3）人工预报仍然从模式预报产品中获益良多。通过预报员的长期观察发现，数值模式对空气质量的变化趋势把握较准，统计预报在静稳天气下对 AQI 值的范围把握较好。实际工作中预报员都要借助两种模式的各自优点来调整预报结果，人工预报的良好结果中其实包含了模式预报的成果。

4　重污染过程预报评估

4.1　模式预报评估

如果将日均 AQI 实测值大于 200 的情况定义为重污染过程，兰州市 2017 年 1 月至 12 月出现了 6 次污染过程，共计 19 天，其中一次首要污染物为 $PM_{2.5}$，其余均以 PM_{10} 为首要污染物。具体信息见表 50-5。

表 50-5　2017 年污染过程列表

持续时间	首要污染物	最高污染级别
1 月 2—5 日	$PM_{2.5}$	重度污染
1 月 19—20 日	PM_{10}	重度污染
1 月 25—28 日	PM_{10}	严重污染
4 月 17—18 日	PM_{10}	严重污染
5 月 4—6 日	PM_{10}	严重污染
12 月 28—31 日	PM_{10}	严重污染

根据表 50-6，首先计算命中（h）、空报（f）、漏报（m）、识别（c）的天数，然后根据式（50.1）～式（50.3）计算重污染预报的命中率（POD）、空报率（FAR）、漏报率（MAR），评估模式对重污染过程的预报能力。

表 50-6　重污染预报的判断

预报 ＼ 观测	重污染	无重污染
重污染	h	f
无重污染	m	c

$$重污染命中率 POD = \frac{h}{h+m} \qquad (50.1)$$

$$重污染空报率 FAR = \frac{f}{h+f} \qquad (50.2)$$

$$重污染漏报率 MAR = \frac{m}{h+m} \qquad (50.3)$$

由表 50-7 和表 50-8 可以看出，六种模式对于重污染过的预报皆不理想，其中最好的是统计模式，对重污染过程 24 h 预报的命中率可以达到 36%。

表 50-7　重污染过程预报性能评估（24 h）

模式名称	重污染预报列联表/天				重污染预报评估		
	命中 h	空报 f	漏报 m	识别 c	命中率（POD）	空报率（FAR）	漏报率（MAR）
NAQPMS	0	1	11	344	0.00%	100.00%	100.00%
CAMx	0	0	11	346	0.00%	—	100.00%
CMAQ	0	0	11	344	0.00%	—	100.00%
WRF-Chem	0	0	3	138	0.00%	—	100.00%
动力统计	0	5	11	338	0.00%	100.00%	100.00%
神经网络	4	1	7	336	36.36%	20.00%	63.64%

表 50-8　重污染过程预报性能评估（48 h）

模式名称	重污染预报列联表/天				重污染预报评估		
	命中 h	空报 f	漏报 m	识别 c	命中率（POD）	空报率（FAR）	漏报率（MAR）
NAQPMS	0	1	11	344	0.00%	100.00%	100.00%
CAMx	0	0	11	346	0.00%	—	100.00%

模式名称	重污染预报列联表/天				重污染预报评估		
	命中 h	空报 f	漏报 m	识别 c	命中率（POD）	空报率（FAR）	漏报率（MAR）
CMAQ	0	0	11	344	0.00%	—	100.00%
WRF-Chem	0	0	3	137	0.00%	—	100.00%
动力统计	0	5	11	337	0.00%	100.00%	100.00%
神经网络	0	0	11	338	0.00%	—	100.00%

4.2 人工订正评估

2016 年 6 月至 2017 年 5 月出现重度污染及以上共 12 天，其中 3 天重度污染，9 天严重污染；首要污染物除一天重度污染为 $PM_{2.5}$，其余全为 PM_{10}。具体信息见表 50-9。

表 50-9 2016 年 6 月至 2017 年 5 月的重度污染过程列表

日期	日均 AQI	首要污染物	级别
2016 年 11 月 10 日	500	PM_{10}	严重污染
2016 年 11 月 11 日	460	PM_{10}	严重污染
2016 年 11 月 18 日	343	PM_{10}	严重污染
2016 年 12 月 21 日	203	PM_{10}	重度污染
2017 年 1 月 4 日	202	$PM_{2.5}$	重度污染
2017 年 1 月 19 日	235	PM_{10}	重度污染
2017 年 1 月 25 日	500	PM_{10}	严重污染
2017 年 1 月 26 日	500	PM_{10}	严重污染
2017 年 4 月 17 日	464	PM_{10}	严重污染
2017 年 4 月 18 日	500	PM_{10}	严重污染
2017 年 5 月 4 日	406	PM_{10}	严重污染
2017 年 5 月 5 日	500	PM_{10}	严重污染

这 12 天重污染天气可划分为 8 次污染过程，除 2017 年 1 月 4 日的重度污染过程是由于 $PM_{2.5}$ 超标造成，剩余 7 次均由沙尘天气造成。由表 50-10 分析可以看出，预报员对 5 次沙尘天气过程都做出了较为准确的定性预报，预测将出现沙尘天气。但对其强度的把握均有偏差，沙尘输入时间的偏早或偏晚、输入沙尘浓度的偏低或偏高都会对预报结果产生量的影响。

表 50-10　重污染过程的预报评估

序号	过程实际持续时间	过程预报持续时间	实际污染程度	预测污染程度	评估结论
1	11月10日01时至13日21时	11月10日午后至14日夜间	10日500 11日460 12日165 13日158 14日123	10日105~135 11日401~461 12日230~290 13日151~181 14日151~181	预报沙尘入侵时间偏晚，沙尘入侵浓度预估偏低
2	11月18日17时至19日17时	18日傍晚冷空气入侵，带来轻浮尘	18日342 19日187	18日101~131 19日440~500	预报沙尘入侵时间较准确，受上一次过程影响浓度预估偏高
3	12月20日18时至21日17时	未考虑沙尘	20日180 21日203	20日155~210 21日105~135 22日135~165	未能准确把握此次沙尘过程
4	1月4日	考虑逆温较强，PM$_{2.5}$累计恶化	4日202 PM$_{2.5}$	4日145~175	对PM$_{2.5}$恶化程度把握不够，预报程度偏轻
5	1月19日00时至20日19时	未考虑沙尘	19日235 20日135	19日75~105 20日140~170 21日115~145	考虑持续东北风冷空气净化作用
6	1月25日21时至26日20时	考虑25日夜间出现输入性沙尘天气，主要影响26日，维持至27日	25日500 26日500 27日156	25日135~175 26日440~500 27日190~250	沙尘入侵时间预报较为准确，入侵沙尘浓度预估偏低，沙尘结束时间预估准确，但考虑除夕夜影响，结果偏高
7	4月17日19时至19日0时	18日可能出现轻浮尘天气	17日464 18日500 19日66	17日90~30 18日95~125 19日270~330	沙尘入侵时间偏晚，入侵沙尘浓度偏轻
8	5月3日14时至6日16时	3日午后出现输入性沙尘，4日午后出现新一波沙尘天气，6日好转	3日181 4日406 5日500 6日170	3日130~160 4日140~170 5日440~500 6日175~235	3日沙尘入侵时间把握准确，沙尘入侵浓度偏高；4日入侵沙尘浓度把握偏低

4.3　对重污染天气预报评估的建议

通过统计分析发现，重污染过程普遍存在污染物的急剧恶化，其污染物浓度在时间序列上存在一个突变现象，导致目前的重污染天气预报中，定性预报可以实现，但定量预报却难以精准。因此，重污染过程的预报评估应与常规预报评估方式有所区分。

下面提出一种新的重污染天气评估方法：假设一次重污染过程预报总分为 10 分，其中定性预报占 5 分，包括对重污染天气是否发生做出预报（评价标准见表 50-11）；定量预报占 5 分，包括对重污染天气的起始时间、结束时间和污染物浓度把握。一个时间段内的总分与重污染次数比值可用来衡量预报员预报重污染天气的平均水平。

表 50-11　重污染过程预报的定性判断

		预报结果	
		发生	不发生
污染实况	发生	5	0
	不发生	0	5

5　总结

特殊的地理气候条件致使兰州市大气污染扩散条件十分不利，并时常遭受沙尘天气的威胁；而快速发展的经济和不断调整的产业结构致使兰州市污染物浓度和组分呈现出复杂的变化；兰州站数值模式平台构建时间较短、调优尚不成熟，源清单还未到位。在这种不利的客观条件下，兰州市空气质量预报工作主要依赖于预报员的人工订正预报。

即便如此，近一年来兰州市空气质量预报工作依然取得了较好的成果，各项预报准确率指标相对较好。当然我们也还存在很多不足，与国内先进的兄弟省市站存在差距。在此就兰州市空气质量预报一年来的成败得失做一总结：

（1）预报员团队的培养十分关键。在可预见的未来，模式预报都不能完全取代人工预报，培养一个优秀的预报员团队十分重要。兰州市站通过聘请气象专家，加强与气象部门合作，招录各专业年轻人才，主动开展站内学习等方法逐步提高预报员队伍的知识素养和工作能力。今后我们还将向业界优秀人才看齐，着力提升应对复杂天气、数值模式运维、计算集群调度的能力，尽快弥补业务能力的短板。

（2）数值模式需要不断完善。数值模式调优和源清单持续更新是我们要长期坚持的工作。当前我们建立了较为完善的数值模式和统计模式平台，但苦于缺乏独立调优和运维的能力，致使模式系统不能完全发挥出应有的价值。今后将致力于提升模式系统的调整优化。

（3）要加强重污染天气预报预警。重污染天气预报始终是一大难点。要提升对重污染天气的预报预警能力，需要预报员加强气象知识和经验的积累，需要数值模式的调优和完善，需要更广泛的污染和气象监测资料。这个过程不能一蹴而就，需要广大环保人持之以恒的努力。

（4）好的制度是保障。良好的顶层设计对发挥整个预报员团队的能量十分关键。目前兰州站已经建立了一整套的业务规章制度，使整个预报预警工作有序开展。下一步将探讨如何完善包括预报评估制度、业务学习制度、定时回顾总结制度等在内的这一整套规章制度，使预报预警工作可以良性发展。

兰州市正处于经济快速发展的时期，产业结构和污染排放每年都有变化；其次地方政府对环保工作的高度重视，各种决策因素也从不同层面影响着大气污染结构；再者，兰州是气象要素年较差较大的城市，不同季节和时间段，气象条件变化很大。因此，兰州市的污染物特征和规律不断变化、十分复杂，对于从事预报工作尚短的我们来说急需掌握天气变化规律，不断积攒预报经验，不断调整预报思路，以便应对复杂多变的空气污染形势。

（韩文宇、张静、王彦锋、马琼、谭立、高紫璇）

第 51 章 苏州市 2016 年预报评估

1 概况

1.1 自然环境概况

苏州市位于江苏省的东南角，长江三角洲的中部，东邻上海，南连浙江省嘉兴、湖州两市，西傍太湖与无锡相接，北隔长江与南通相望。苏州市东西跨经度 1°25′，长约 140 km 左右，南北跨纬度 1°15′，宽约 120 km。苏州市区地处太湖之滨，京杭运河与娄江的交汇处，东距上海 80 余 km，西离南京 200 余 km，沪宁铁路、京沪高速铁路贯穿东西。

苏州属北半球亚热带湿润气候。冬季干冷少雨，夏季温暖湿润，四季分明，降水充沛，无霜期长。季风变化明显，冬季以西北风及东北风为主，频率占一半以上；春季东南风盛行；夏季多半为东南风。通常，春季为 3—5 月，夏季为 6—8 月，秋季为 9—11 月，冬季为 12 月—次年 2 月，冬夏季较长，而春秋季较短。

1.2 城市污染情况概述

2016 年，苏州市区环境空气质量达标天数比例为 69.0%，超标 113 天，其中 $PM_{2.5}$、O_3 和 NO_2 为首要污染物的天数分别为 52 天、51 天和 11 天。夏季空气质量略优于春、秋、冬季，冬季污染相对较重。O_3 浓度在春、夏季较高，秋、冬季较低；$PM_{2.5}$ 和 PM_{10} 浓度受自然因素和人为因素影响较为明显，冬季最高，夏季最低。

2016 年，苏州市区环境空气 $PM_{2.5}$ 浓度年均值为 46 μg/m³，PM_{10} 浓度年均值为 72 μg/m³，NO_2 浓度年均值为 51 μg/m³，均超过《环境空气质量标准》（GB 3095—2012）二级标准限值，年均浓度超标倍数分别为 0.29、0.07 和 0.05，SO_2 和 CO 年评价值浓度低于标准限值。2016 年苏州市区环境空气 O_3 日最大 8 h 滑动平均值的第 90 百分位数浓度为 167 μg/m³，年评价值均超过《环境空气质量标准》（GB 3095—2012）和《环境空气质量评价技术规范（试行）》（HJ 663—2013）二级标准限值。

1.3 空气质量预报情况

2011 年，苏州市引进中科院大气物理研究所王自发研究员具有独立知识产权的 NAQPMS 数值预报系统。硬件配置采用两台 3850 服务器组成 3950 服务器。NAQPMS 是中科院大气物理研究所研制的"嵌套网格空气质量预报模式系统"，由四个子系统组成，分别为基础数据系统、中尺度天气预报系统、空气污染预报系统和预报结果分析系统。2012 年，该系统通过专家验收，在苏州市环境监测中心站五楼计算机机房内稳定运行。2015 年完成业务化和自动化平台开发。目前，苏州市环境空气质量预报工作按照国家及江苏省相关要求开展，预报方法主要参考《空气质量预报技术指南》，以及利用国家、长三角区域中心及江苏省提供的预报产品，并结合本地数值模式预报结果及预报员经验，开展相关空气质量预报工作。

2 日常例行预报评估

根据 2016 年每日例行人工预报结果进行评估，见表 12-1，评估指标主要包括 AQI 预报评估（式 12.1 和式 12.2）、AQI 级别预报评估（式 12.3 和式 12.4）、首要污染物预报评估（式 12.5）、AQI 趋势预报评估（式 12.6）和 AQI 级别预报偏差（式 12.8 和式 12.9）。

2.1 AQI 预报评估

2016 年，城市 AQI 范围 24 h 和 48 h 预报准确率分别为 53.4%和 37.3%。不同季节预报准确率差异总体较小，其中，春秋季准确率相对略高，夏季准确率相对略低，24 h 和 48 h 预报准确率分别为 47.8%和 29.3%。城市 AQI 范围分级别预报准确率差异表现为：当实况为一级（优）时，预报准确率略高，24 h 和 48 h 预报准确率为 74.5%和 46.8%；伴随空气质量实况等级的升高，24 h 和 48 h 预报准确率依次降低，空气质量实况为二级（良）的 24 h 和 48 h 预报准确率分别为 58.2%和 41.3%。

2.2 AQI 级别预报评估

2016 年，城市 AQI 级别 24 h 和 48 h 预报准确率分别为 83.6%和 73.2%。不同季节预报准确率差异表现为：秋季准确率较高，24 h 和 48 h 预报准确率分别达到 90.1%和 83.5%；夏季准确率较低，24 h 和 48 h 预报准确率分别为 72.8%和 63.0%。城市 AQI 分级别预报准确率差异表现为：当空气质量实况为二级（良）时准确率较高，24 h 和 48 h 预报准确率分别达到 93.4%和 88.3%；当空气质量实况为一级（优）或三级（轻度污染）

时，预报准确率在 50%～80%；空气质量实况为四级（中度污染）的 24 h 和 48 h 预报
准确率相对较低，2016 年冬季出现一次重度污染，24 h 和 48 h 均出现漏报。

2.3　首要污染物预报评估

2016 年，首要污染物 24 h 和 48 h 预报准确率分别为 47.5% 和 46.2%。不同季节预
报准确率差异性表现为：冬、夏两季预报准确率相对较高，24 h 和 48 h 预报准确率均在
60% 左右；春、秋两季准确率相对较低，在 20%～40% 范围内。分析原因，春秋季属于
过渡性季节，大气环流开始发生系统性的调整，春季北方多沙尘天气，受传输影响，一
年之中 PM_{10} 为首要污染物的天气多发生在此期间，同时气温回升，大气扩散条件转好，
环境空气中颗粒物浓度下降，O_3 和 NO_2 也开始逐渐成为首要污染物，打破了冬季首要
污染物是 $PM_{2.5}$ 一家独大的局面；秋季气温开始下降，早晚多逆温天气，尤其进入 11 月
份，静稳天气多发，首要污染物往往在 NO_2 和颗粒物间转换，预报难度较大。

2.4　AQI 趋势预报评估

2016 年，AQI 趋势 24 h 和 48 h 预报准确率分别为 55.4% 和 51.2%。不同季节预报
准确率基本在 50% 左右，48 h 预报准确率略低于 24 h 预报准确率。

2.5　AQI 级别预报偏差

2016 年，城市空气质量级别 24 h 和 48 h 预报偏高率分别为 5.5% 和 6.8%，24 h 和
48 h 预报偏低率分别为 9.9% 和 15.1%。总体而言，级别预报偏高率要大于偏低率，48 h
预报级别偏差率要高于 24 h。不同季节预报准确率差异性表现为：夏季级别预报偏高率
和偏低率明显高于其他季节。分析原因，一方面夏季常出现强对流、局地降水等情况，
短时预报的精准度会直接影响空气质量预报的准确性；另一方面夏季空气污染多以 O_3
超标为主，而由于 O_3 浓度变化受前体物排放及气象条件影响显著，对 O_3 变化趋势预报
准确性把握上还存在问题。

3　总结

（1）总体来看，各项评估指标中，城市 AQI 预报级别准确率（80% 左右）高于城市
AQI 范围预报准确率，表明级别预报的准确度尚可，但 AQI 指数预报的精确度较低，
预报精度上还有待进一步提高。此外，首要污染物预报准确率和 AQI 趋势预报准确率基
本在 50% 左右。各项指标评估中，24 h 预报的准确率要高于 48 h 预报，可见短期临近
预报的准确性把握相对较大些，而时间提前量较长些的预报准确性还有待进一步提高。

表 51-1　2016 年苏州市空气质量预报结果评估

评价指标		春季（3—5 月）		夏季（6—8 月）		秋季（9—11 月）		冬季（1—2 月、12 月）		全年	
		24 h	48 h	24 h	48 h	24 h	48 h	24 h	48 h	24 h	48 h
级别预报准确率	总体	89.1%	72.8%	72.8%	63.0%	90.1%	83.5%	82.2%	73.3%	83.6%	73.2%
	一级（优）	50.0%	50.0%	63.2%	47.4%	100.0%	81.3%	83.3%	16.7%	76.6%	55.3%
	二级（良）	98.4%	90.3%	84.4%	82.2%	96.4%	89.1%	92.2%	90.2%	93.4%	88.3%
	三级（轻度）	78.3%	34.8%	60.7%	42.9%	68.4%	73.7%	68.0%	64.0%	68.4%	52.6%
	四级（中度）	0.0%	0.0%	—	—	0.0%	0.0%	71.4%	42.9%	55.6%	33.3%
	五级（重度）	—	—	—	—	—	—	0.0%	0.0%	0.0%	0.0%
	六级（严重）	—	—	—	—	—	—	—	—	—	—
AQI 范围预报准确率	总体	59.8%	40.2%	47.8%	29.3%	56.0%	45.1%	50.0%	34.4%	53.4%	37.3%
	一级（优）	66.7%	66.7%	63.2%	31.6%	93.8%	75.0%	66.7%	0.0%	74.5%	46.8%
	二级（良）	67.7%	46.8%	51.1%	33.3%	52.7%	43.6%	58.8%	39.2%	58.2%	41.3%
	三级（轻度）	39.1%	17.4%	32.1%	21.4%	36.8%	26.3%	36.0%	36.0%	35.8%	25.3%
	四级（中度）	0.0%	0.0%	—	—	0.0%	0.0%	28.6%	28.6%	22.2%	22.2%
	五级（重度）	—	—	—	—	—	—	0.0%	0.0%	0.0%	0.0%
	六级（严重）	—	—	—	—	—	—	—	—	—	—
首要污染物预报准确率		38.4%	40.7%	60.3%	58.9%	28.0%	25.3%	63.1%	59.5%	47.5%	46.2%
AQI 预报趋势准确率		57.6%	54.3%	54.3%	53.8%	56.0%	52.2%	52.2%	45.7%	55.4%	51.2%
级别预报偏差	偏高率	4.3%	2.2%	10.9%	12.0%	1.1%	4.4%	5.6%	8.9%	5.5%	6.8%
	偏低率	5.4%	13.0%	15.2%	21.7%	8.8%	12.1%	10.0%	13.3%	9.9%	15.1%

注：2016 年苏州市空气质量未出现六级严重污染天气，春季、夏季和秋季未出现五级重度污染天气，夏季未出现四级中度污染天气。

（2）各指标评估结果季节差异表现为夏季的级别预报和 AQI 预报准确率相对其他季节略低，主要与夏季城市热岛效应和干岛效应较其他季节比较明显，受局地小天气系统影响，空气质量级别变化幅度和波动较大，预报把握上存在一定偏差有关。首要污染物预报准确率是冬季和夏季较好，春季和秋季略低，主要与污染特征有关，冬季和夏季首要污染物较为单一，因此，预报难度较低，而春季和秋季属于季节交替时节，首要污染物较为多样化，预报难度也相对增大。

（3）对于分级 AQI 预报和级别预报的准确率，二级（良）和三级（轻度污染）级别预报和 AQI 指数范围预报准确率相对高些，其他级别准确率相对偏低，主要是二级（良）和三级（轻度污染）出现的频次相对较高，而其他级别出现频次较低，预报偏差的偶然性增加。

（张晓华、邹强、丁黄达）

第52章 乌鲁木齐市 2017 年预报评估

1 概况

1.1 地理气候条件

乌鲁木齐市是新疆政治、经济、文化中心，区域内人口 355 万，占全疆人口的 17%。乌鲁木齐处于大陆腹地，属于中温带大陆干旱气候区。温差大，降水少，最暖的七八月平均气温为 25.7℃，最冷的 1 月平均气温为-15.2℃，年平均降水量为 194 mm；春秋两季较短，冬季寒冷漫长，有较强的盆地逆温层出现。

乌鲁木齐市背靠天山山脉，市区三面环山阻挡了气流的顺畅流通，影响污染物的水平输送和稀释能力；冬季辐射能力较弱，空气温度受地面影响的垂直高度只有 500 m 左右，在夜间最低；冬季静稳天气出现频率，市区气流出现辐合，导致城市南北两端的污染物向市区输送、聚集，加剧了污染物的进一步累计。

1.2 环境空气质量状况

2017 年，乌鲁木齐市优良天数为 241 天，优良天数比例为 66%，共计出现 35 天重度污染，14 天严重污染。与上年同期相比达标天数比例下降 1.2 个百分比，空气质量稍有下降。2017 年出现的重污染天数主要出现在 1—2 月冬季采暖期；4—11 月期间空气质量较好，保持在良至轻度污染。乌鲁木齐市首要污染物冬季主要为 $PM_{2.5}$，春秋季为 PM_{10}，夏季为 O_3，见图 52-1 和图 52-2。

2017 年，乌鲁木齐市 SO_2、NO_2、PM_{10}、$PM_{2.5}$ 年均浓度分别为 13 μg/m³、49 μg/m³、106 μg/m³、70 μg/m³，其中 $PM_{2.5}$、PM_{10}、NO_2 分别超标 1.0 倍、0.51 倍、0.23 倍，SO_2 达标。CO 第 95 百分位数浓度为 3.4 mg/m³，日均值超标率 1.6%，O_3-8 h 滑动均值第 90 百分位数浓度为 122 μg/m³，日最大 8 h 滑动均值没有出现超标。

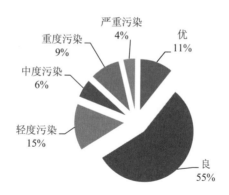

图 52-1　2017 年乌鲁木齐市环境空气质量级别分布

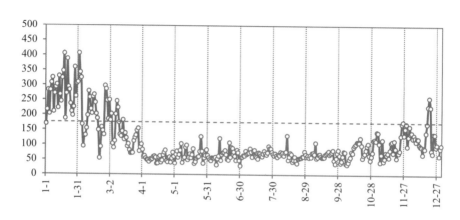

图 52-2　2017 年乌鲁木齐市空气质量 AQI 分布

1.3　乌鲁木齐市空气质量预报开展情况

　　2017 年 4 月开始"乌—昌—石"重点大气联防联控区预报预警项目建设，范围包括乌鲁木齐市、昌吉市、阜康市、石河子市、五家渠市 1 km×1 km 精细化的污染源清单和预报预警系统。建立区域 11 类本地排放源（固定燃烧源、工艺过程源、移动源、扬尘源、农牧源、生物质燃烧源、天然源、溶剂使用源、油气储运源、废弃物处理源、餐饮油烟源）源清单的活动水平数据库和 9 种污染物（包括 PM_{10}、$PM_{2.5}$、OC、EC、SO_2、NO_x、CO、NH_3 和 VOCs）的排放因子数据库和污染源排放清单系统。实现乌—昌—石区域空气质量预警预报功能，建成乌—昌—石区域空气质量 3 种模式（CMAQ、CAMx、WRF-Chem）的数值预报和 4 种统计预报模式，可以预报未来 24～72 h 污染物浓度、AQI 和首要污染物，同时预报未来 7 天潜势预报。系统可以实现自动获取各机构气象资料以供预报员参考，同时对预报结果进行评估分析。初步实现乌—昌—石区域源解析结果及对污染物实时来源解析和追踪溯源等成果。

目前乌鲁木齐环境监测站预报中心每日以模式预报为主、人工订正为辅完成空气质量预报结果，发布乌鲁木齐市未来 24—48—72 h 空气质量预报，内容包括：空气质量等级、AQI 范围和首要污染物预报。上报部门为生态环境部网站、西北预报中心、自治区环保厅等，每日和自治区气象台进行会商，交换气象条件和空气质量预报信息。

2017—2018 年采暖期，借助空气质量预报预警系统可视化展示，完成重污染天气专家会商 5 次，准确发出"乌—昌—石"区域重污染预警建议 6 次，在区域冬季重污染过程的时空变化趋势分析、污染来源解析、污染成因研究等方面发挥了重要作用。

2 日常预报结果评估

2.1 首要污染物预报

2017 年，乌鲁木齐市 24 h 预报首要污染物准确率为 66.5%，48 h 首要污染物预报准确率为 66.5%，72 h 预报首要污染物准确率为 66.2%。其中 24 h 和 72 h 预报首要污染准确率最高，72 h 预报首要污染物准确率略低。

从级别分布来看，24 h、48 h、72 h 预报首要污染物准确率在中度以上污染期间最高达到 100%，随着污染级别降低准确度依次下降，轻度污染下准确度为 80% 左右，良 65% 左右，优 25% 左右。原因是乌鲁木齐市重度污染下的首要污染物主要为 $PM_{2.5}$，在优良级别的情况下首要污染物为 PM_{10}、O_3-8 h 和 NO_2，容易出现预报误差，见图 52-3。

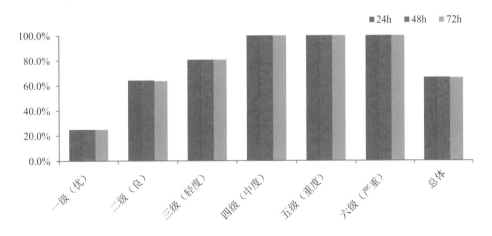

图 52-3　2017 年乌鲁木齐市首要污染物预报准确度

2.2 级别准确率预报

2017 年全年，乌鲁木齐市 24 h 空气质量级别预报准确率为 51.1%，48 h 空气质量级别预报准确率为 45.1%，72 h 空气质量级别准确率为 46.1%。其中 24 h 级别准确率略高于 48 h 和 72 h 的级别准确率。

从级别分布来看，24 h、48 h、72 h 预报级别准确率在良级别下最高达到 60%，其次是优级别下的准确率为 45% 左右。轻度、中度和重度下级别预报准确率较低在 17% 左右，严重污染天气下预报最低，见图 52-4。

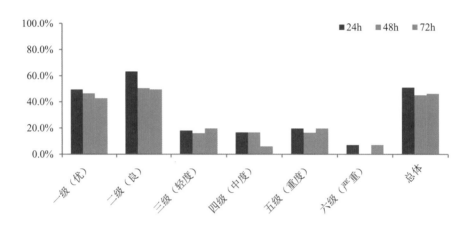

图 52-4　2017 年乌鲁木齐市污染级别预报准确度

2.3 AQI 范围准确率预报

2017 年，乌鲁木齐市 24 h 预报 AQI 范围准确率为 80.4%，48 h 预报 AQI 准确率为 76.3%，72 h 预报 AQI 范围准确率为 78.5%。三个时段 AQI 范围准确率均超过 70%，其中 24 h 预报 AQI 范围准确率略高于 48 h 和 72 h。

从级别分布来看，24 h、48 h、72 h 预报级别准确率在良级别下最高达到 80%，其次是优级别下的准确率为 45% 左右。轻度、中度和重度下级别预报准确率较低在 20% 左右，AQI 范围预报准确度较低，见图 52-5 和图 52-6。

2.4 预报级别偏差评估

2017 年，乌鲁木齐市人工 24 h 预报级别偏高率为 8.5%，偏低率为 11%；48 h 预报级别偏高率为 9.9%，偏低率为 13.8%；72 h 预报级别偏高率为 8.2%，偏低率为 13.2%。其中 48 h 预报偏高率均高于其他两个时段，48 h 预报偏高率也高于 24 h。

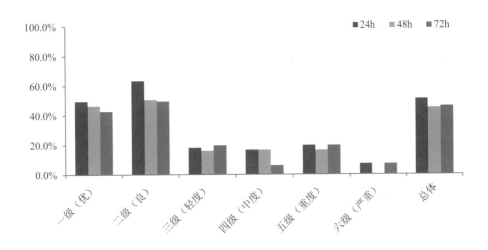

图 52-5　2017 年乌鲁木齐市 AQI 范围预报准确度

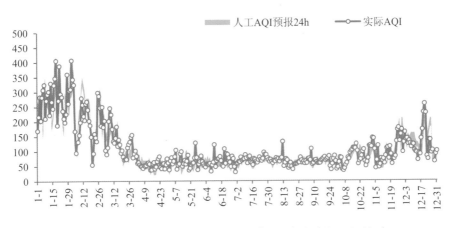

图 52-6　2017 年乌鲁木齐市 AQI 范围预报和实际 AQI 比对

3　预报偏差原因分析

3.1　对东南大风和大雾预判不准

2017 年 1 月，全疆没有强冷空气入侵，高空和地面天气形势稳定，难以抓住污染变化的主要原因，尤其对乌鲁木齐市出现东南大风和大雾的预判不准确，导致人工预报结果出现较大偏差。

3.2 对降雪的清洗作用预判不准

2017 年 2 月 4—6 日受强冷空气入侵影响，北疆出现大范围降雪，对乌鲁木齐市污染起到清洗作用，人工预报对降水清洗后污染物累计估算过快，导致预报结果偏高。

3.3 对春季天气形势好转信号高估

进入 3 月后，受温度上升、垂直对流加强，乌鲁木齐市污染扩散条件有所改善，但日期比上年同期明显推后。人工经验预报根据往年同期空气质量预判，对 3 月污染形势出现低估，导致预报结果偏低，同时系统预报 AQI 峰值谷值也出现滞后。

3.4 对春季扬尘污染形势出现低估

2017 年 5 月和 6 月出现 3 次因为冷空气入侵前大风导致的扬尘污染，导致当天出现了以 PM_{10} 为首要污染物的轻度污染，没有预报准确。

3.5 对冬季污染形势出现高估

2017 年 12 月 20—27 日期间，对 20—21 日出现的重污染判断延迟。由于 2017 年冬季降雪较晚，空气湿度小且温度偏高，高空弱的扰动均会带来空气质量的改善。由于 23—27 日判断高空天气形势较稳定，按照往年经验判断出现重污染过程，没有考虑特殊情况，出现预报偏重。

4 改进建议

（1）预报平台三个数值模式的本地化参数需要继续调整，需要进行敏感性测试。气象场模式预报结果需要回顾性验证和参数改进，以提高预报准确率。

（2）污染预报员继续积累本地的预报经验，掌握局地污染场变化和气象小扰动，对 2017 年冬季大气重污染案进行深度剖析，找出预报准确率的关键因子，从错误中成长。

（3）建议定期和乌鲁木齐市环境监测站进行座谈，共同探讨乌鲁木齐市大气污染预报难点，交互预报经验，建立采暖期污染预报会商机制，共同提升预报准确率。

（4）建议和新疆气象台建立合作机制，研讨全疆冬季污染气象条件预报途径，借鉴气象台多年本地化小尺度气象场变化的预报经验，提升预报人员的专业水平。

表 52-1　2017 年乌鲁木齐市空气质量预报准确率

评价指标		春季（3—5月）			夏季（6—8月）			秋季（9—11月）			冬季（12月—次年2月）			全年		
		24 h	48 h	72 h	24 h	48 h	72 h	24 h	48 h	72 h	24 h	48 h	72 h	24 h	48 h	72 h
级别预报准确率/%	一级（优）	88.2%	100.0%	94.1%	100.0%	91.7%	91.7%	0.0%	0.0%	0.0%	0.0%	0.0%	0.0%	47.1%	47.9%	46.4%
	二级（良）	92.0%	88.0%	96.0%	100.0%	100.0%	100.0%	98.3%	98.3%	98.3%	57.1%	35.7%	35.7%	86.9%	80.5%	82.5%
	三级（轻度）	56.3%	50.0%	50.0%	0.0%	0.0%	0.0%	57.9%	42.1%	52.6%	73.7%	78.9%	78.9%	47.0%	42.8%	45.4%
	四级（中度）	75.0%	50.0%	25.0%	—	—	—	50.0%	25.0%	25.0%	9.1%	18.2%	45.5%	44.7%	31.1%	31.8%
	五级（重度）	20.0%	20.0%	20.0%	—	—	—	—	—	—	74.2%	61.3%	67.7%	47.1%	40.6%	43.9%
	六级（严重）	—	—	—	—	—	—	—	—	—	42.9%	21.4%	21.4%	42.9%	21.4%	21.4%
	总体	80.4%	78.3%	80.4%	96.7%	95.7%	95.7%	86.8%	82.4%	83.5%	57.8%	48.9%	54.4%	80.4%	76.3%	78.5%
AQI范围预报准确率/%	一级（优）	76.5%	94.1%	82.4%	41.7%	41.7%	58.3%	80.0%	50.0%	30.0%	0.0%	0.0%	0.0%	49.5%	46.4%	42.7%
	二级（良）	62.0%	54.0%	58.0%	79.2%	70.1%	72.7%	69.0%	63.8%	60.3%	42.9%	14.3%	7.1%	63.3%	50.6%	49.6%
	三级（轻度）	25.0%	6.3%	31.3%	0.0%	0.0%	0.0%	26.3%	21.1%	21.1%	21.1%	36.8%	26.3%	18.1%	16.0%	19.7%
	四级（中度）	25.0%	25.0%	0.0%	—	—	—	25.0%	25.0%	0.0%	0.0%	0.0%	18.2%	16.7%	16.7%	6.1%

评价指标		春季（3—5月）			夏季（6—8月）			秋季（9—11月）			冬季（12月—次年2月）			全年		
		24 h	48 h	72 h	24 h	48 h	72 h	24 h	48 h	72 h	24 h	48 h	72 h	24 h	48 h	72 h
AQI范围预报准确率/%	五级（重度）	20.0%	20.0%	20.0%	—	—	—	—	—	—	19.4%	12.9%	19.4%	19.7%	16.5%	19.7%
	六级（严重）	—	—	—	—	—	—	—	—	—	7.1%	0.0%	7.1%	7.1%	0.0%	7.1%
	总体	54.3%	50.0%	53.3%	71.7%	64.1%	68.5%	59.3%	51.6%	46.2%	18.9%	14.4%	16.7%	51.1%	45.1%	46.1%
首要污染物预报准确率/%	一级（优）	0.0%	0.0%	0.0%	0.0%	0.0%	0.0%	0.0%	0.0%	0.0%	100.0%	100.0%	100.0%	25.0%	25.0%	25.0%
	二级（良）	24.0%	24.0%	22.0%	76.6%	76.6%	76.6%	70.7%	70.7%	70.7%	85.7%	85.7%	85.7%	64.3%	64.3%	63.8%
	三级（轻度）	87.5%	87.5%	87.5%	66.7%	66.7%	66.7%	68.4%	68.4%	68.4%	100.0%	100.0%	100.0%	80.6%	80.6%	80.6%
	四级（中度）	100.0%	100.0%	100.0%	—	—	—	100.0%	100.0%	100.0%	100.0%	100.0%	100.0%	100.0%	100.0%	100.0%
	五级（重度）	100.0%	100.0%	100.0%	—	—	—	—	—	—	100.0%	100.0%	100.0%	100.0%	100.0%	100.0%
	六级（严重）	—	—	—	—	—	—	—	—	—	100.0%	100.0%	100.0%	100.0%	100.0%	100.0%
	总体	38.0%	38.0%	37.0%	66.3%	66.3%	66.3%	63.7%	63.7%	63.7%	97.8%	97.8%	97.8%	66.5%	66.5%	66.2%

（纪元、邓婉月、郭宇宏）

参考文献

[1] 柏仇勇，李健军. 环境监测预警在重污染天气应对中的作用与启示[J]. 环境保护，2017，45（8）：45-48.

[2] 吴其重，王自发，李丽娜，等. 北京奥运会空气质量保障方案京津冀地区措施评估[J]. 气候与环境研究，2010，15（5）：662-671.

[3] 王茜，伏晴艳，王自发，等. 集合数值预报系统在上海市空气质量预测预报中的应用研究[J]. 环境监控与预警，2010，2（4）：1-6，11.

[4] 王自发，吴其重，Alex GBAGUIDI，等. 北京空气质量多模式集成预报系统的建立及初步应用[J]. 南京信息工程大学学报（自然科学版），2009，1（1）：19-26.

[5] 陈焕盛，王自发，吴其重，等. 空气质量多模式系统在广州应用及对 PM_{10} 预报效果评估[J]. 气候与环境研究，2013，18（4）：427-435.

[6] 叶斯琪，陈多宏，谢敏，等. 珠三角区域空气质量预报方法及预报效果评估[J]. 环境监控与预警，2016，8（3）：10-13.

[7] 朱莉莉，晏平仲，王自发，等. 江苏省级区域空气质量数值预报模式效果评估[J]. 中国环境监测，2015，31（2）：17-23.

[8] 王茜. 上海市秋季典型 $PM_{2.5}$ 污染过程数值预报分析[J]. 中国环境监测，2014，30（2）：7-13.

[9] 牟克林，黄世芹，吴江. 基于 Excel 报表格式的城市空气质量预报评估系统[J]. 贵州气象，2007，31（5）：22-24.

[10] 宋榕荣，王坚，张曾弢，等. 厦门市空气质量臭氧预报和评估系统[J]. 中国环境监测，2012，28（1）：27-32.

[11] 佟彦超. 中国重点城市空气污染预报及其进展[J]. 中国环境监测，2006，22（2）：69-71.

[12] 王庆梅，张雪梅，韩光. 兰州市大气污染特征与污染预报技术研究[J]. 中国环境监测，2008，24（3）：56-62.

[13] 吴兑，邓雪娇，林爱兰，等. 广东省空气质量预报系统[J]. 气象科技，2004，31（6）：351-355.

[14] 向玉春，沈铁元，陈正洪，等. 城市空气质量预报质量评估系统的研制及应用[J]. 气象，2002，28（12）：20-23.

[15] 张菁，石宇虹. 空气质量预报质量考核自动评分系统[J]. 辽宁气象，2002，27-29.

[16] 胡鸣,赵倩彪,伏晴艳. 上海环境空气质量预报考核评分方法研究和应用[J]. 中国环境监测,2015,31（4）：54-57.

[17] 高愈霄,鲁宁,许荣,等. 京津冀及周边地区空气质量预报工作存在问题及解决对策[J]. 中国环境监测，2017，33（2）：11-16.

[18] 林彩燕，朱江，王自发. 沙尘输送模式的不确定性分析[J]. 大气科学. 2009，33（2）：232-240.

[19] Penner J E，Charlson R J，Hales J M，et al. Quantifying and minimizing un certainty of climate forcing by anthropogenic aerosols. Technical Report of U. S . Department of Energy，DOE/ NBB- 0092T: 1993. 25-27.

[20] 刘毅，张华，周明煜. 一次沙尘暴天气及沙尘输送过程的数值模拟[J]. 大气科学学报，1997（4）：511-517.

[21] 赵首彩，张松林. 甘肃省沙尘暴的形成原因与治理初探[J]. 地质灾害与环境保护，2004，15（4）：23-25.

[22] 赵琳娜，孙建华，赵思雄. 2002 年 3 月 20 日沙尘暴天气的影响系统、起沙和输送的数值模拟[J]. 干旱区资源与环境，2004（s1）：72-80.

[23] 邵亚平. 沙尘天气的数值预报[J]. 气候与环境研究，2004，9（1）：127-138.

[24] 穆穆，陈博宇，周菲凡，等. 气象预报的方法与不确定性[J]，气象，2011，37（1）：1-13.

[25] 岳岩裕，王晓玲，等. 武汉市空气质量状况与气象条件的关系[J]. 暴雨灾害，2016,3(35)：271-278.